Spacetime

카페의 설계학

계획과 디테일

카토 마사키(加藤匡毅)·Puddle 저 / 황 준 옮김

01 SHIKISHIMA COFFEE FACTORY (군마현 마에바시시)-SNARK (p.28) (촬영 : 新澤一平)

02 % ARABICA Kyoto Arashiyama (교토부 교토시) –Puddle (p.36) (촬영 : 太田拓實)

03 MIA MIA (도쿄도 도시마구) ―ara (p.44) (촬영 : 타카노 유리카)

04 쿠포그래피 코마자와 공원 스튜디오 (도쿄도 세타가야구) ―a.d.p (p.50) (촬영 : kuppography)

05 BREATH HIROSHIMA SPACE (히로시마현 히로시마시) – ninaite (p.60) (촬영 : ninaite)

06 Echoes (미야기현 센다이시) – 이시카와 준이치+야마시타 히로시+Maquette Studio (p.68) (촬영: Ko Tsuchiya)

07 Brooklyn Roasting Company KITAHAMA (오사카부 오사카시) —DRAWERS (p.74) (촬영 : 시마다이스케)

08 Overview Coffee Ichinomiya (치바현 조세이군 이치노미야마치) —Puddle (p.82) (촬영 : Max Houtzager)

09 Bsquared 키요스미시라카와 본점(도쿄도 고토구) – 오노데라 쇼고 건축 설계 사무소 (p.90) (촬영 : 미시마 이치로)

10 Marked (도쿄도 스미다구) – CHAB DESIGN (p.98) (촬영 : 하세가와 켄타)

11 KOFFEE MAMEYA -Kakeru- (도쿄도 고토구) —14sd / Fourteen stones design (p.108) (촬영:진구 코우키)

11 uni (GYRE.FOOD) (도쿄도 시부야구) —ATTA - Atelier Tsuyoshi Tane Architects (p.116) (촬영 : Daici Ano)

13 블루 보틀커피 교토 카페 (교토부 교토시) —나가사카 츠네/스키마 건축 계획 (p.126) (촬영 : 太田拓實)

14 단데라이온 초콜릿 팩토리 & 카페조마에 (도쿄도 다이토구) —Puddle + moya design (p.134) (촬영 : 太田拓實)

15 블루 보틀커피 시부야 카페(도쿄도 시부야구) —아시자와 게이지 건축 설계 사무소 (p.142) (촬영 : Ben Richards)

「카페다움」이 뭐엇일까?

지금까지 몇 개의 카페를 방문해 왔을까요? 맛있는 커피를 만나기 위해서 뿐만 아니라, 중요한 일의 협의를 하거나, 편안히 독서를 하거나, 가족이나 친구와 느긋하게 지내기 위해서이거나, 여러 가지 시간을 보냈습니다. 하지만, 가장 친근하고 이용 빈도가 높은 "카페"라고 하면, 제가 아틀리에에서 사용하고 있는 에스프레소 머신일지도 모릅니다.

이 머신은 시애틀의 「슬레이어」라는 메이커로서, 「% Arabica Kyoto」에 납품한 것과 같은 타입이지만, 조금 모습이 다릅니다. 원래는 바디의 표면을 깨끗하게 연마해 코팅을 입히는 것이지만, 금속을 가공하기 전의 본연의 금속 표정이 너무나도 멋있었기 때문에, 메이커에 직접 교섭해 모든 부품을 미가공인 채로 조립해 준 것입니다(그림 1).

당시, 나는 시부야의 카미야마쵸에 있는 자택의 1층에 오피스를 두고 있었고, 입수한 에스프레소 머신은 입구의 정면에 두고 있었습니다(그림 2 · 3). 오피스의 주된 목적은 설계를 하는 것이지만, 맛있게 커피를 내릴 환경이 있으면 「잠깐 한 잔 마시러 오지 않을래?」라고 말도 걸기 쉽고, 자신들도 일하는 사이에 리프레시…하는 계기가 되기도 한다. 처음에는 그런 것을 머리에 떠올렸지만, 실제로는 일상적인 일에 쫓겨, 충분히 이 "카페"를 능숙하게 사용할 수 없었습니다.

'카페' 라는 것이 무엇일까? 음식점으로서는 최소한 커피를 판매 · 제공하는 기능이 갖추어져 있으면 좋지만, 실제로는 커피를 살 뿐, 마시는 목적으로 머무르는

그림1 굳이 부품을 가공하지 않은 상태로 마감한 「슬레이어」의 에스프레소 머신

그림2 · 3 예전 Puddle 사무소(시부야구 가미야마초)

사람은 적고, 대개는 친구와의 만남이나 잡담, 독서같은 각자가 생각한 일을 하며 카페에서 시간을 보내고 있습니다. '커피값을 내면 자유롭게 머물기 좋은 곳' 이 카페라고 할 수 있을 것 같습니다. 원래 카페란 20세기 초 파리에서 문학가나 철학자, 화가들이 밤낮으로 모였던 곳이었습니다. 이전에는 일반인이나 젊은이들을 끌어들이면서 다양하게 논의를 나누던 장소였습니다. 음식점의 업태가 된 현재도 사실 카페의 본질은 아무것도 변하지 않은 것입니다. 커피는 말하자면 마그넷 같은 존재로, 장인에 의해 무한히 추구되는 향기와 맛을 가지고, 장소와 사람을 연결하고 있습니다. 카페는 신분과 나이의 구분 없이 사람들이 섞이는 세미 퍼블릭 장소입니다.

설계 일을 시작했을 때부터 왠지 모르게 자신의 일하는 공간도 카페처럼 오픈되어 캐주얼한 교류가 생기는 곳이 되었으면 좋겠다고 생각했습니다. 그러므로 예전의 오피스에서는, 개인의 사무실치고는 꽤 본격적인 에스프레소 머신을 두고, 우선은 기능의 면에서, 그 존재에 가까워지려고 한 것입니다.

사무실은 가미야마(神山)초에서 니혼바시(日本橋)를 거쳐 기요스미 시라카와(清澄白河)로 이사. 키요스미 공원과 키바 공원의 사이에 있는 주택가의 모퉁이에 있던 낡은 자동차 수리 공장 터를 이용하여 만든 100㎡ 정도의 현 사무소는, 오스트레일리아에 거점을 가지는 그린 숍 「THE PLANT SOCIETY」와 공간을 쉐어하고 있습니다(그림 4 · 5). 오피스를 쉐어하게 된 것은, 제 이상의 「설계 사무소상」이 관계하고 있습니다.

저는, 설계라고 하는 작업을 하는 설계 사무소 자체가, 풍부하고 아늑한 장소였으면 하는 생각을 항상 품고 있습니다. 아늑한 곳이란 좋은 빛이 넘치고, 좋은 소리에 휩싸여, 맛있는 커피와 생생한 그린으로 둘러싸인 곳이라는 직감이 있었습니다. 커피나 음향은 물론 자신들이 잘하는 분야입니다만, 많은 녹색으로 둘러싸인 환경은 어떻게 할까. 이미지를 떠올렸을 때 호주에서 만난 'THE PLANT SOCIETY' 의 제이슨 천의 얼굴이 가장 먼저 떠올라 연락을 취했고, 곧바로 멜버른에서 서로의 이상을 이야기하며 자리의 공동 운영 합의에 이르렀습니다. 또 하나의 중요한 요소, 빛에 대해서는 조명 기구 수입 대리점 「NESTUDIO」가 가입해 준 것으로, 구미의 유니크하고 최신의 빛의 쇼룸이 생겼습니다.

그림 4 현 Puddle 오피스「after rain」파사드. (촬영: 志摩大輔)

그림 5 들어가서 왼쪽에 그린샵, 오른쪽 안쪽에 Puddle 사무실이 있다. 중앙은 공용 구역. (촬영 : 志摩大輔)

그렇게 해서 완성된 저희 사무실은 'after rain' 이라는 이름이 붙었습니다. 공간은, 거리에 접한 파사드(도면 오른쪽)로부터 안쪽까지의 1층: 약 120㎡를 3개의 구역으로 분할해, 앞의 1/3을 THE PLANT SOCIETY의 그린 숍, 안쪽의 1/3을 Puddle과 NEST STUDIO의 오피스로 해, 중앙의 공간은 서로의 중간 영역(Public space)으로서 카페나 팝업, 이벤트 등 다목적으로 사용할 수 있는 공간으로 남길 계획으로 했습니다(그림 6).

기존의 급배수 경로를 이용하기 위해 주방의 위치는 건물의 중앙 남쪽 벽주위로 한정되었기 때문에 2조식 싱크대가 달린 주방을 몸체 기둥의 폭을 가득 채우고 그곳에 자랑하는 에스프레소 머신을 설치했습니다. 사무소 멤버가 사용하는 것만으로 충분하지만, 이벤트 시의 손님 수를 생각하면 걱정없이, 보건소가 제정하는 음식 제공의 최저 기준은, 향후의 가능성을 넓히기 위해서라도 클리어해 두고 싶었기 때문에, 주방과 객석을 분리하는 조닝이 필요했습니다. 그래서 이러한 해결책으로 카운터 테이블을 추가하기로 한 것입니다.

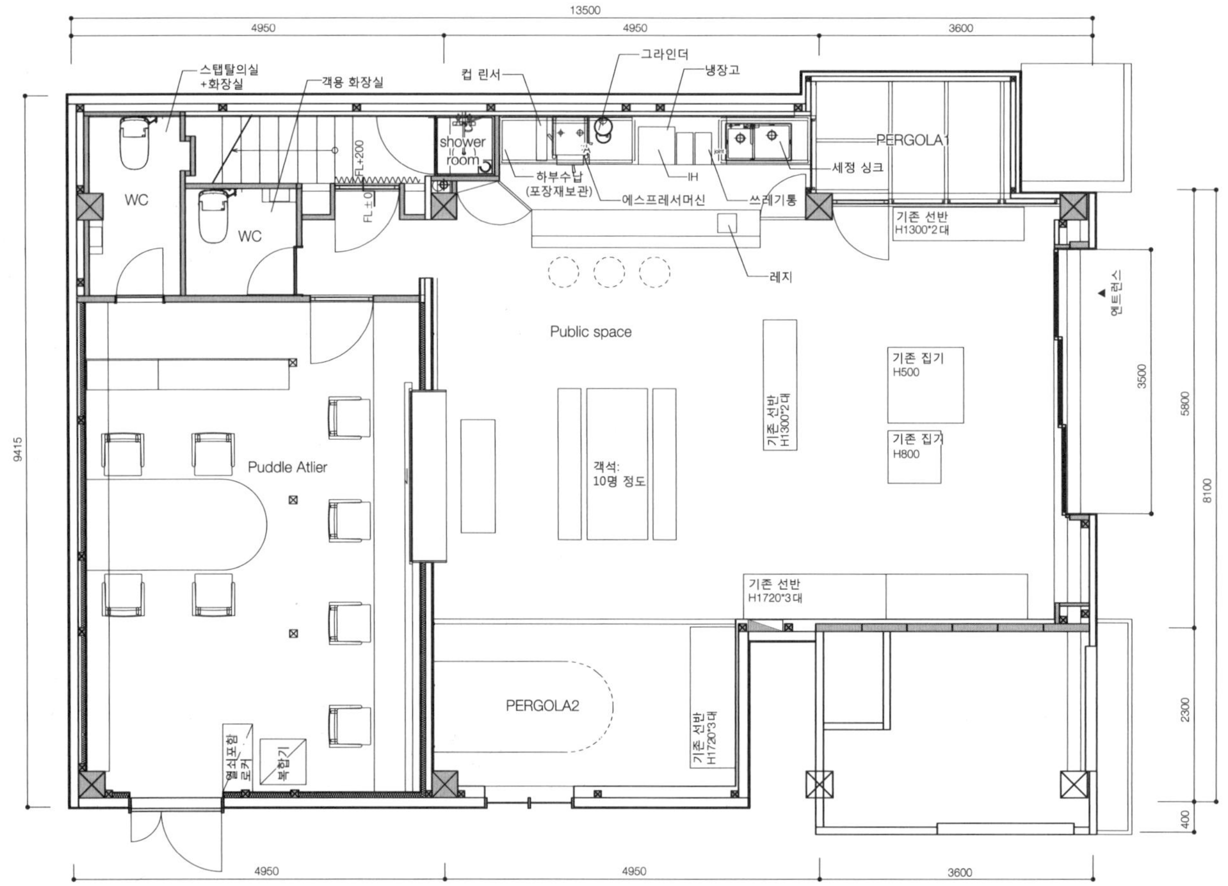

그림 6 「after rain」 평면도(S=1/100).

카운터는 옆면벽과 상판만 있으면 구성할 수 있기 때문에, 이 때, 평소의 설계 작업의 파생, 이것도 공부라고 생각해, 스스로 DIY 가능한 것을 생각했습니다. 또한 그 소재는 원래 창고의 모습에 어울리도록 옆면벽은 콘크리트의 거푸집으로 사용했던 메탈폼을 세척한 것을 쌓아올린 것으로, 상판은 목재 창고에서 발견한 북미산 웨스턴 레드 시더의 원목를 사용했습니다. 일반 점포에 두기에는 조금 거친 마감이지만, 사용상의 문제가 있는 것은 아니고, 친환경적인 재료이므로 불필요하게 되면 해체하여 전용도 할 수 있기 때문에, 개인적으로는 매우 마음에 듭니다(그림7)

중고 메탈 폼은 물로 세척하여 콘크리트 조각을 제거.

다 씻고 나면 그늘에서 말린다.

창고에 있는 목재 중에서 1매를 선정.

상판 사용법 검토.

상판의 완성을 현장에서 최종 결정.

현지에서 조립. 내부 요철을 이용하여 선반 널을 부착한다.

그림 7 카운터 제작 과정.

실제로 스스로 만듦으로써 새삼 깨달은 것은 카운터의 배경이 중요하다는 것. 손님은 카운터 밖에서 주방을 보기 때문에 시선 끝에 있는 뒷면이 시원하면 좋은 인상이라는 것입니다. 그래서 백 카운터는 가능한 한 뉴트럴로 하고 눈에 띄지 않도록 프론트 카운터보다 낮게 설정했습니다. 에스프레소 머신은 작업성을 생각해 후방에 두었지만, 손님의 시선을 우선한다면 프런트 카운터에 두는 편이 어수선하기 쉬운 작업중인 손잡이가 보이지 않고, 보다 스마트하게 느껴질지도 모릅니다(그림 8).

「카페」라고 부르기에는 어줍잖은 공간이지만, 여기를 방문한 사람이 카운터의 옆에서 멈춰 서서, 자연스럽게 교류가 생기고, 담소하는 모습을 보는 것은 무엇보다도 즐겁습니다(그림 9). 공간과 점차 익숙해져서 최근에는 스타트업으로서 주말 한정 카페를 해보고 싶다는 상담이나 클라이언트가 팝업을 열고 싶다는 이야기도 나오고 있습니다.

내가 만들고 싶은 카페는 분명, 구체적인 목적이나 기능을 가지지 않고, 여러가지 물건, 사람, 일과 연결되어 가는 무한한 "여백"과 같은 존재일 것입니다. (10~14 취재 · 집필 협력 : 이카이 쇼지)

그림 8 카운터 테이블 너머의 백 카운터.

그림 9 카페가 있는 일상 풍경.

「디자인과 기능 모두에서 카페의 공간을 해독하다

카페의 설계 의뢰를 받고 있는 공간 디자이너, 건축가 또는 그 길을 걷고 있는 여러분께.

『카페 설계학』에 관심을 가져주셔서 감사합니다. 당신은 지금 어떤 카페를 설계하고 있습니까?

앞서 출간한 『카페의 공간학』에서는, 제 자신이 영향을 받은 39곳 세계의 카페의 사례를, 스케치와 사진을 중심으로, 가능한 한 전문 지식을 가지지 않고 즐길 수 있는 읽을거리로서 출판할 수 있었습니다(그림 10).

그 후 중국, 대만, 한국어로도 번역되어 미력하나마 여러분께 카페 공간의 매력을 전해드리지 않았나 싶습니다.

출간 반년이 지난 2020년 봄(세계 각지의 문화를 표현하는 다양한 카페가 계속 생겨나고 있던 참), 코로나로 인해 우리는 사실적인 카페 체험의 자유가 제한되었습니다. 가게의 스탭과 손님의 거리, 손님끼리의 거리, 영업 시간 등 많은 제한 속에서 보낸 불편한 수년을 거쳐, 카페(뿐만 아니라 오피스나 호텔, 자택이라고 하는 모든 공간에도)는 다시 「모이는 장소」의 상징으로서 많은 분에게 지지되어 필요로 되고 있는 것을 실감합니다.

이것은 카페의 공간에는 모임을 갖는 것과 같은 커뮤니케이션의 본질이 내포되어 있기 때문일 것입니다.

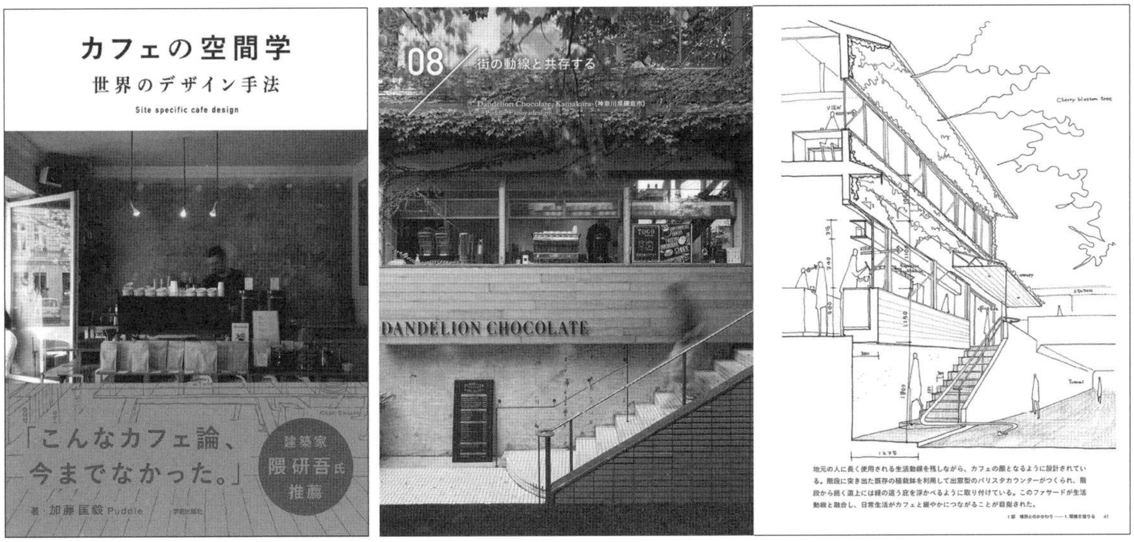

그림 10 『카페의 공간학 세계의 디자인 수법』(2019년, 學芸出版社).

그 커뮤니케이션의 본질을 읽고, 의장적으로도, 기능적으로도 따져 설계된 카페를 탐구해 보고 싶다고 생각하지만, 아무래도 그 설계 수법이나 상세가 정리되어 있는 자료라는 것이 존재하지 않는 것 같습니다.

본서에서는 카페 설계자의 가장 기본적인 사항에 대한 것으로, 제가 독단으로 선택한 15개의 카페 사례가 소개됩니다.

카페라고 한마디로 말해도, 작은 키오스크로부터 넓직한 외부 환경과 일체화한 대규모 점포까지 다양하기 때문에, 본서에서는 그것들을 스케일별로 분류해, 작은 계층으로부터 지역과의 관계성까지 단계적으로 시점을 넓혀 갑니다.

각 사례는 카페의 요건에서 도출된 설계개략, 평면도, 단면도를 중심으로 한 설계계획에서부터 카페 안에서 중요한 요소를 담당하는 상세도 설계 과정에 따라 소개되고 있습니다.

S(Small) : **~50㎡**
치밀한 카운터 설계와 컴팩트한 공간을 활용한 사례

M(Medium) : **51~100㎡**
적당한 규모감으로 거리와의 접점이나 고객 체험을 중시한 사례

L(Large) : **101~200㎡**
넓은 공간에서 복수의 에어리어나 영역을 겸비한 사례

XL(Extra Large) : **201㎡~**
브랜드 철학과 사상을 전하는 대규모 사례

덧붙여 이러한 면적은 어디까지나 「카페」로서 이용되고 있는 부분을 가리키고 있습니다. 용도 복합형 카페(다른 업태와 섞여 있다, 등)도 명확히 나눌 수 있는 경우는 「카페 에어리어」를 빼내고 있습니다.

모든 사례에는 각각의 설계자가 직면한 과제와 해결책이 다분히 흩어져 있어 본인 자신의 프로젝트의 구체적인 힌트가 될 것입니다. 본서를 계기로, 풍부한 카페가 탄생하는 것을 기대하고 있습니다.

1부

실무에서 되돌아보다

카페 설계의 포인트

촬영: 상좌 · 志摩大輔, 상우 · 중좌 · 하우 · 太田拓實, 중우 · Max Houtzager, 하좌 · 加藤匡毅

다양한 인연이 있어 지금까지 국내외 여러 지역에서 카페를 설계하게 되었다.
그러한 실무를 되돌아 보면서, 카페 설계에 대해 정리해 보고 싶다.

1. 일상과 비일상이 혼재 · 전환하는 카페라는 공간

사용자 · 행동의 다양성

카페에는 어떤 사람에게는 매일 꼭 찾아오는 생활의 일부, 어떤 사람에게는 여행 목적지 등 여러 측면이 있다. 또, 손님과 스탭 어느 쪽의 시점에 서느냐에 따라서도 장소의 파악법은 바뀌기 때문에, 같은 공간, 같은 시간을 보내면서도 거기에서의 체험은, 사용하는 방식이나 행동가짐의 일상과 비일상이, 항상 혼재 · 전환한다. 이는 다른 음식점에 비해 압도적으로 부담 없이 누구나 쉽게 만날 수 있는 카페만의 특징이라고 할 수 있다.

예를 들면, 제가 설계한 카페 「암페어」(도쿄도, 2022년)는, 쿠로카와 키쇼씨 설계의 도서관을 전체 리노베이션 한 복합 시설 「스기나미 구립 중앙 도서관」안에 있는 카페이지만, 클라이언트측으로부터 예전의 도서관에 병설된 카페가 조용하고, 반입 금지, 메뉴는 최소한의 음식제공과 같은 것이라고 하는 신성한 장소인 것에의 문제 제기가 있어, 독서나 공부를 하러 온 사람이, 그 중요한 일상 생활을 기분 좋게 보낼 수 있는 공간이 되도록 설계가 진행되었다. 그러나 그것은, 예전의 도서관을 이미지해 오는 사람에게 있어서는 비일상적이고 신선한 체험이 된다(그림1).

반대로, 일본 제일의 관광지, 쿄토 · 아라시야마의 도월교의 옆에 있는 작은 카페 「% ARABICA Kyoto Arashiyama」(p.36)에서는, 프로젝트를 받았을 당초는 아라시야마에 사는 사람을 위한 일상 사용의 카페가 되리라고 생각했지만, 설계하는 과정에서 생각이 바뀌어, 여기서 일하는 스탭이 가장 경치가 좋은 장소에서 지낼 수 있는 공간을 목표로 했다. 이제 많은 사람들의 여행 목적지가 되었고, 일상적으로 줄을 섰으며, 여기서 일하는 스탭들에게는 어지러운 일상이 되었지만, 스탭들을 중심으로 계획함으로써 그러한 상황에서도 그들이 자부심을 가지고 빛나게 일할 수 있는 공간이 생겼다고 생각한다. 공간 만들기는, 오히려, 여기를 방문하는 손님에게 있어서는 비일상적인 체험을 제공할 수 있는 것 같다(그림 2).

이처럼 카페에서는, 입장이나 상황에 따라 일상 · 비일상이 혼재 · 전환된다. 「누군가에게 비일상은 누군가에게 일상이기도 하다」는 두 시선이 설계하는 데 매우 중요하다. 게다가 이 일상과 비일상 사이에는 앞서 소개한 두 사례에서도 알 수 있듯이, 매우 넓은 다양함이 존재하기 때문에 복잡하며, 그것은 외적 환경이나 시대에 따라서도 변해가는 것이므로 변화도 받아들일 수 있는 의식도 필요하다.

복합화하는 카페

그러나 지금 이러한 카페 공간의 복잡성이 새로운 만남과 발상을 만드는 것으로 주목받고 있다. 아마도 독자 여러분도 쉽게 상상할 수 있도록 카페 하나가 아닌 다양한 장소에 위치하거나 혹은 카페를 겸용하면서도 그 이외의 기능도 있는 복합적인 카페가 늘어나고 있다.

그림 1 암페어 (촬영 : 志摩大輔)

그림 2 % ARABICA Kyoto Arashiyama (촬영 : 太田拓實)

예를 들면, 필자도 크리에이티브 보드 멤버로서 관련된 멤버십제 세컨드 홈 서비스 「SANU(산우)」의 치바현 이치노미야에 있는 거점 「SANU SKY」에도 카페가 병설되어 있다. 바다에서 5분쯤 되는 거리에 위치한 두 동으로 나뉜 복층 건축에는 그때그때 어느 방에 누가 묵고 있는지가 달라진다. 때문에 이곳에서 만나는 사람들은 항상 처음 보는 상태지만, SANU의 「사람과 자연이 공생하는 사회의 실현을 목표로 한다」는 콘셉트에 공감하고 있는 멤버들끼리 느슨하게 연결돼 커뮤니티가 생겨날 수 있다고 생각했다. 그럴 가능성이 있는 곳에서 회원들이 이곳에서 지내거나 바다에 가는 것만으로는 아깝다는 생각에 건물 입구 부분에 열린 카페를 만들기로 했다. 현지인도 숙박하는 SANU 멤버도 이곳에서 구워진 빵과 커피를 즐길 수 있다. 1층을 카페, 2층을 멤버의 워크 스페이스로 하는 것으로, 카페나 「SANU」라고 하는 서비스만으로는 할 수 없었던 시간의 사용법이나 커뮤니티를 만들어 낼 수 있었다(그림 3).

도심의 가장 좋은 장소에 있는 하루에 많은 사람이 방문하는 카페나, 교외의 넓은 장소에 만드는 비교적 편안한 느낌의 카페 등, 각각 목적이나 표현 방법은 바뀌지만, 거기에 있는 것은 누군가의 일상이며 비일상이라는 것은 변하지 않는다. 그 중에서도, 로컬의 사람과 거기에 살지 않는 사람과의 접점이 생긴다고 하는 비일상이, 어느새 일상에 녹아드는 아늑한 장소가 되는 것이, 앞으로의 카페에 점점 빼놓을 수 없는 요소가 아닐까 느끼고 있다.

2. 디자인 제안을 위한 분석

그렇다면 구체적으로 카페를 설계하려면 어디부터 시작하면 좋을까. 필자의 수법이지만, 소개하고 싶다.

만다라 차트에서 방침을 찾아내다

만다라 차트란 3×3=9칸의 그림 가운데에 목표를 적고 그 주변에 목표 달성에 필요한 요소를 적음으로써 사고를 정리하는 방법이다. 이것을 활용해, 우선은 프로젝트의 성격이나 구체적인 설계 방법을 찾아 간다.

우선은 「카페 공간의 good 포인트」를 생각한다. 그림 4와 같이 「카페」 주위에 포인트를 그려 넣는다. 필자의 경우는 사람 · 장래성 · 상품 · 감각 · 기능 · 투명성, 그리고 문맥 · 의사소통이라는 8가지가 된다.

상단은 「운영의 이념에 관한 포인트」. Vision:장래성은 커피숍을 통해서 어떤 것을 하고 싶은가 하는 이상의 이미지를 말하는 것으로, 처음에는 클라이언트의 요망을 그대로 쓰는 것도 좋지만, 개별의 장사의 영역을 넘어 진정으로는 무엇을 목표로 하고 있는가를 깊이 있게 메모해 두면 더 좋을 것이다. Product : 상품은 제공하는 음료나 카페 그 자체의 다른 가게와 차별화되어 있는 점 · 특징, People : 사람은 일하는 사람이나 오고 싶은 사람을 말한다.

하단은 「공간에 필요한 요소」. Function: 기능이란, 예를 들면 에스프레소 머신이나 빵집이 병설되는 경우는 그것을 위한 기계등, 운영에 필요한 구체적인 기계 등을 말한다. Sense: 감성은 바로 오감을 말하는 것으로, 어떤 감각을 이 장소에서 느끼길 바라는가를 각각 정리해 둔다. Transparency:투명성은, 사업이나 브랜드의 투명성. 구체적으로는 상품이나 서비스를 고객에게 제공할 때까지의 공정(소작)을 어디까지 매력시킬 수 있는가. 예를 들면, 초콜릿을 만드는 공정의 전부를 보여줄 수 있는가, 직원의 일거수일투족도 고객의 체험의 일부로 할 수 있는가 하는 것이다.

그림 3 「SANU SKY」에 마련된 카페 「Overview Coffee Ichinomiya」
(촬영 : Max Houtzager)

people 사람	vision 장래성	product 상품
context 문맥	cafe	communication 의사소통
sense 감각	funcition 기능	transparency 투명성

그림 4 만다라 차트 「카페 설계 포인트」

중단은 상단의 이념과 하단의 공간을 연결하는 요소가 된다. 이 자리에서 Communication: 의사소통을 어떻게 하고 싶은가? 그리고, 이 카페에 이르기까지, 혹은 입지의 Context: 문맥을 생각하도록 하고 있다.

이 8점에 대해서, 각각 생각나는 것을 들고 가면, 자연스럽게 방침이 보인다.

「아늑하고, 편함」에 구체적인 이미지를 가진

(1) 체험을 스토리화하다

그럼, 다음으로 「편안함」이란 무엇인가를 생각해 보자. 불편한 카페는 절대 싫기 때문에, 설계의 방침이 보이기 시작한 시점에서, 그 카페에서의 구체적인 체험을 스토리화해 간다. 이 카페에서의 이미지를 그린다는 것이다. 물론 기능적인 레이아웃을 어떻게 할 것인가, 어떤 설비를 넣을 것인가와 같은 스펙부터 생각해 나가는 것도 당연히 중요하지만, 그 카페가 생겼을 때 어떤 상황이 생길 것인가, 또 카페가 생기기 전과 후에 어떻게 바뀔 것인가에 대해서도 설계자는 생각해 두어야 한다.

당연히 이야기를 구성하는 방법은 누구를 주인공으로 하느냐에 따라 달라진다. 손님, 직원 또는 카페의 인근 주민 등 다양한 경우를 생각할 수 있기 때문에 우선 주인공을 누구로 할지 결정한다. 앞의 설계 방침을 되짚어 보면서 각각의 주인공에게 우선순위를 매겨 보면 누군가 한 사람으로 정해진다. 모든 입장에서 주인공을 내세워야 하는 경우는 드물 것 같다.

게다가 이 카페가 생기기 전후, 체험하기 전후로 주인공의 마음가짐이 어떤 식으로 바뀌어야 할지, 경우에 따라서는 주변 환경도 스토리로 파고든다. 게다가 어느 정도의 시간축으로 설정할지도 머릿속에서 생각한다. 1년 내내 스토리 이미지를 그려가는 경우도 있고, 5년 후, 10년 후에 이 카페가 어떻게 될까, 혹은 이 카페가 있는 것으로 이 거리가, 이 지역이 어떻게 되어 있을까 하는 생각이 들기도 한다.

필자의 경우는 스토리를 말로 만드는 것이 능숙하지 않기 때문에, 말은 짧게 하고, 거의 스케치로 그리는 경우가 많다(그림 5).

(2)편안함을 구체화하다

스토리가 그려지면 더 구체적인 편안함을 고찰한다. 그 때문에 중요한 축이 신체성, 관계성, 개방성의 3개라고 생각하고 있다(그림 6).

신체성은 알기 쉽다. 신체모듈에서 카운터 사이즈는 어느 정도가 좋은지, 가구의 크기 · 형태는 어떻게 되는지, 그리고 공간(바닥 · 벽 · 천장+가구)뿐만 아니라 어떤 커트럴리(cutlery)가 있으면 좋은지, 나무나 철 등의 시각이나 촉각에 호소하는 것은 물론, 후각: 냄새를 느끼거나 청각: 소리를 느끼는 「센스 매티리얼」의 검토 등이 신체성에 관한 주제라고 할 수 있다. 그리고, 도면을 보고 2차원에서 생각할 뿐만 아니라, 가능한 한 공간을 입체적으로 볼륨으로 파악하도록 하고 있다.

다음으로 개방성이란 공간을 어떻게 통과시키느냐 하는 것이다. 조금 추상적 · 정서적이기는 하지만 이것은 항상 생각하고 있기 때문에 설명하기는 어렵지만 포인트로 제시하고 싶다. 바람이 통하지 않으면 공기가 가라앉아 버린다. 그런 장소의 아늑함이 좋을 리 없기 때문에, 설계를 해 나가는 데 있어서 공기가 멈출 것 같

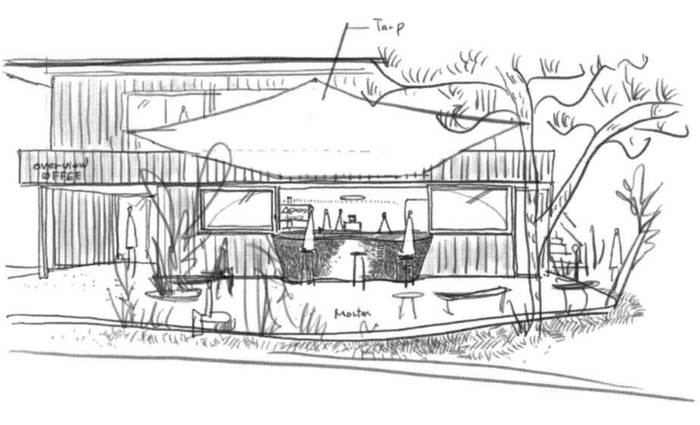

그림 5 Overview Coffee의 스토리 스케치

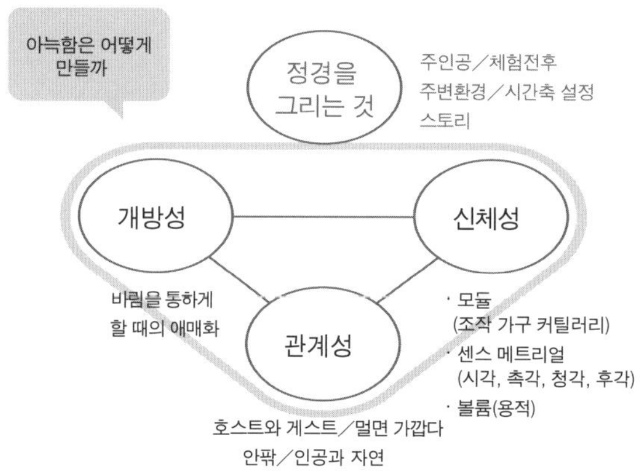

그림 6 아늑한 고찰

은 장소는 가능한 한 배제해 간다. 구체적으로는 객석에서 물리적으로 혹은 시선을 피할 곳이 없는 부분, 전체적으로 사람이나 사물의 움직임이 정체될 것 같은 장소이다.

세 번째 관계성은 하나는 카페에서 일하는 직원과 손님의 관계성이다. 가까이 할 것인가, 굳이 멀리할 것인가. 또 물리적으로 카페 안쪽과 바깥쪽, 사람과 자연 같은 상반된 요소 사이 어디쯤에 아늑함이 있는지를 생각하는 것이다. 여기에는 카페라는 영역을 어떻게 할지도 포함되어 있다.

이와 같이, 우선 정경을 그려, 거기서부터 신체성, 건축 공간의 개방성, 이용・사용하는 사람의 관계성을 풀면서, 아늑함을 점점 구체화해 간다.

「던데라이온 초콜릿 팩토리&카페 쿠라마에」(그림 7, p.134)를 예로 들면, 여기는 일본에서의 대표매장이었던 일도 있어, 스토리의 주인공은 「처음으로 이 공간에 방문한 사람」으로 했다.

―고객이 실내에 들어서면 눈앞에는 한눈에 볼 수 있는 팩토리가 출현한다. 그곳에 서 있는 것만으로도 초콜릿 향과 초콜릿과 음료 만드는 소리가 들려온다. 공원의 녹색에 반사된 외광이 공예감 있는 소재로 장식된 가게 안을 부드럽게 비춘다―

아늑함으로는 신체성의 요소가 크고, 가게의 문을 열고 한 걸음 더 나아간 찰나, 어떤 가게인가가 오감으로 전해지는 요소를 담고 싶다고 생각했다. 또한 팩토리의 왼쪽에서 오른쪽으로 이동하는 초콜릿의 제조 과정을 눈으로 보면서 공간을 둘러보면 새로운 발견이 있을 법한 개방적인 원룸 공간을 떠올렸고, 그런 곳이라면 스태프와 손님의 관계성도 가급적 플랫해질 수 있는 장치가 필요하다고 생각했다.

3. 이미지를 설계에 녹여내다

이렇게 이미지가 굳어지면, 구체적인 설계에 집중해야 한다. 그러기 위해서는, 전술의 만다라 차트 중에서, 특히 중요도가 높은 1포인트를, 더욱 깊이 파고들어 간다. 하나의 포인트에서 하나의 만다라 차트를 더 만드는 것이다. 덧붙여 여기서 새롭게 들 수 있는 8포인트 모두가 새로운 키워드가 아니어도 좋다. 단면을 바꾸어 다시 요점을 정리하는 것이 중요하다.

「던데라이온 초콜릿' 팩토리&카페 쿠라마에」에서는 「문맥」이 중요했다(그림 8).

던데라이온 초콜릿은 미국 샌프란시스코 차고에서 태어난 브랜드다. 창업자 주변에서 일하는 사람들은 서해안에서 태어난 다른 식문화와 마찬가지로 크래프트맨십을 매우 중요하게 여기고 있으며, 그 중에서도 「bean to bar」를 컨셉으로 하고 있다. 그 일본 제1호점을 도쿄에 만드는 데 있어서, 상담을 받은 당초부터, 이 브랜드를, 마치 일본의 쿠라마에에서 태어난 것처럼 할 수 없을까 하는 이야기를 듣고 있었다. 즉, 현지화가 키워드이고, 그러면 건물도 신축이 아닌 리노베이션 쪽이 브랜드의 캐릭터가 전달될 것이라고 생각했다. 그리고 이번 출점 형태에는 팩토리 안에 카페가 있다는 것, 스몰 배지, 즉 소량 생산, 자신들이 무리 없이 만들 수 있는 양을 제공한다는 것도 포인트였다.

이런 정리를 하면서 당시 설계를 시작하기 전부터 일본 기획팀에 어느 장소에서 문을 열면 좋을지에 대해서도 상담을 받았고 출점지 선정에도 관여했다. 후보지에

그림 7 단데 라이온 초콜릿 팩토리 & 카페조마에 (촬영 : 太田拓實)

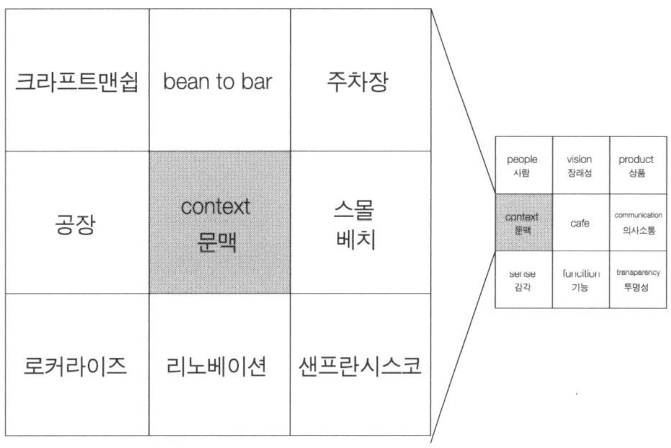

그림 8 「문맥」의 만다라 차트

는 오모테산도 근처의 아오야마 에리어나 쿠라마에를 중심으로 제조가 번성한 동쪽 에리어 등 복수가 꼽히고 있었지만, 비즈니스적인 시점에서 아오야마 에리어가 우세했다. 그러나 아오야마의 후보지를 보러 갔을 때, 여기라면 처음은 폭발적으로 팔릴지도 모르지만, 이러한 경쟁이 격렬한 에리어에서 정말로 지역에 뿌리내린 브랜드가 될 수 있을까……라고 하는 의문이 떠올라, 기획팀에 솔직하게 이야기했는데, 그들도 공감해 줘, 중심에서는 벗어나지만 브랜드에 통하는 토지적인 토대가 있는 동쪽에서, 제대로 일본에, 장소에 뿌리내린 가게로 하고 싶다고, 지금의 장소로 결정된 것이다. 경영측에서는 모험이었을 것이지만, 굉장히 좋은 결정이었다.

이들 문맥에 관한 요소 중 가장 강하고, 그 외의 요소끼리 이어주는 것이 「bean to bar」이다. bean to bar란 한 농원의 카카오에서 하나의 초콜릿 바를 만드는 방법으로 다른 카카오와 일절 섞지 않음으로써 생산된 농원이나 해마다 전혀 맛이 달라진다는 특징이 있다. 설계 당시에는 당연히 bean to bar라는 말을 일본에서 아는 사람은 없었고 필자 자신도 처음 들어본 말이었지만 이를 전하는 것이야말로 계획상의 가장 큰 역할이라고 생각했다.

그래서 모처럼 공장과 카페가 하나가 된 공간이니 원료인 카카오콩 봉지를 거리를 걷는 사람들도 볼 수 있는 곳에 놓는 것을 생각해냈는데, 「밖에서 보이는 곳에 두면 자외선으로 열화될 위험이 있어 카카오콩 저장 환경이 좋지 않다.」는 클라이언트 측의 우려가 제기됐다. 상당히 고민된 점이었지만, 1층 입구 왼쪽에 햇빛이 들지 않도록 외부 구조를 세팅한 뒤 자외선을 거의 완전히 차단하는 가공을 한 유리로 칸막이한 카카오 원두 저장고를 만들었다. 최종적으로는 코스트 밸런스 위에, 보통 유리에 UV 코팅을 실시하는 방법을 택했다. 그리고 이 저장고를 기점으로, 카카오가 초콜릿 바가 되어 가는 공정, 즉 로스팅→외피의 제거→멜란저로 3일간 녹여 가는 공정을 가시화해, 그 흐름의 끝, 맨 오른쪽의 계단 아래에 선반을 만들어, 완성된 초콜릿 바가 전시・판매된다고 하는 레이아웃을 만들어 냈다. 바로 bean to bar를 그대로 설계에 반영했다. 이에 따라 고객의 동선 계획도 이 흐름을 따라잡을 수 있게 됐지만 여기에 중앙 주방 쪽, 상품장 옆 특등석에 카운터석을 여러 개 마련했다.

그리고 사실, 필자 개인적으로는 그렇지만, 그것 없이는 설계할 수 없다고 생각할 정도로, 소재에 대한 고집은 남달리 강하게 가지고 있는 자부심이 있다. 때문에, 상기의 흐름을 따라잡으면서도, 항상 소재를 떠올리고 있고, 하나의 프로젝트에서 주된 소재를 3개 사용하기로 결정하고 있다. 화도에서도 말하는 진・부・대기로 통하는 세 가지가 안정된다고 생각하고 있다.

그리고, 3개의 소재 중 하나는 베이스로서 가능한 한 그 지역이나 근처, 혹은 브랜드와 관계가 있는 소재를 취급하도록 하고 있다. 창고 앞의 경우는 레드 시더(삼나무)를 안팎에 많이 사용하고 있다. 레드 시더는 북미에서 건축・내장・가구와 다양한 장소에서 사용되는 친숙한 소재다. 오랜 시간에 걸쳐 일본 국내에 보관되어 온 레드 시더의 원목을 찾아 일본 목가공 장인의 기술을 이용해 외벽・내벽・카운터・테이블・벤치에 이르기까지 공간의 베이스가 되는 굵은 소재로 사용했다. 특히 테이블・벤치는 모두 톱질 마감(밴드 톱)이라고 하는 최종 마무리의 앞의 공정으로 막아, 표면의 요철을 살린 텍스처로 해, 이용자의 손에 「까칠까칠」이라고 하는 기억이 남도록 하고 있다.

그림 9 단데라이온 초콜릿 숍&카페 이세 외궁. 물건 판매 영역 너머로 카페의 오더 카운터를 본다. (촬영 : 太田拓實)

그림 10 단데라이온 초콜릿 숍&카페 이세 외궁. 상품 판매 지역을 넘어 음식 공간을 본다. (촬영 : 太田拓實)

오감의 어느 것과 결부된 체험이라는 것은 꽤 잊기 어려운 것이라고 생각하고, 몇 년이 지나도 잊혀지지 않는 냄새나 손끝의 감각이 있다고 믿기 때문에, 소재에는 반드시 기억의 한편에 달라붙는 「까칠까칠함」을 남기도록 하고 있다.

더불어 당시에는 도쿄에서도 아직 초콜릿을 스몰배치로 제조하는 팩토리 카페라는 존재가 적었던 적도 있어 그것을 잘 전달하기 위한 챌린지도 많이 했다. 일단 향기. 문을 열었을 때 무엇보다 먼저 초콜릿의 좋은 향이 날아오듯 위생적인 면을 고려한 데다 아슬아슬하게 공장 부분과 일반 고객이 있을 수 있는 부분을 일체적인 공간으로 만드는 것을 고집했다. 그와 동시에 제작자와 손님의 관계성도 완전히 플랫하게 하고 싶다고 생각했다. 고객 시점에서 어디까지가 카페이고 어디부터가 공장인지 애매한 상태로 만들어 보고 싶다고 생각해, 바닥의 높이와 마감을 동일하게 했다. 원래 구조적으로 보강이 필요했던 기초와 주방의 배수용 측구를 바닥 아래에 묻는 해결책으로도 이어졌다.

덧붙여 이러한 궁리의 배경에는, 출점에 있어서의 요점이었던 「로컬라이즈」에의 의식이 있었다. 단지 부지 선택에만 그치지 않고, 인근과의 환경, 사람과의 거리간 등 「일본만의 것은」의 조건을 소중히 했다.

이처럼 「던데라이온 초콜릿 팩토리&카페 쿠라마에」에서는 〈문맥〉을 중시하는 것으로 계획이 결정되어, 그것을 계기로 디테일이나 그 외의 부분이 구체화되어 갔다. 프로젝트에 따라서는, 최초에 픽업하는 요소는 물론 〈문맥〉이 아니어도 좋고, 〈사람〉이나 〈투명성〉과 같이, 다른 요소를 깊이 파기도 한다. 실제로 해보면 복수의 요소를 깊이 파고든 결과, 같은 키워드에 도달하는 경우도 있어, 예를 들면 쿠라사키의 사례에서 말하면, 〈사람〉의 요소를 깊이 파고 들어가면 마찬가지로 크래프트맨십이 도출되었다. 이 중복되는 말, 비슷한 말은 매우 중요한 요소이기 때문에 굵게 마킹하고 강하게 의식해 두도록 하고 있다.

덧붙여 샌프란시스코의 스피릿을 계승하면서도 일본의 제조업의 문맥에 싣는다고 하는 곳간의 공간 만들기가 평가되어, 「던데라이온 초콜릿」에서는, 그 후의 일본에서의 전개에 대해 「브랜드의 컨셉과 공통되는 문맥을 가지는 장소에 오픈해 간다」라고 하는 명확한 방침이 세워지는 것으로 이어졌다.

그림 9, 10은 이세신궁의 외궁 앞에 오픈한 2호점이다. 이세신궁 외궁에서 모셔지는 豊受大御神는 天照大御神의 식사를 관장하는 신이며, 이것 또한 브랜드를 전개하는 토지로서 최적이었다. 2호점이 입주한 물건은 필자의 다른 클라이언트가 소지하는 물건으로, 다음의 용도를 검토하고 있던 타이밍에 마침 쿠라마에의 오프닝 리셉션이 있어, 필자가 서로를 소개한 것을 계기로 출점이 결정되었다는 뒷이야기도 있다. 이 2호점 출점을 계기로, 던데라이온 초콜릿이라고 하는 미국의 브랜드의 일본에 있어서의 스토리나 연결이 보다 명확해져, 일본 독자적으로 진화를 이룰 수 있는 브랜드가 되었다고 생각한다.

그리고 이러한 실적을 근거로 해, 브랜드의 컨셉을 이해하고 있는 것이 인정되어 본국으로부터도 설계 의뢰를 받게 되었다(그림 11).

이상과 같이 만다라 차트에 의해 하나하나의 요소를 되돌아보고, 때로는 직관적인 판단도 섞어가며 공간을 구축해 나가는 것이 결과적으로 자신과 클라이언트의 상호 이해를 높이고, 좋은 카페의 설계로 이어진다고 생각하고 있다.

그림 11 미국 샌프란시스코에 있는 던데라이온 초콜릿 Ferry Building 가게. 가동식 집기에 의해 공간이 공용부에 스며 나온다.(촬영:加藤匡毅)

2부

사례도면집

도보나 자전거의 속도감이 어울리는, 거리와 동화된 작은 집 같은 형태의 카페.

카페 체험의 원점이라고 할 수 있는 주인과 손님의 관계를 느낄 수 있는 카운터.

1장에서는, 카페 카운터를 중심으로 한 가까운 거리의 커뮤니케이션이나 동선을 가지는 4가지의 사례를 알아 주었으면 한다.

컴팩트하기 때문에 실내의 수용 인원 이상으로, 거리에 커피를 갖고 가기 위한 테이크 아웃도 내다본 카운터의 배치와 디자인이, 그대로 카페의 특징이나 강점이 되어 나타나고 있다..

- 눈앞에 펼쳐진 경치를 집어넣는 카운터
- 원두의 특성부터 내리는 방법까지 가까이서 보는 카운터
- 카운터 자체가 사람들의 모임과 일체화된 카운터
- 거리가 움푹 패여 확장된 듯한 카운터

각각 도면상을 천천히 걸어, 입구로부터 들어가는 손님의 체험, 그것을 맞이하는 주인의 시점에서 읽어 진행해 주었으면 한다.

사진: 太田拓實

01 로스팅기가 있는 올인원 키오스크

SHIKISHIMA COFFEE FACTORY(군마현 마에바시시)－SNARK

촬영: 新澤一平

군마현 마에바시시의 북서부, 시키시마 공원 옆에 있는 스페셜티 커피 로스팅소 겸 커피 스탠드. 울창한 소나무 숲 속에서 산과 들을 볼 수 있는 경승지로 사랑받는 지역에 자리 잡은 단층집을 리노베이션 하는 프로젝트이다.

3개의 로스팅기, 카핑 스페이스, 생두의 스톡 야드를 갖춘 공방과 갓 볶은 원두를 그 자리에서 맛볼 수 있는 스탠드를 병설하는 것이 요구되었다.

객석수가 적은 컴팩트한 공간이지만 테이크 아웃에 초점을 두면서 인근으로 공간이 넓어지는 듯한 느낌을 받았다. 키오스크와 같은 작은 건물을 기점으로 주변 환경과 일상을 즐기길 바란다. 커피 한 손에 들고 공원을 산책하며 그런 생각을 했다.

용도지역	제1종 저층주거전용지역
컨텍스트	시카시마 공원・주택지
구조종별(면적)	목조주택(41㎡, 카페에어리어 23㎡)
카운터 형식	ㄷ자형(6.5㎡)
카운터 용도	물건판매・회계・제공・테이스팅
객석의 다양성	옥내/테이블+벤치: 3석
오퍼레이션	잇트인+테이크아웃
스텝수	2인
로스팅기	있음

1 사이펀식 커피 추출 과정을 객석 정면에서 바라볼 수 있는 배치. 2명의 바리스타가 최소의 도선으로 작업하기 쉬운 ㄷ자형 카운터 구성으로 했다.

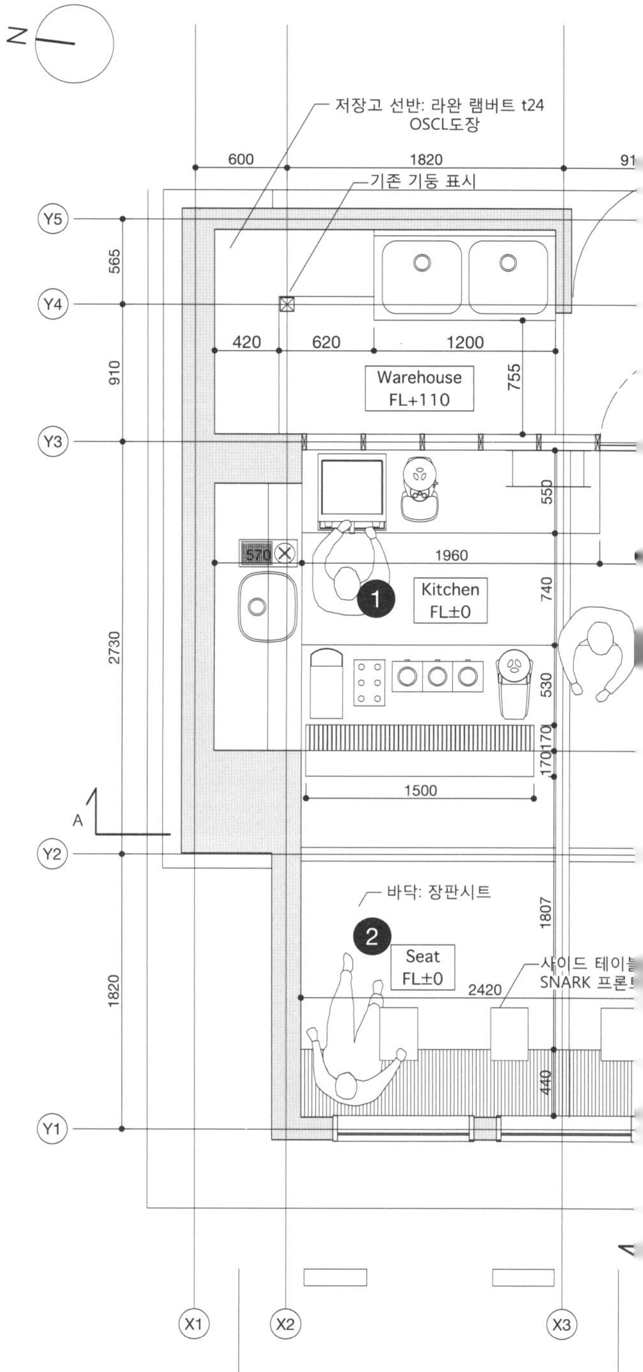

평면도 S=1/50

2 바리스타와 대화하기 좋은 거리감(2000mm)을 유지한 객석 공간. 벽이 틈새가 됨으로써 툇마루처럼 안정감이 가능한 벤치가 되고 있다.

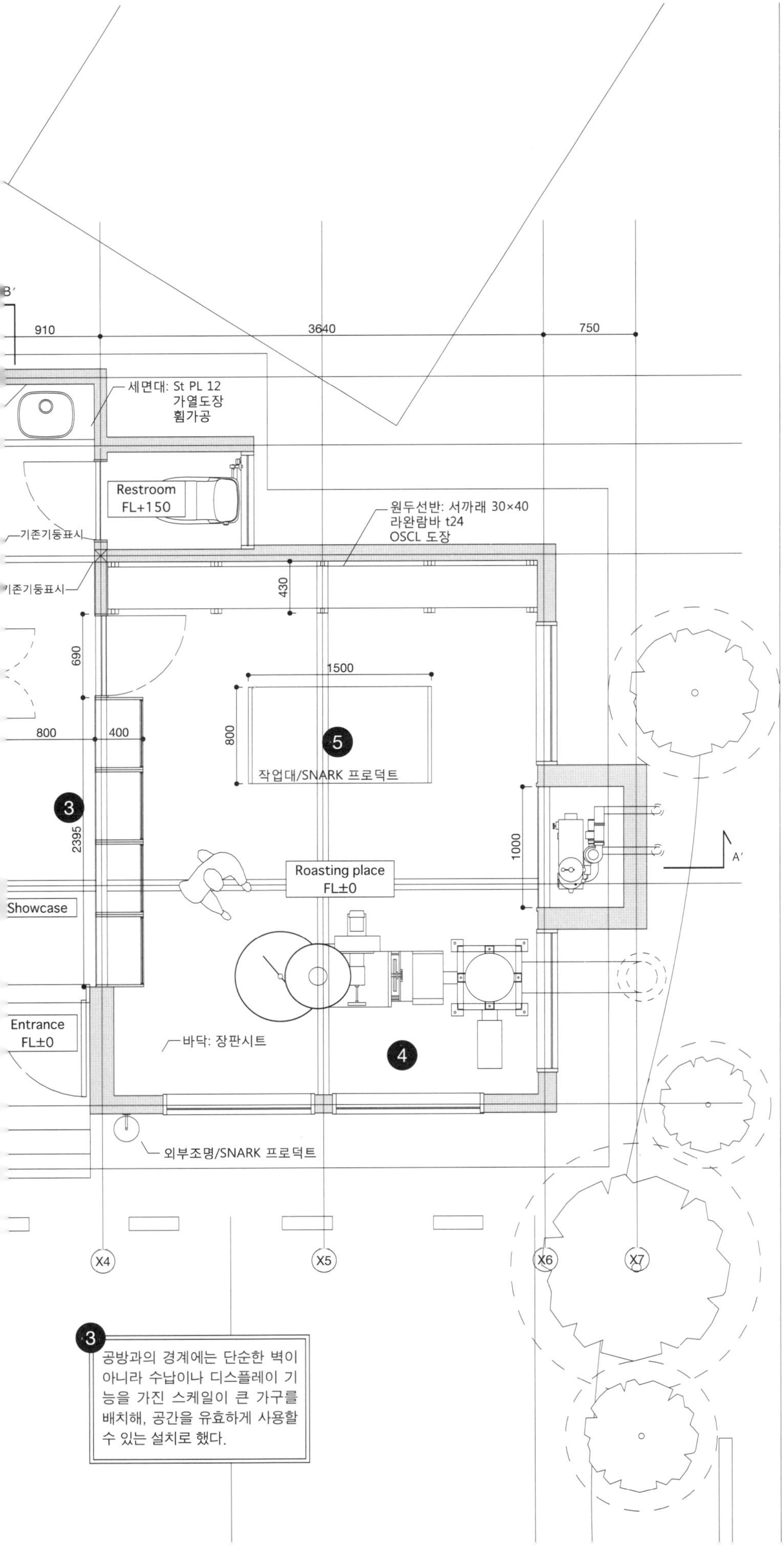

5
인근에 있는 다른 커피점과 정기적으로 스터디 그룹을 실시하는 등 동업자끼리의 커뮤니티를 형성해 네트워크의 거점이 되는 것을 목표로 하고 있기 때문에 공방은 충분한 면적을 확보.

4
로스팅을 메인으로 하고 싶다는 오너의 요청에 따라, 외부에서도 그 모습을 엿볼 수 있도록 배치. 거리에 대해 적극적으로 발신하는 인상을 준다.

3
공방과의 경계에는 단순한 벽이 아니라 수납이나 디스플레이 기능을 가진 스케일이 큰 가구를 배치해, 공간을 유효하게 사용할 수 있는 설치로 했다.

낡은 기둥과 새로운 벽의 소재를 병렬로 다룬다. (촬영: 新澤一平) 공방. (촬영 :新澤一平)

3 철골 트러스의 틈새를 투명 아크릴로 막아, 틈새는 확보하면서도 공조 관리할 수 있도록 하였다.

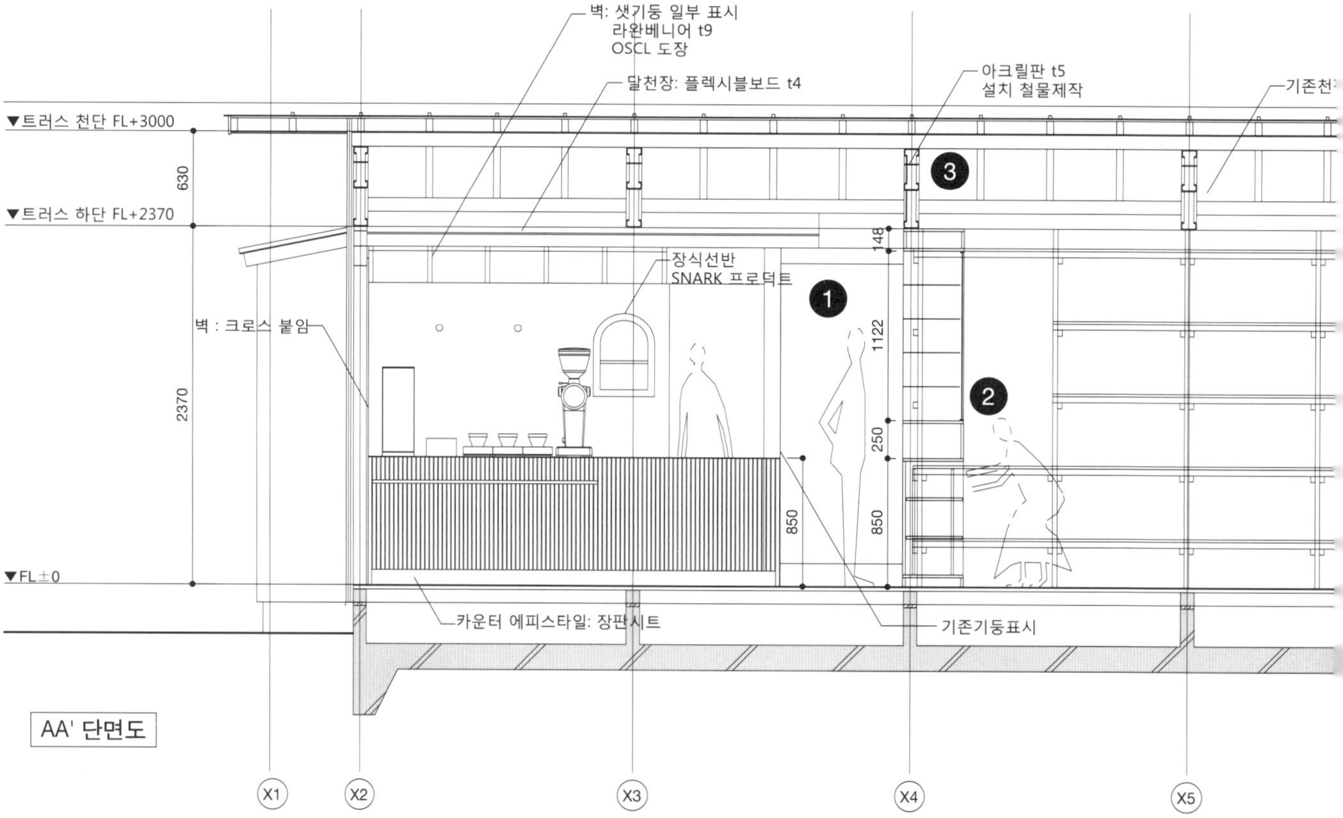

1 반자틀이나 건물기둥 등의 이미 있는 건축적 요소를 읽어내어, 라완럼버코어나 철골트러스의 색을 짜내어 일체감을 갖게 함으로써, 공간의 확대를 창출하는 것을 의도했다.

2 고객의 손이 닿기 쉬운 위치를 점포의 물건 판매장으로 하고 하부는 공방측에서 사용할 수 있는 수납으로 했다.

단면도 S=1/50

오래된 철골 트러스와 새로운 조명기구의 질감을 병렬로 다룬다. (촬영: 新澤一平)

카운터의 천장은 밑바탕을 보이지 않고, 얇게 보일 궁리를 하고 있다. (촬영: 新澤一平)

4 막혀 있던 벽을 없애고, 소재를 전환한 니치(niche)로 하는 것으로 소형 로스팅기가 놓여지는 공간이 인상적으로 느끼는 효과를 노렸다.

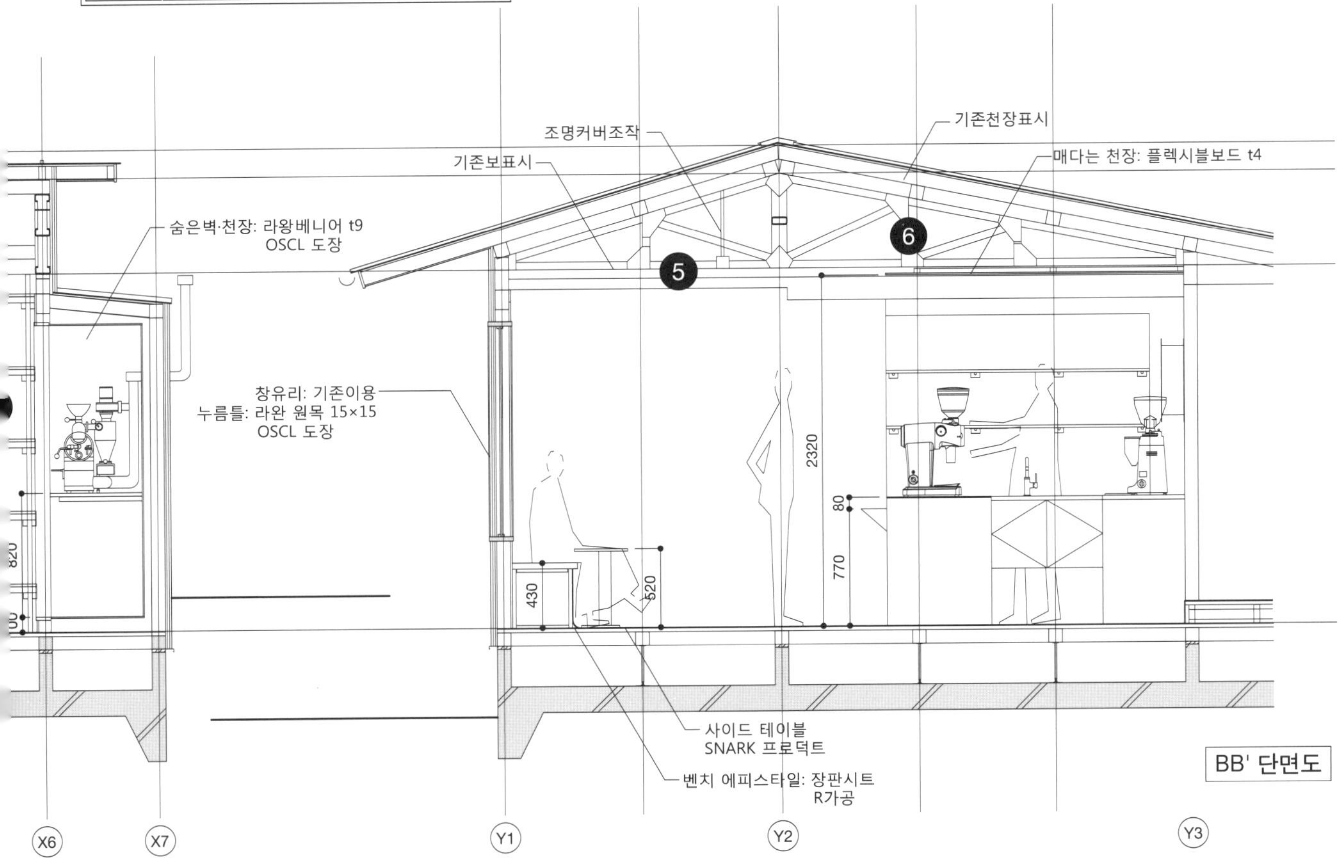

5 오리지널 다운라이트 거버는 소재나 색상을 철골 트러스에서 인용해 조명으로서 기능은 유지하면서 천장에 익숙해지도록 고안했다.

6 구조체에 매달리는 천장은 천장 밑바탕이 보이면 매달고 있는 느낌이나 무게를 느끼기 때문에, 가벼운 인상이 되도록 고안. 한 장의 판자가 떠 있는 듯한 디자인을 목표로 했다.

1 바리스타의 작업에 집중하는 자리로 삼기 위해 콜드테이블과 제빙기는 앞 카운터 아래에 넣어 손님들에게 보이지 않는 위치로 하고 무대로서의 카운터가 되도록 설계했다.

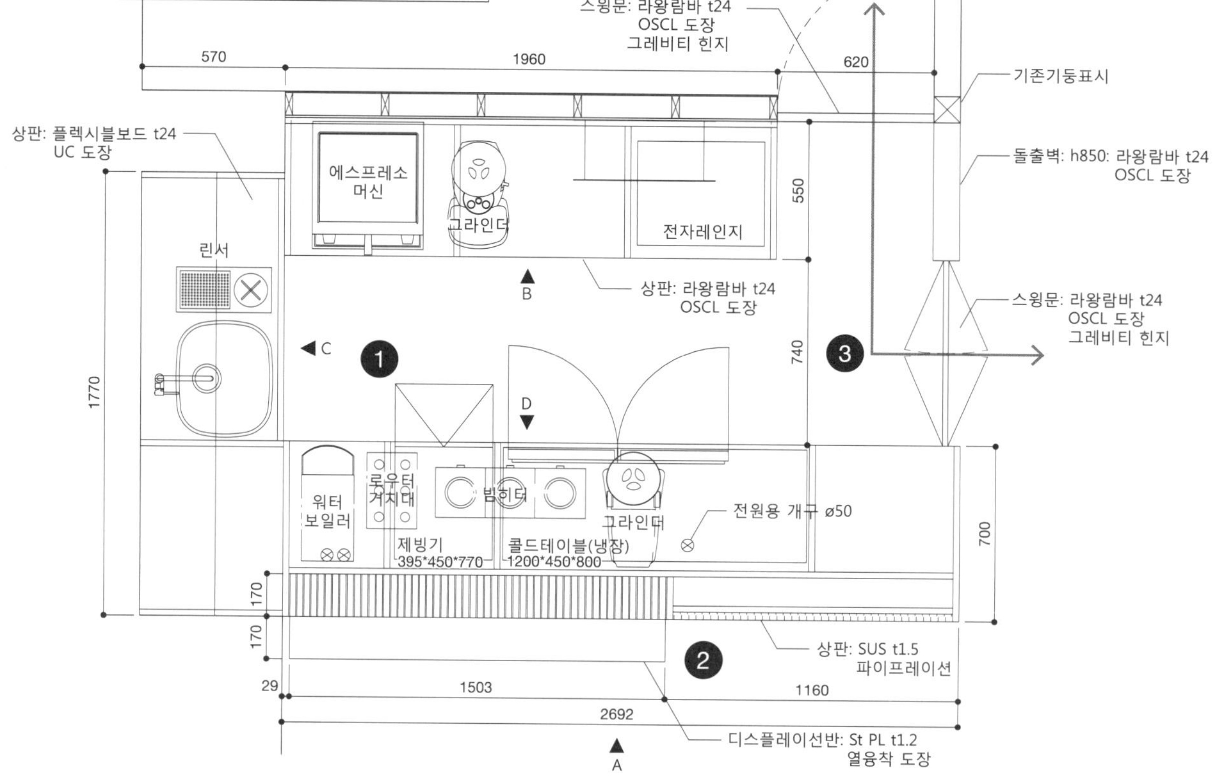

2 심재를 이어 붙인 럼버 코어재의 단면이 표정을 만들어 낸다. 일부 잘린 부분과 철제 선반판을 마련해 세계 각국의 원두 향을 테이스팅할 수 있는 기능으로 바리스타와의 소통을 유도한다.

3 뒷동선에서 로스팅실까지의 동선을 최소한으로 하고 카운터나 백야드에서의 작업을 방해하지 않는 평면계획으로 했다.

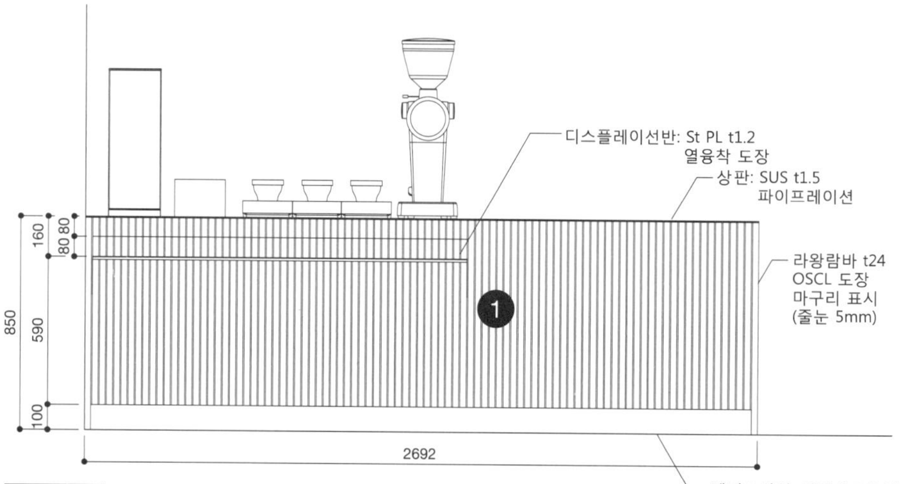

A 입면도

카운터 상세도 S=1/50

카운터 디스플레이. (촬영: 新澤一平)

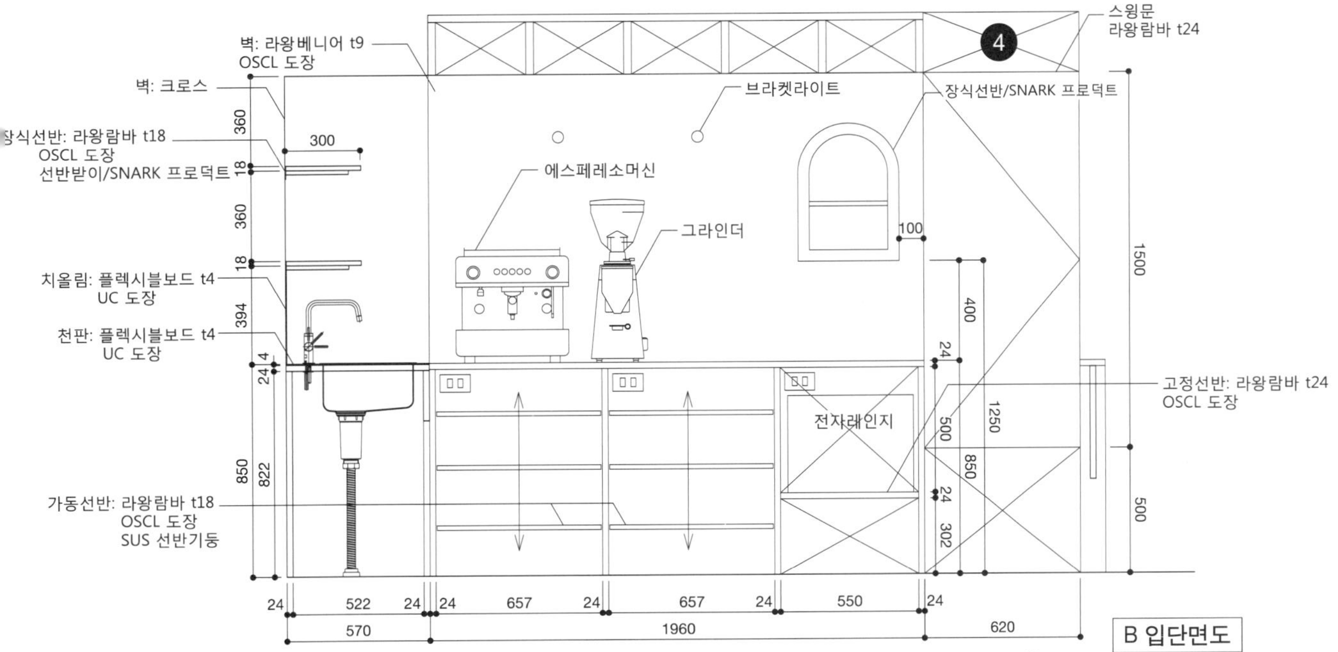

B 입단면도

4 천장까지의 벽으로 하지 않고 건물의 깊이를 느낄 수 있도록 틈을 마련했다. 반대로 스윙 문은 벽으로 보이도록 높이가 있는 구조로 되어 있다.

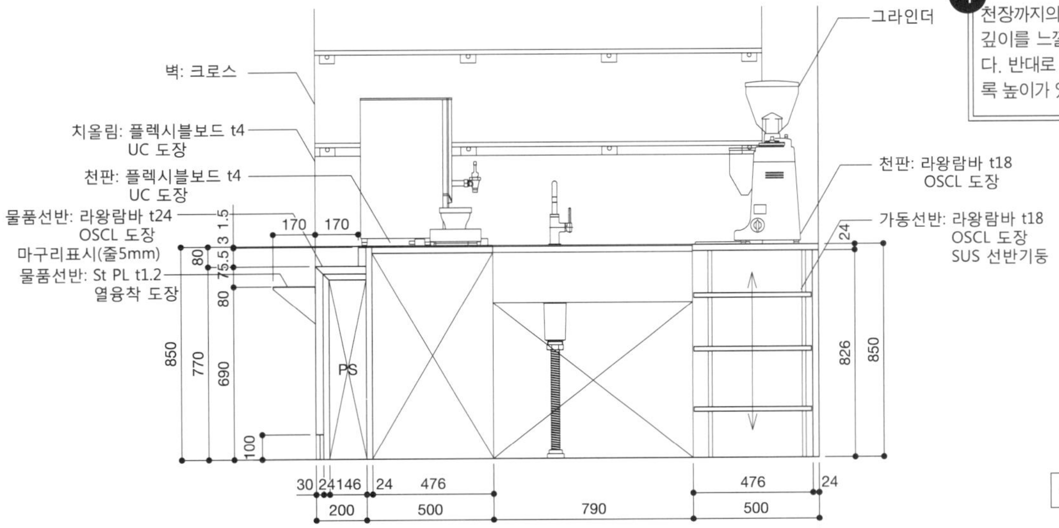

C 입단면도

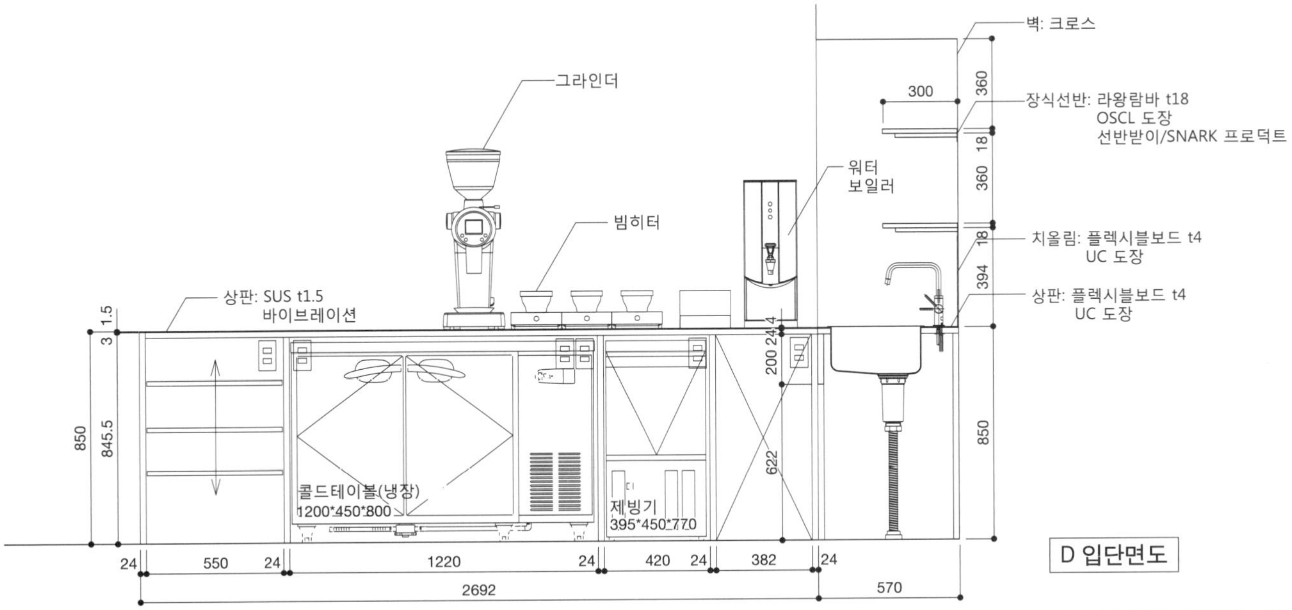

D 입단면도

1 선반, 카운터 등 집기는 코어합판에 소재를 짜 디자인했다. 음료를 흘려도 문제 없도록 테이블은 철판(색상은 트러스로부터 인용)으로 럼버 코어를 본뜬 디자인으로 했다.

오리지널 사이드 테이블. (촬영: 新澤一平)

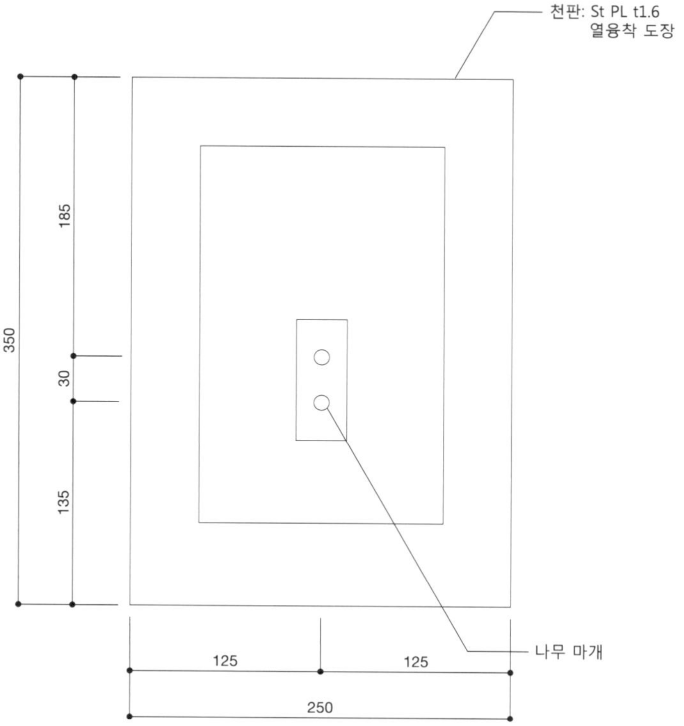

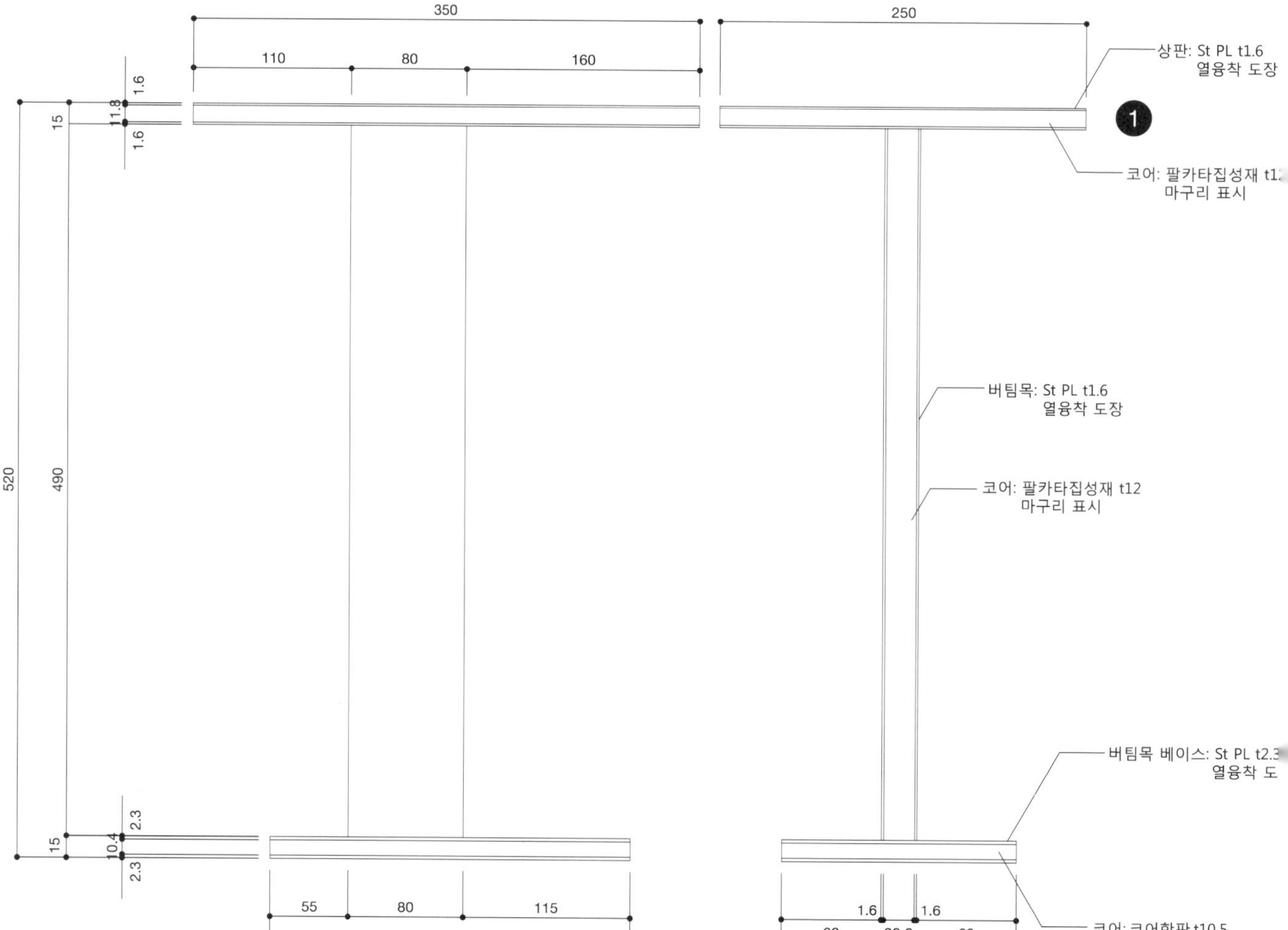

장부 입면도

단부 입면도

사이드테이블 상세도 S=1/5

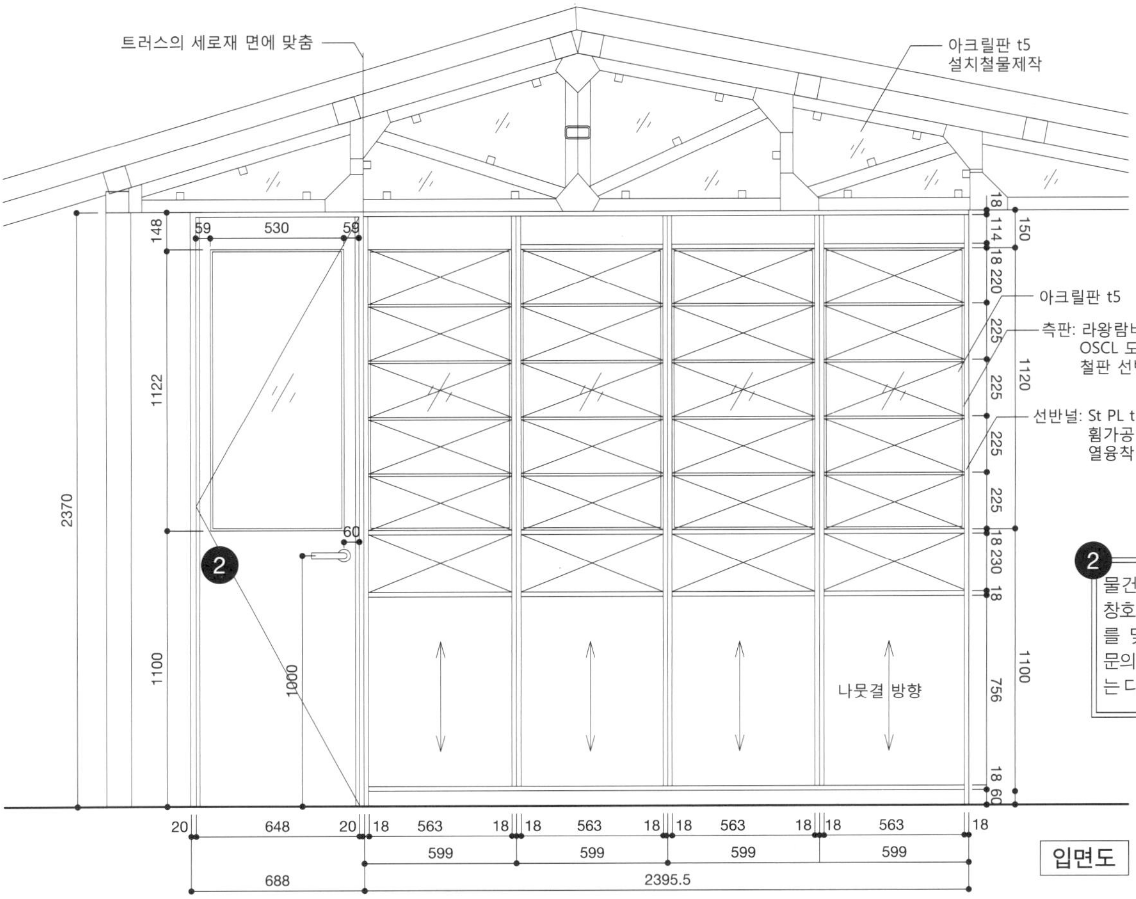

2 물건 판매 선반과 창호의 개구 사이즈를 맞추는 것으로 문의 존재감을 지우는 디자인으로 했다.

물건 판매 선반의 깊이 사이즈는 수 패턴 준비했다. 선반의 깊이가 깊기 때문에 얕은 선반이 있으면 빛이 닿아 디스플레이 역할을 한다. (촬영: 新澤一平)

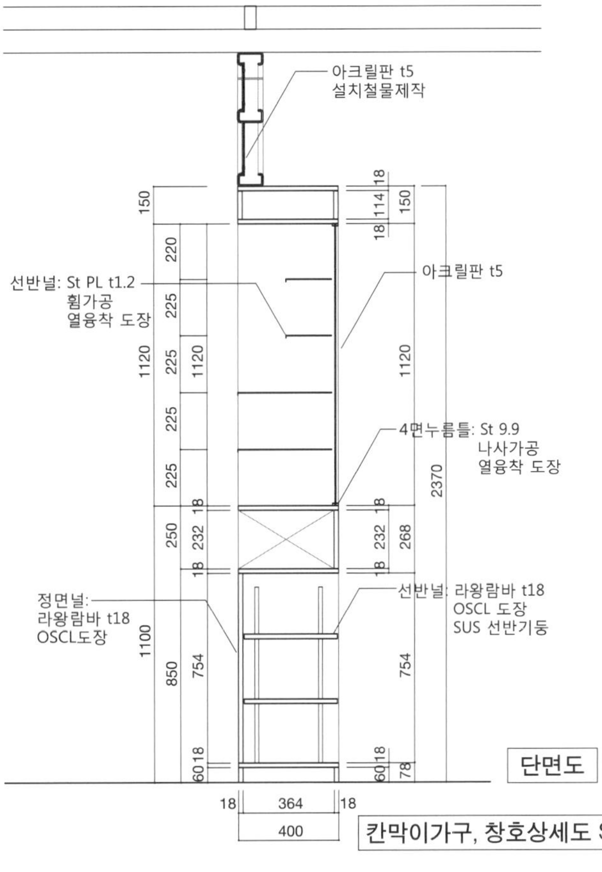

칸막이가구, 창호상세도 S=1/30

02 바리스타를 카페의 특등석에 배치한 조닝

% ARABICA Kyoto Arashiyama(교토부 교토시)—Puddle

촬영: 太田拓実

교토 아라시야마. 국가 사적, 명승지로도 지정되어 있는, 남북으로 흐르는 가쓰라가와에 놓인 도월교와 대나무 숲이 너무나도 유명한 지역.

관광객이 붐비는 거리로부터 조금 떨어진, 술집과 음식점들이 모이는 카츠라 강변의 일각에 조용히 서 있는 정자를 「%ARABICA」 2호점으로 리노베이션하는 프로젝트이다.

1호점의 히가시야마와 같이, 에스프레소 바, 생두의 스톡 야드, 로스팅기의 쇼룸이라고 하는, 커피의 로스터 숍의 기능이 요구되었다.

눈앞에 펼쳐진 아라시야마의 차경을 얻다. 일본 건축의 특징인 고상과 처마의 깊은 지붕을 지탱하는 최소한의 기둥과 벽의 구성을 사용하고 내부에 외부를 들여와 사계절을 느낄 수 있는 카페. 이 땅과 기존 건물을 바라보며 그런 생각을 했다.

용도지역	제1종주거지역
컨텍스트	가츠가라와 · 경승지
구조종별(면적)	목조주택(32.9㎡)
카운터 형식	ㅁ자형(7.0㎡)
카운터 용도	물건판매 · 회계 · 제공
객석의 다양성	옥외/테이블+벤치: 4석, 벤치: 12석
오퍼레이션	테이크아웃
스텝수	2인
로스팅기	있음

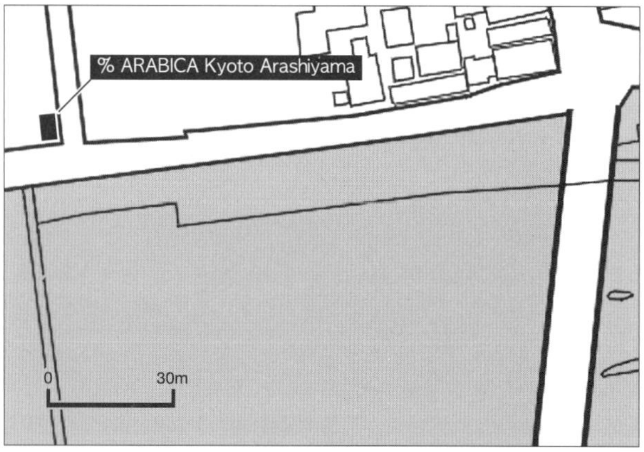

2 바리스타의 작업장을 점내외 전방향(360°) 해방. 바리스타 자신이 간판이 된다. 2명(피크시 3명)의 도선이 교차하는 일이 없는 최소한의 작업 공간(1×1.8m)을 오더, 세탁소, 에스프레소 바로 둘러싸는 구성으로 했다.

3 홍수를 대비해, 바닥에서 몇계단의 단차를 활용한 처마 밑의 모르타르 벤치. 원래의 철골 바탕에 의해 외벽으로부터 돌출된 벤치는 눈앞의 강의 수면으로부터 힌트를 얻은 형상으로 했다.

1층평면도 S=1/40

1 바리스타의 작품을 곁눈질로 보고 거리의 아름다운 경치를 감상할 수 있는 지붕 달린 아웃도어 특등석. 벤치 테이블은 특별 주문 가구. 외부 요벽을 연속시킴으로써 거리에서 보았을 때의 가구의 존재를 없애고, 파사드의 통일을 도모하였다.

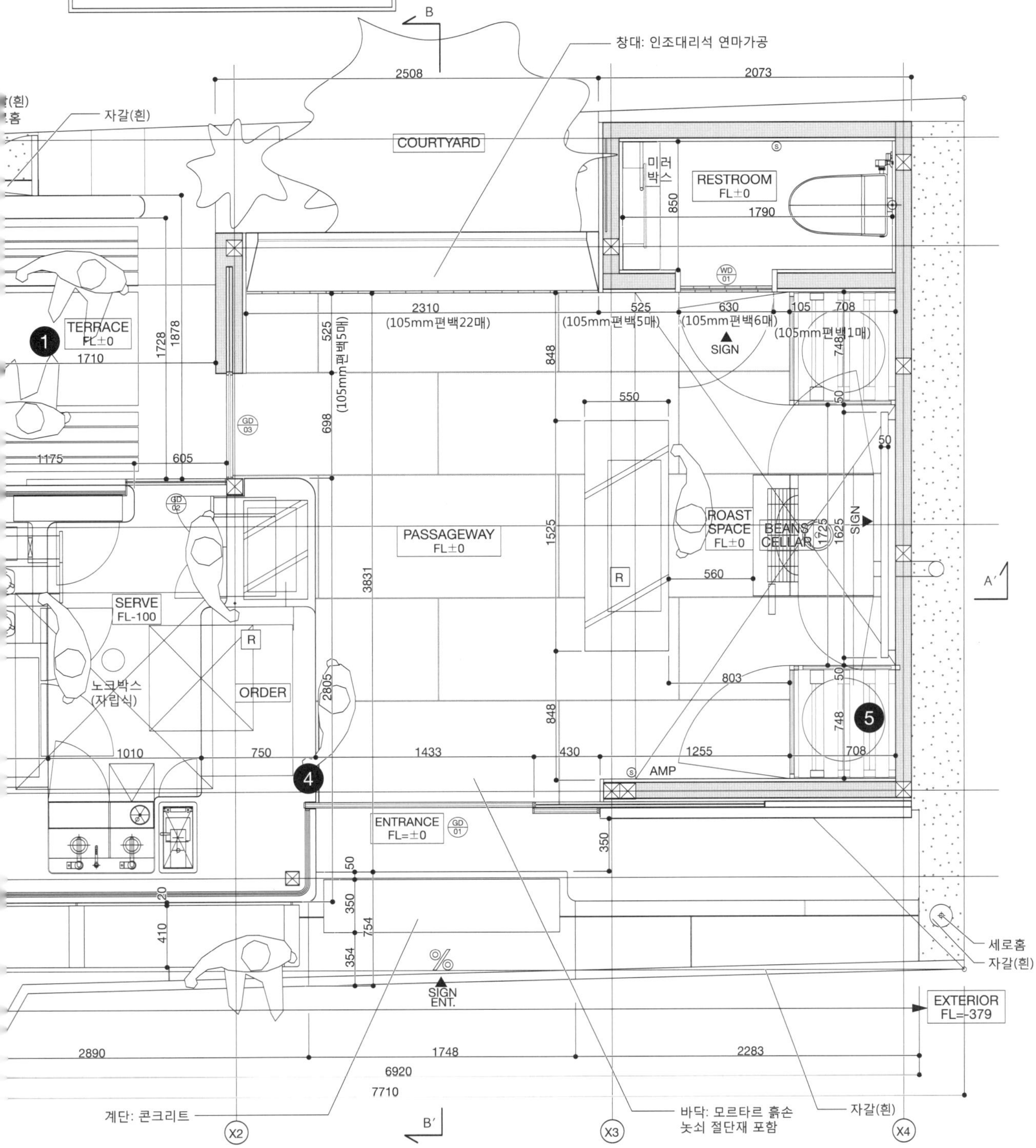

4 엔트런스의 매다는 유리 미닫이문(폭 2000mm)은 카운터와 일체로 보이도록 디자인하는 것으로 폐시, 열림시 모두 미닫이문이 거기에 없었던 것 같은 인상이 되는 것을 목표로 했다.

5 로스팅기 뒤에 저장된 생두 스톡 겸 쇼케이스.

로스트 스페이스에서 카운터 너머로 가쓰라가와 아라시야마를 본다. (촬영: 太田拓実)

❻ 키 180cm의 사람이 손을 뻗었을 때 손끝이 닿을 정도의 높이로 천장을 막고, 의식과 시점을 바깥의 경치로 향하게 하는 효과를 노렸다.

❹ 기존의 기와, 함석 지붕을 지탱하도록 신규로 만든 지붕에는 히든 홈을 채용해, 돌 끝의 인상을 샤프하게 완성했다.

❺ 에어컨의 직풍, 시각적 노이즈를 피하기 위해 바리스타의 작업 공간 바로 위에 간접 조명과 함께 AC 송풍기를 숨겼다.

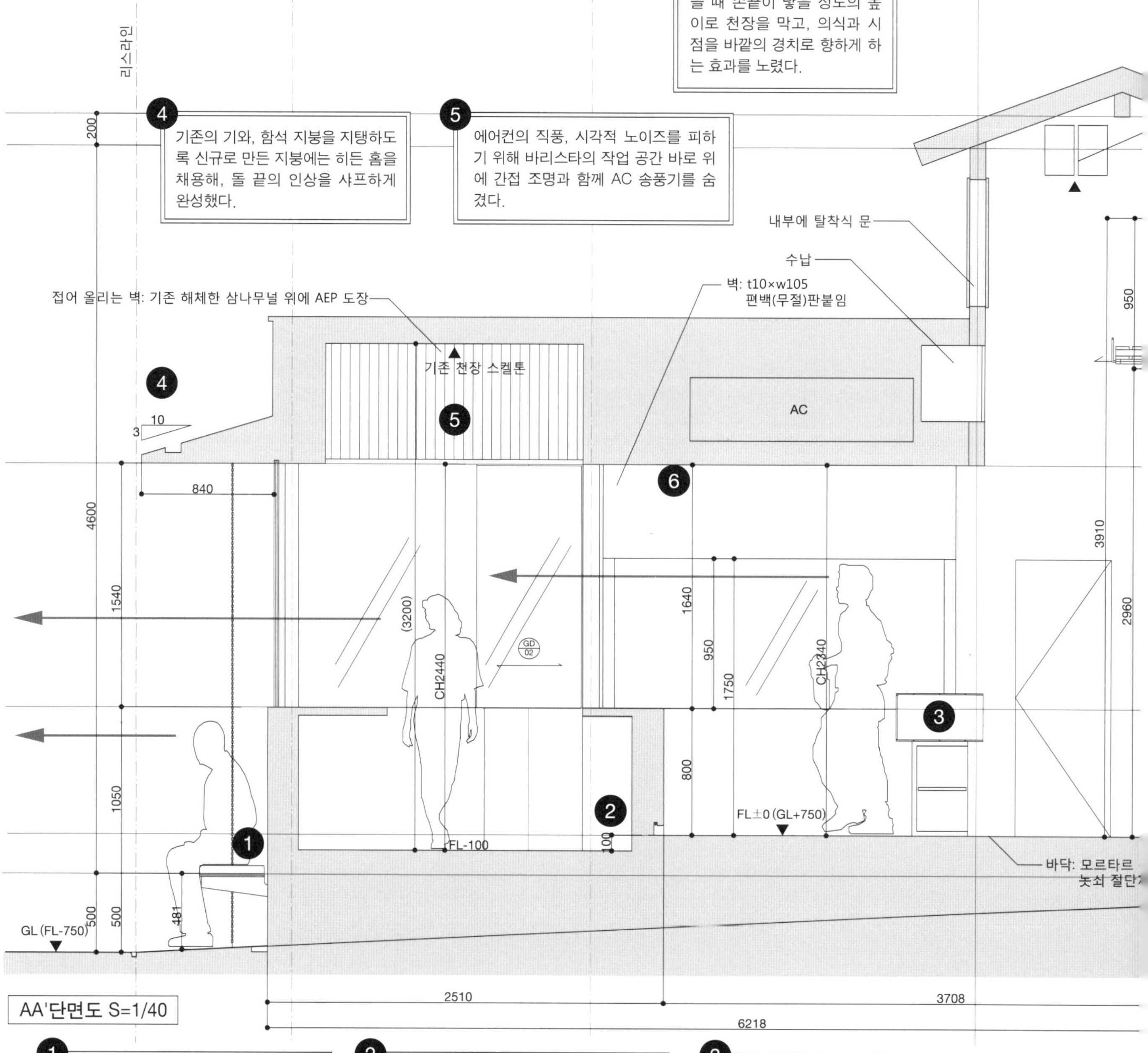

AA'단면도 S=1/40

❶ 깊이 450mm, 높이 500mm의 콘크리트 벤치. 외벽이 1050mm의 하이백으로 기능한다.

❷ 바리스타의 작업 바닥 레벨을 손님보다 100mm 낮춤으로써 경치의 공유와 플랫한 커뮤니케이션을 목표로 했다.

❸ 전기식 로스팅기 앞에 아일랜드형 유리 쇼케이스 설치. 콩의 산지와 로스팅 레벨을 볼 수 있는 카운터는 스탠딩 테이블로도 기능한다.

이웃 지역에서 밀려나고 있던 수목(현재는 이식되었다)을 피한 처마끝의 디자인. (촬영: 太田拓実)

가쓰라가와 쪽에서 건축 파사드를 본다. 에스프레소 머신이 유일한 사인이다. (촬영: 太田拓実)

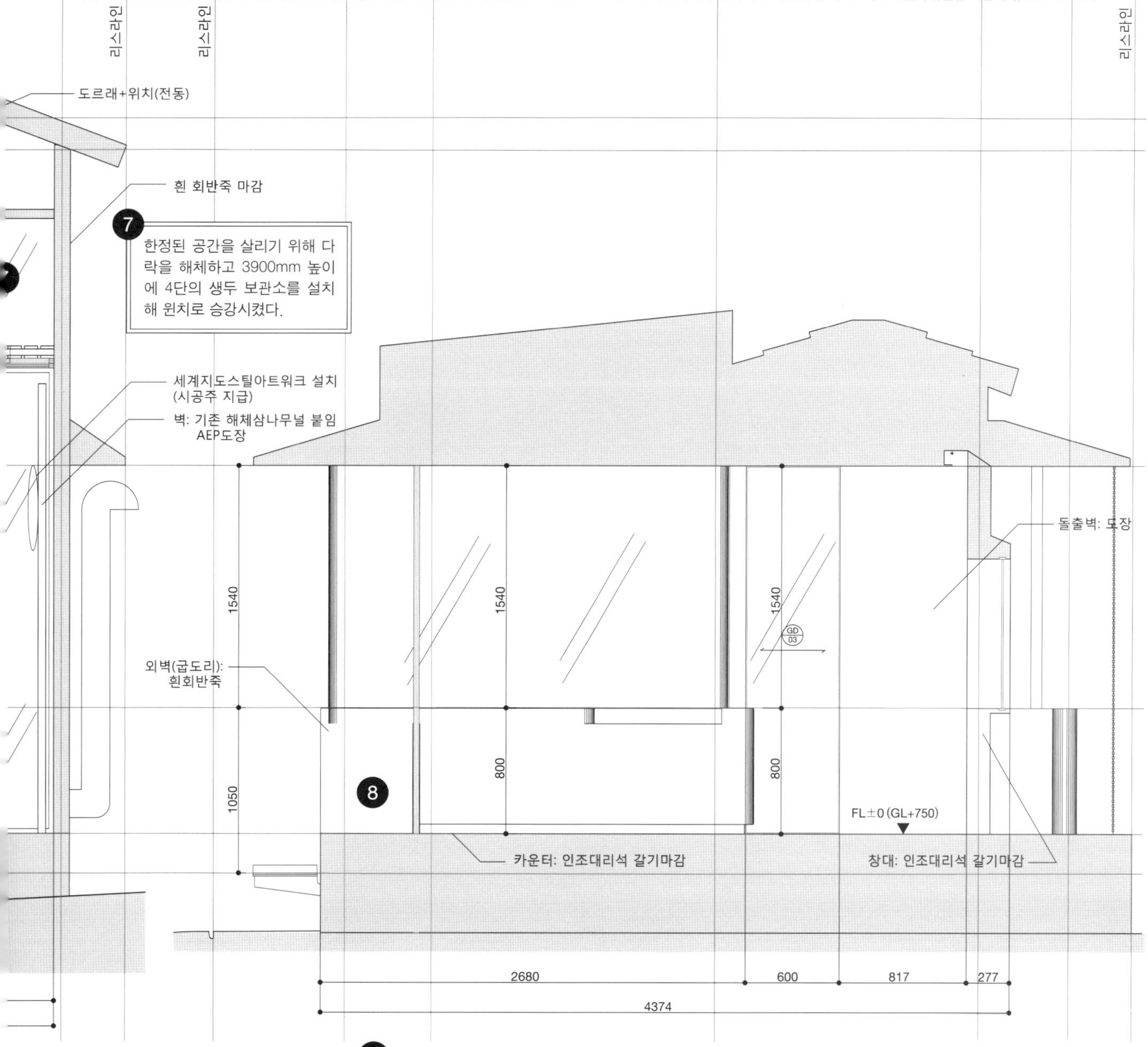

8 실내의 카운터의 미장(높이 800mm까지)을 그대로 건축 외장에 계속해 카운터라는 존재를 지우는 것을 목표로 했다.

BB'단면도 S=1/40

장인의 손으로 다듬어진 카운터에 비치는 하늘. (촬영: 太田拓室)

카운터에 삽입된 유리 페이스트리 케이스 디테일. (촬영: 太田拓室)

건축을 지탱하는 기둥을 삼킨 미장벽. (촬영: 太田拓室)

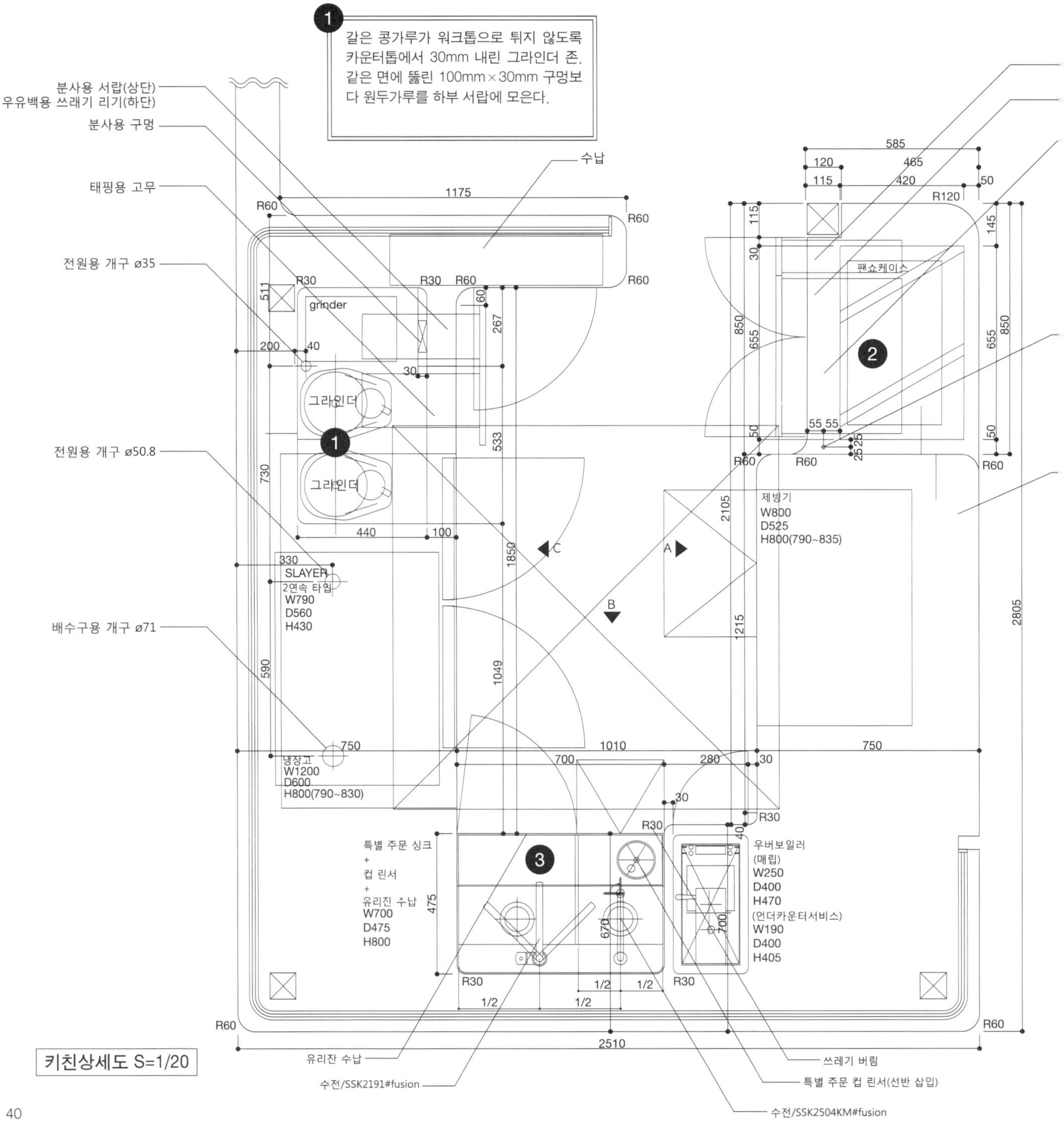

키친상세도 S=1/20

— 문구 수납

— 포장재 수납

— 계산서 영수증
+
슬라이드 트레이

— ipad전원용 개구 ø12

— 카운터: 인조대리석 갈기 마감

2 빵 쇼케이스는 투명감을 살리기 위해 프레임리스 4면 유리를 용착했고, 스태프 측은 문 없이 오픈했다.

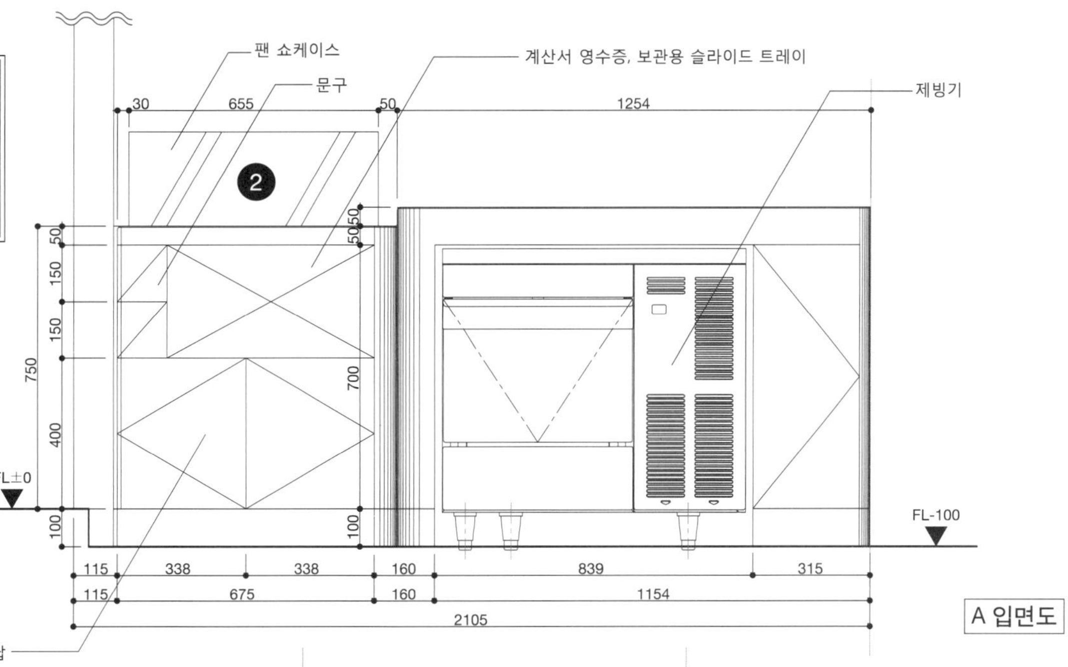

3 카운터와 일체가 되도록 하얗게 도장한 스테인리스 싱크는 상판면보다 20mm 내려가도록 매립하고 있다.

4 고객이 카운터 내부에 주목하지 않도록 모든 수납에 손잡이나 요철을 만들지 않고 평평하게 마감했다.

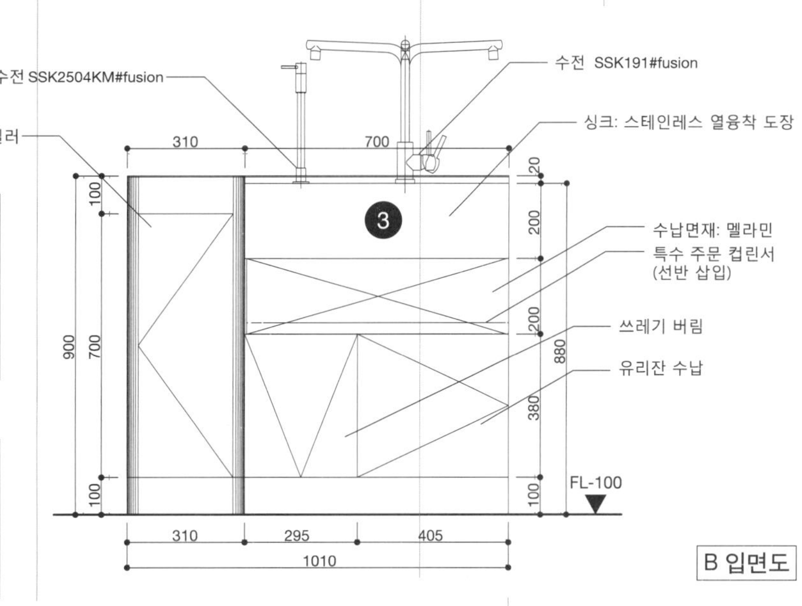

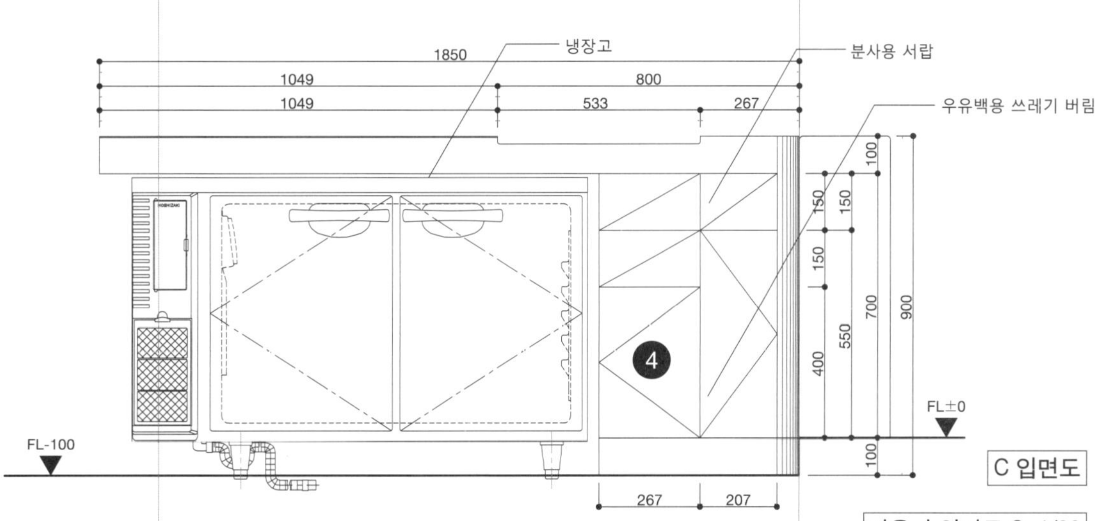

카운터 입면도 S=1/20

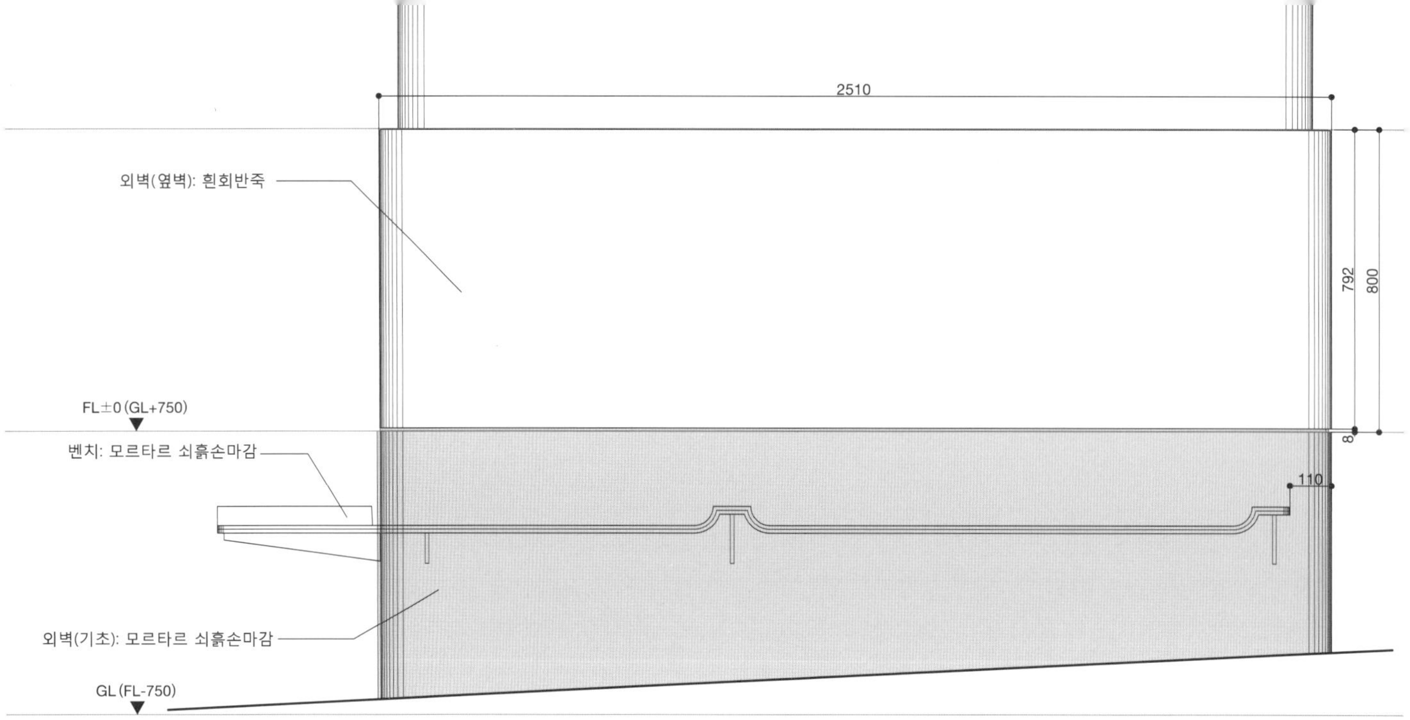

벤치상세도 S=1/20

A 입면도

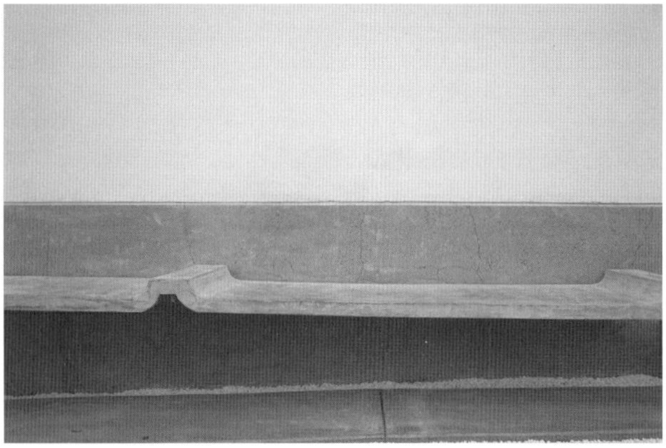

카츠라강의 수면을 표현한 캔틸레버 벤치. (촬영: 太田拓室)

현관입구 바닥에 넣은 황동 로고 마크. (촬영: 太田拓室)

캔틸레버 벤치의 상단에 걸려있는 실내에서 연속적인 큰 차양. (촬영: 太田拓室)

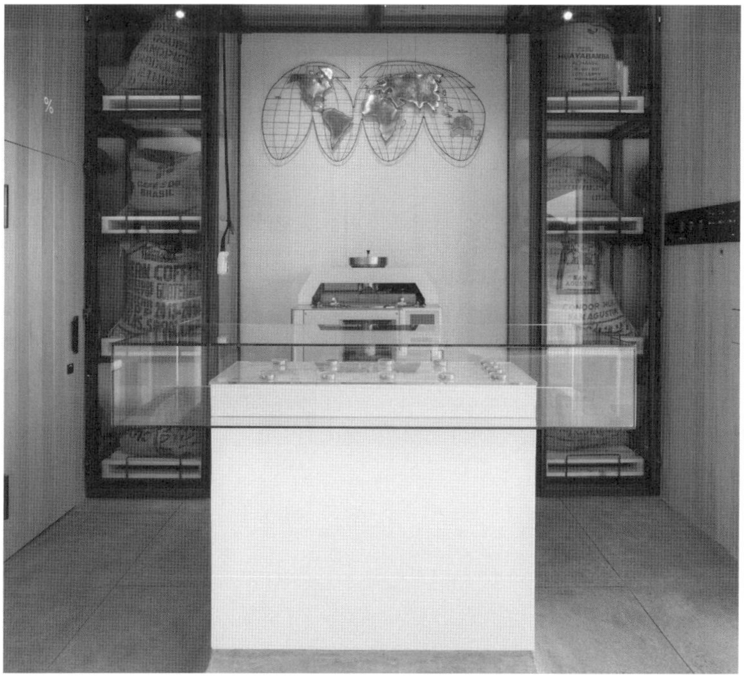

유리 오더 카운터 너머로 로스팅 공간을 본다. (촬영: 太田拓実)

스틸제 콩판매 내부의 슬라이드 선반. (촬영: 太田拓実)

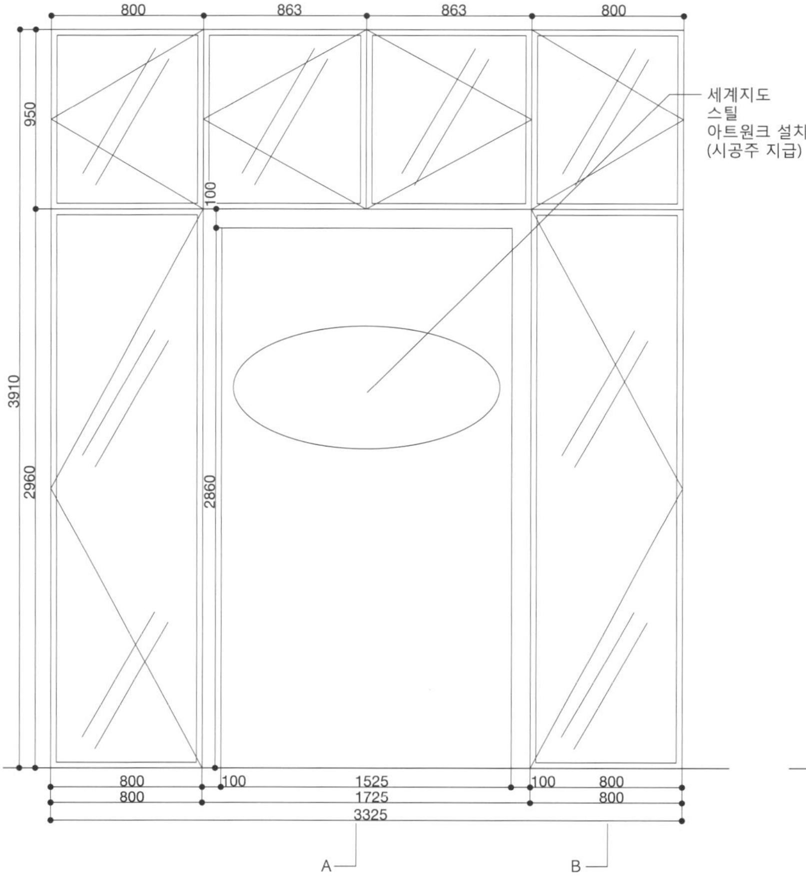

콩판매 상세도 S=1/40

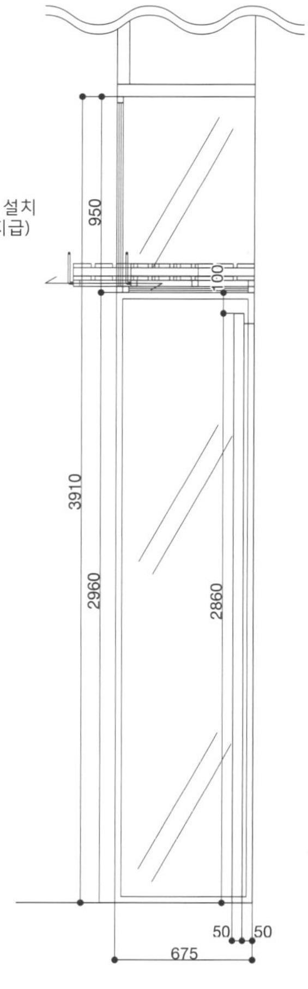

A 단면도

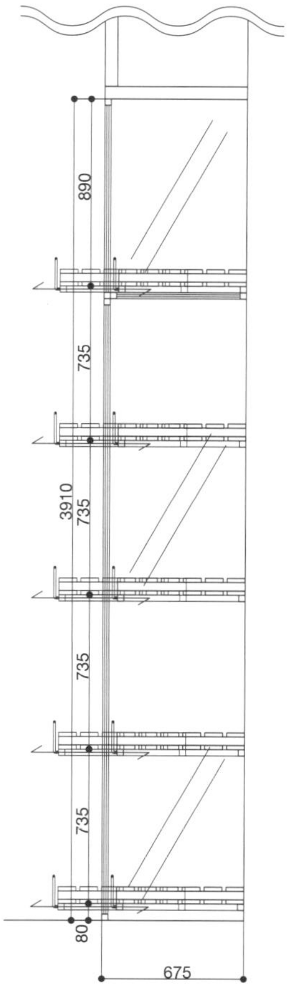

B 단면도

03 사람이 모여 연결되는, 마을의 기점으로서의 큰 테이블

MIA MIA(도쿄도 도시마구)―ara

촬영: 高野유리카

변두리의 운치가 남아 있는 히가시나가사키에 익숙하면서도, 새로운 사람의 흐름을 만들어 내, 거리를 더욱 활기차게 하는 장소가 요구되었다. 지구 계획에 의해서 10년 이내에 철거가 정해져 있는 것이나, 「MIA MIA」(호주의 선주민의 말로, 그 토지의 재료를 사용해 만드는, 가족이나 친구 등이 모이는 일시적인 쉘터)라고 하는 컨셉으로부터, 점내의 집기는 휴대할 수 있는 사이즈, 혹은 가동식의 것으로 하고 있다. 원래 부티크의 아기자기한 디자인을 최대한 활용함으로써 이곳의 기억에 다가가고 현지인들에게도 친근하게 다가갔다. 디자인과 운영 양면에서 소통을 촉진하는 고된 노력과 구조를 갖추면 인적, 물적, 문화적 자원을 가시화하고 연결하는 자리가 생긴다. 그런 자리의 연쇄가 삶을 더 즐겁고 지속가능하게 만들어 갈 것이다. 거리의 생활을 풍요롭게 하는 기점으로서의 커피점을 목표로 하였다.

용도지역	상업지역
컨텍스트	히가시나가사키역 앞 · 변두리 · 사도
구조종별(면적)	목조 2층 건물, 이 중 점포는 1층(30㎡)
카운터 형식	I 자형(4.1㎡)
카운터 용도	제공 · 음식 · 물건 판매 · 조리
객석의 다양성	옥내/카운터+스툴 · 체어: 9석, 테이블+체어: 2석, 벤치:2석 옥외/벤치: 6석
오퍼레이션,	잇트인+테이크아웃
스텝수	3인(커피+조리, 회계+제공, 커뮤니케이션 각 1인씩
로스팅기	없음

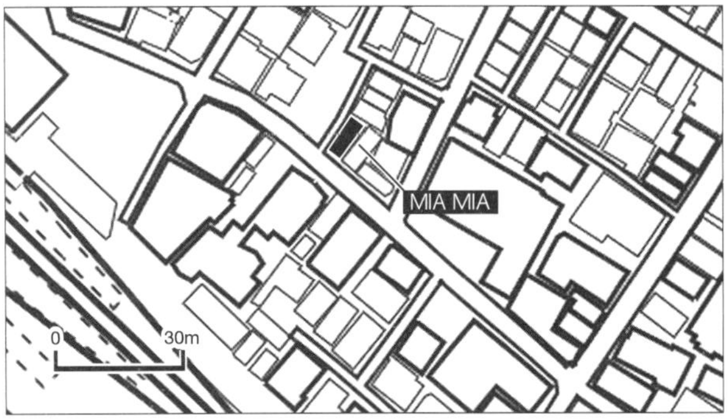

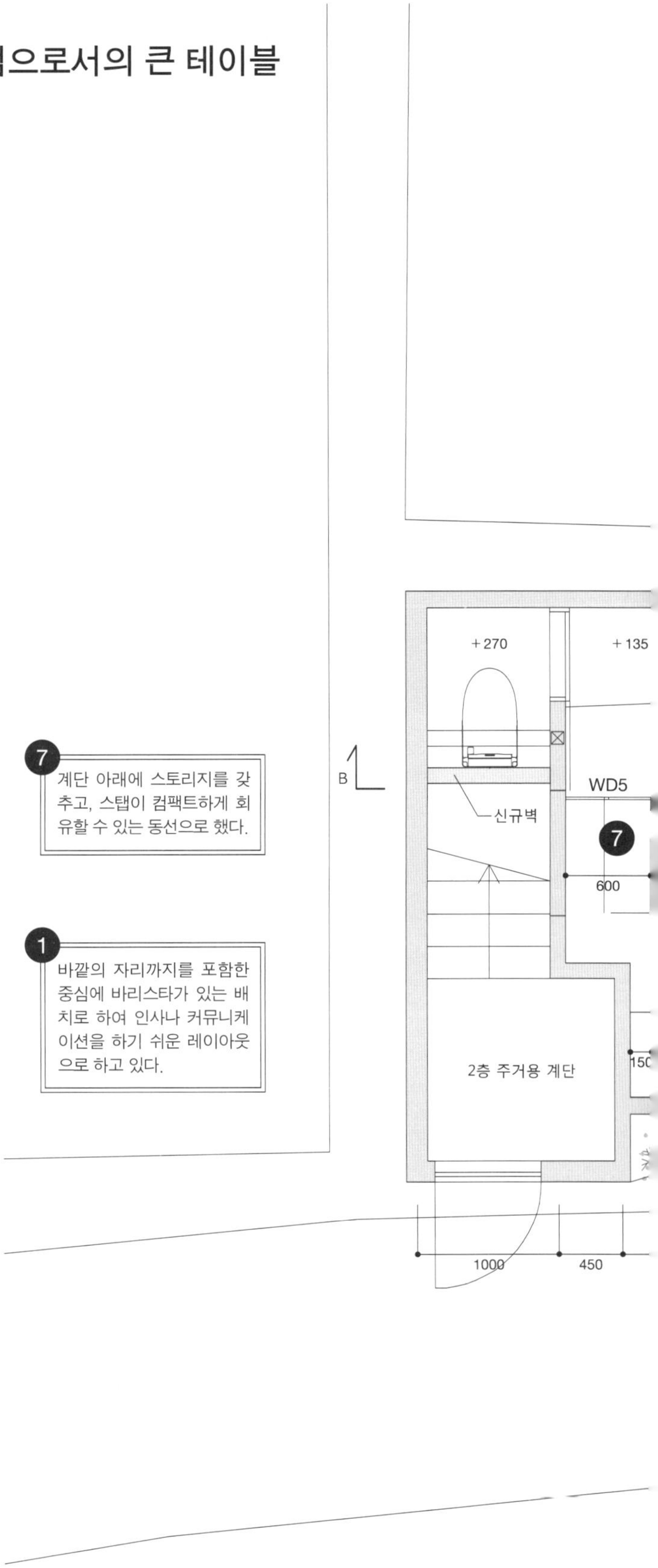

평면도 S=1/50

2 5m의 긴 테이블에 손님과 바리스타가 함께 모인다. 3개의 테이블 상판은 장소에 맞게 높이를 바꾸어 사용법에 바리에이션을 가지고 있다. 상판은 하라주쿠에 있던 이벤트 스페이스 「VACANT」의 것이다. 다리는 움직이는 것을 신규로 제작했다.

3 벽면에 설치된 선반은 장소마다 음악, 아트, 커피 상품과 같은 테마를 가지고 있어 작은 갤러리 공간으로 기능한다. 선반의 최하단은 수납으로 하고, 프론트에 사용한 물결판의 뒷면을 문에 사용하였다.

4 기존의 작은 스테이지를 그대로 남겨, 올라가는 자리로 만들었다. 이벤트 시에는 스테이지로도 사용하고 있다.

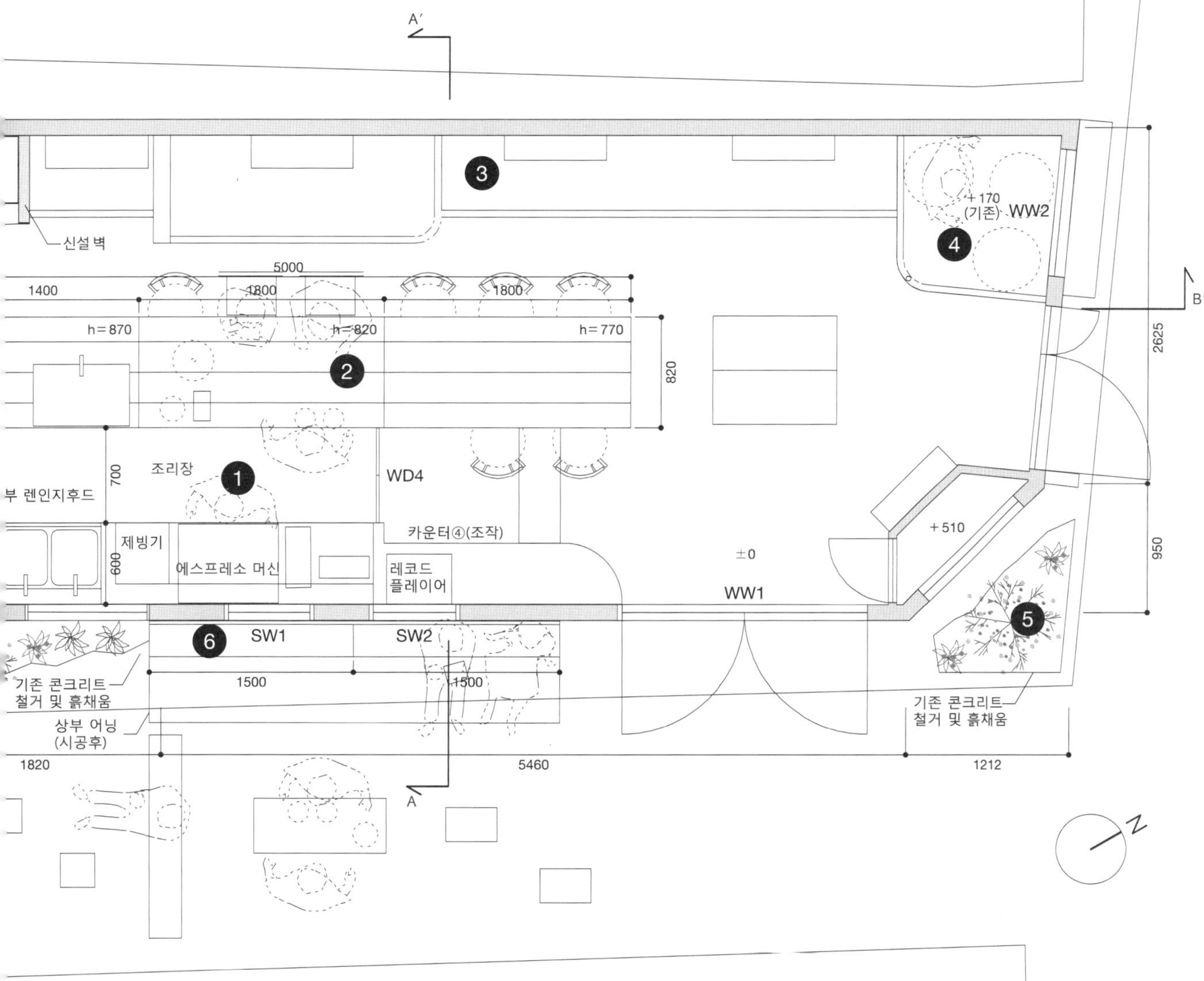

6 외부에는 카운터 상판과 동일한 발판판을 앉는 높이로 하고, 창의 아치와 의장을 합친 다리를 제작한 벤치가 늘어서 있다.

5 기존의 쇼윈도를 남겨 계절별 테마와 상품을 전시하는 공간으로 꾸몄다. 외부 구석에는 유칼립투스를 식수했다.

1 상처가 심했던 목제 새시틀이나 셔터 박스는, 갈바 강판으로 커버했다.

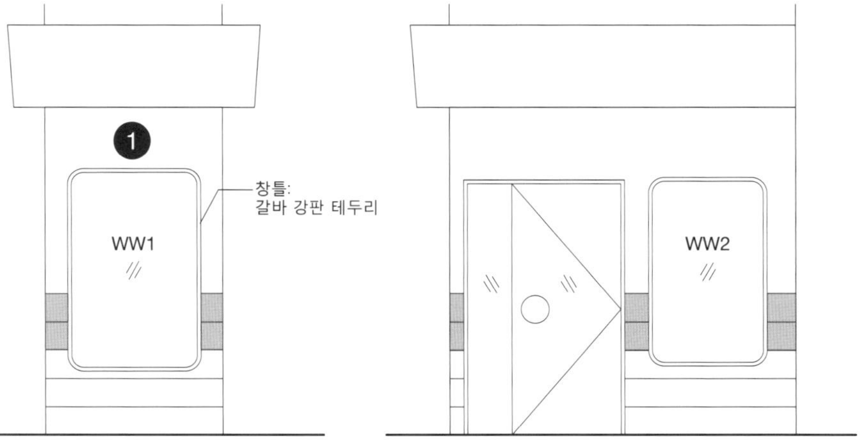

입면도 S=1/60

북측모서리

북측

4 바리스타가 방향을 바꾸는 것만으로 점내외의 손님 모두에게 대응할 수 있는 레이아웃으로 하고 있다.

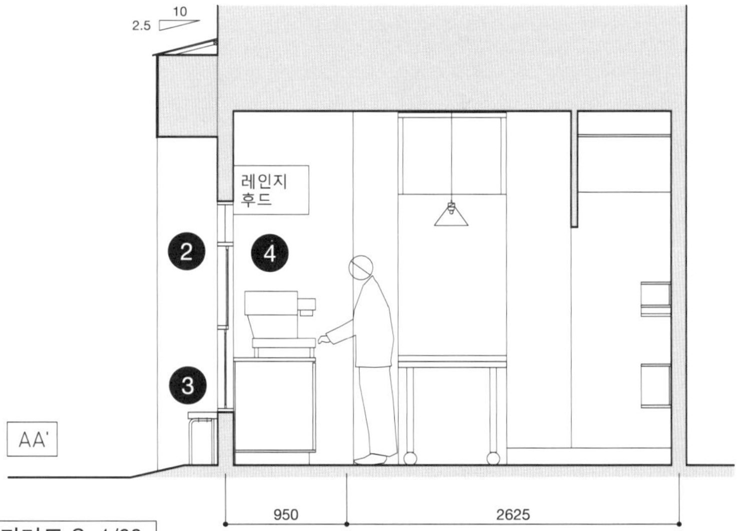

단면도 S=1/60

원래 FIX였던 아치창문을 올리고 내리는 창문으로 개수. 커피를 마시면서, 다른 사람에게 인사할 수 있다. (촬영 : ara)

내관. 안쪽에서 앞으로 테이블 높이가 변화한다. (촬영:ara)

2 원래 FIX였던 아치창을 올렸다 내렸다 하는 창으로 변경해 스태프들이 바깥 손님들과 소통하기 쉽게 했다.

3 바깥 창문은 나무로 얼룩이 심했기 때문에 앉았을 때 닿는 부분은 판금으로 커버하였다.

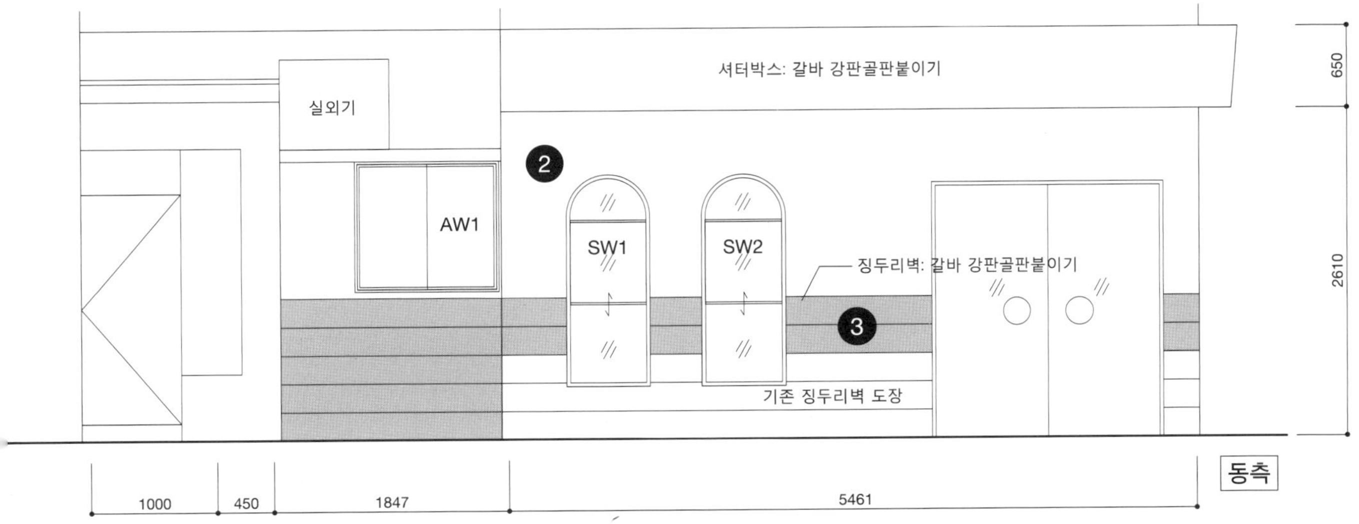

5 높이를 바꾸는 점점 테이블. 드립의 용이성이나 손님의 본연의 자세에 맞추어 선택할 수 있도록 하고 있다.

6 잡화나 아트 워크를 두는 디스플레이 코너. 상자 내외를 사용하여 물건이 증감해도 대응하기 쉽다.

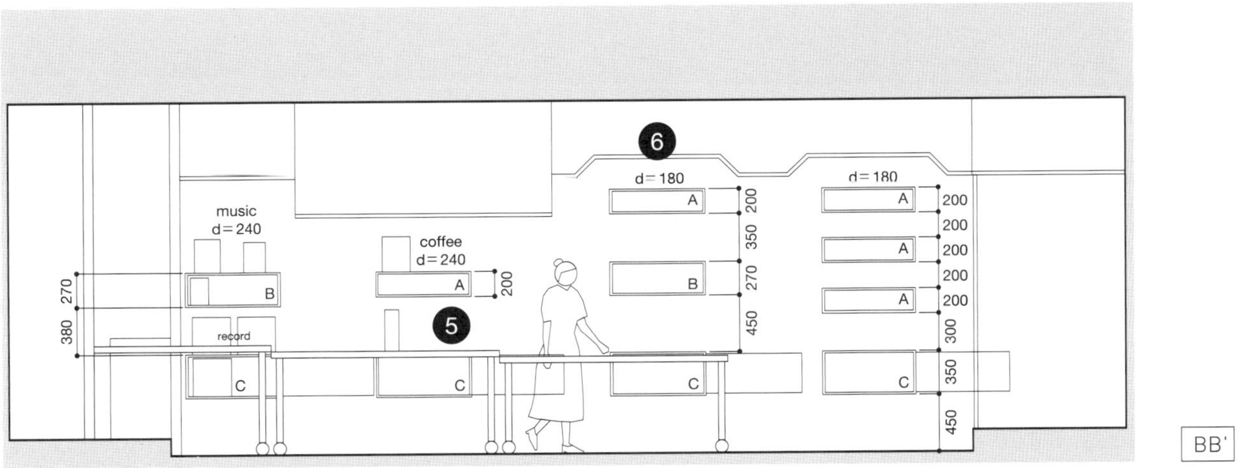

살짝 앉아서 마시기, 스탭과 대화하기, 천천히 앉기 등의 다양한 방식을 하나의 테이블 안에서 가능하게 하고 있다. (촬영:ara)

밖에서 본 디스플레이 선반. 맨 아래 단은 스톡을 위해 골판지로 문을 달고 있다. (촬영:ara)

내관. 커피를 마시거나 레코드를 틀 때, 항상 내외의 손님과 커뮤니케이션 할 수 있는 레이아웃. (촬영:ara)

음악 라이브를 개최하고 있는 모습. 가게 안의 집기를 가동시켜, 다양한 이벤트에 대응. (촬영 : ara)

조작 카운터 다리. 큰 캐스터를 설치하여 밖으로도 꺼낼 수 있도록 하고 있다. (촬영:ara)

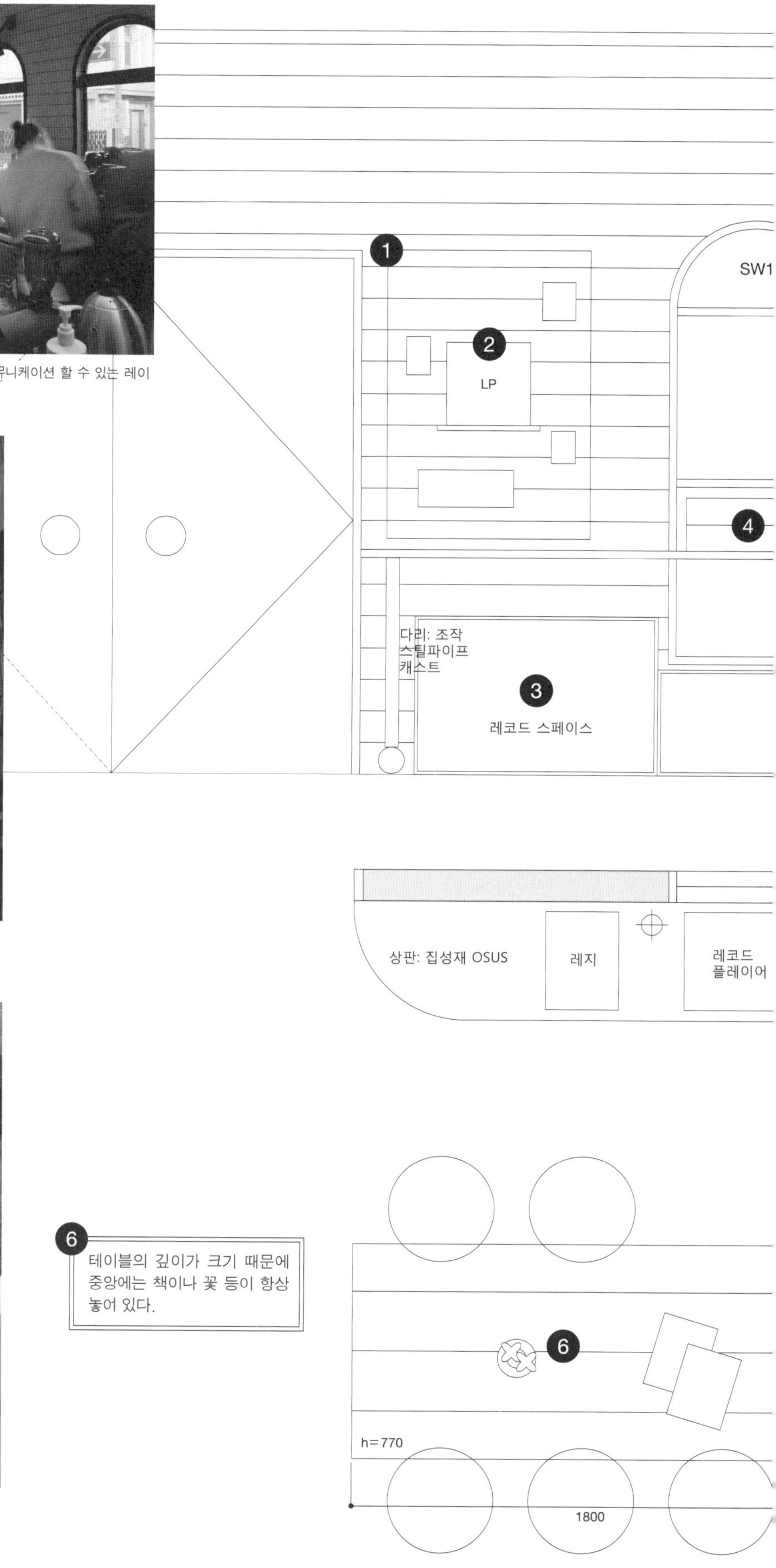

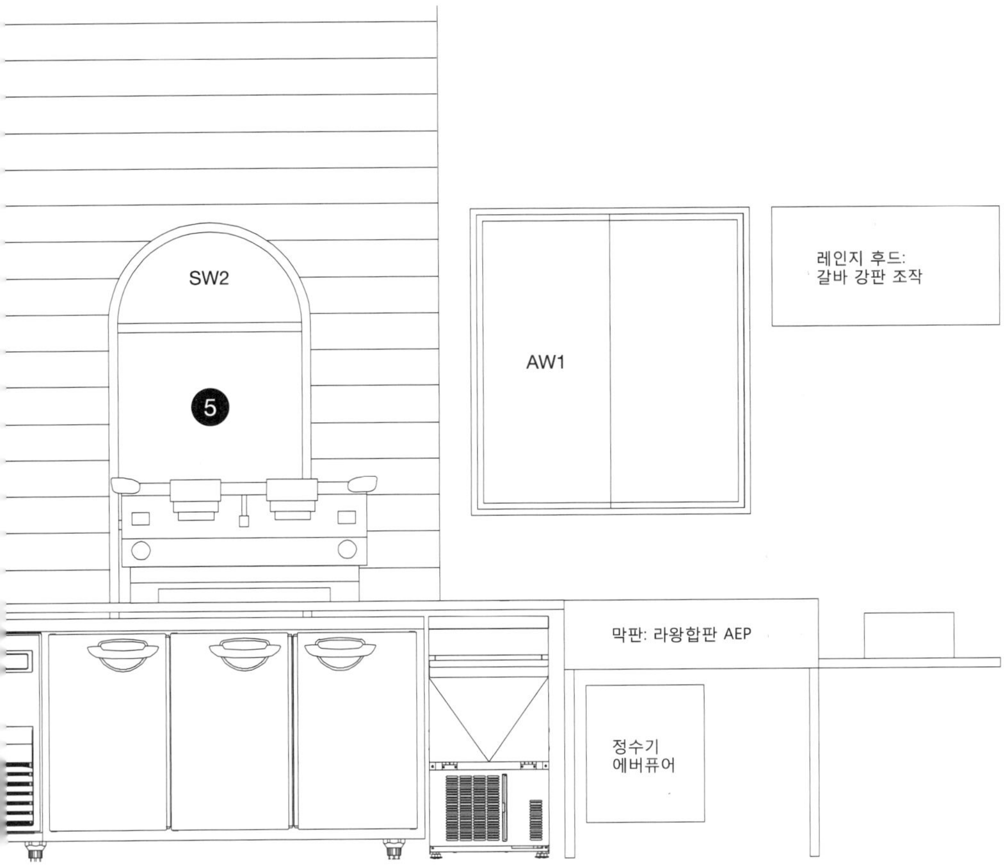

1 고객이나 인근의 정보를 얻을 수 있는 공간.

2 이곳은 현재 play하고 있는 레코드가 놓인다.

3 레코드 공간. 손님이 골라 걸 수도 있다.

4 직원과 고객 모두가 조작할 수 있고 밖에서도 볼 수 있는 위치에 레코드 플레이어를 설치.

5 밖을 보면서 커피를 넣는다, 밖의 사람에게 머신이 보인다, 라고 하는 것을 중시한 레이아웃. 창가에 두고 싶었기 때문에 가장 높이가 억제된 머신을 선택했다.

키친 입면도 S=1/25

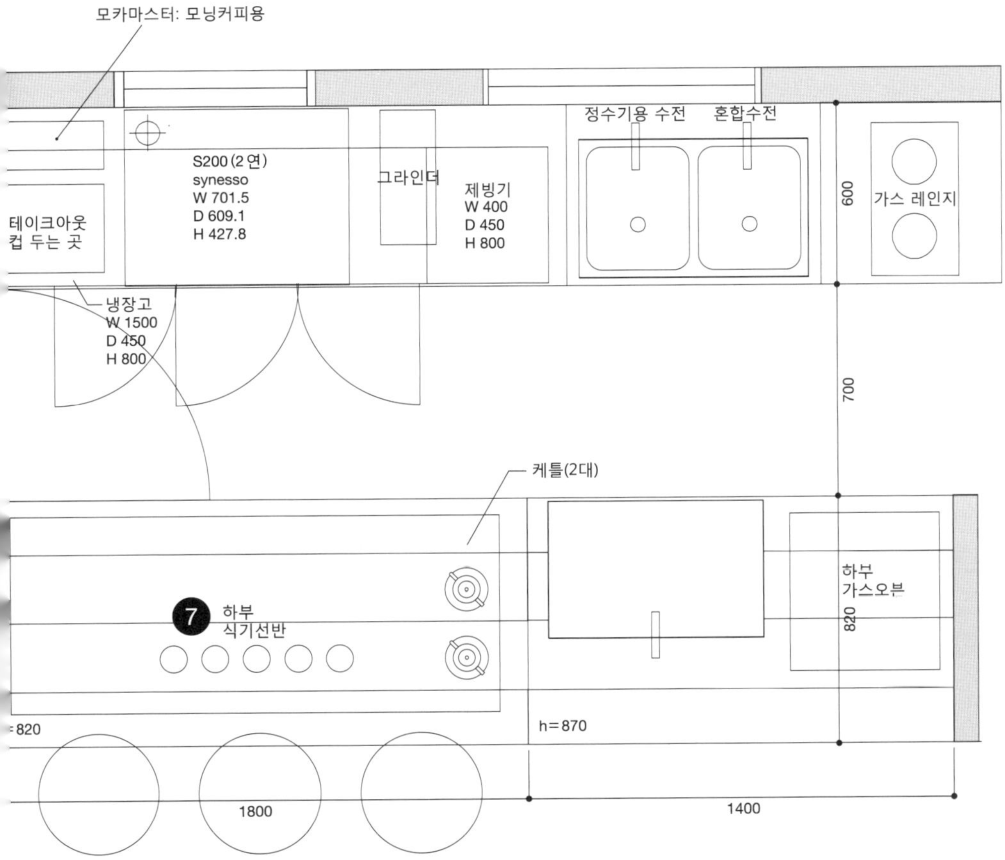

7 직접 로스팅하지 않고, 연하고 진함까지 다양한 로스터의 것을 소개하기 위해 카운터에 여러 가지 콩을 진열하고 있다.

카운터 평면도 S=1/25

04 마을과 포토 스튜디오를 연결하는 포켓 파크 카페

쿠포그라피 고마자와 공원 스튜디오(도쿄도 세타가야구)—a.d.p

촬영: kuppography

입구에 카페를 마련한 포토 스튜디오. 전면에 오두막을 세우는 것으로 여러 방식으로 자연광을 끌어들여, 유리의 개구부 · 칸막이를 식물로 둘러싸는 것으로 내외의 경계를 애매하게 하면서 "외부의 기분 좋음"을 실내에 끌어들이고 있다.

동선이 뒤섞이는 카페 공간은 가구 사이를 넓게 잡았기 때문에, 카페에서 지내는 사람과 스튜디오 이용자 · 스태프가, 길가에서 서서 이야기하는 사람과 그 옆을 지나가는 사람과 같은 거리감이 되어, 특정한 누군가의 것이 아닌 거처를 만들고 있다. 또 거리 가드레일의 파이프 지름이나 고마자와 공원 광장의 지면 패턴 등 매티리얼 · 색상 · 치수 등을 공공물과 연결시켜 보는 것, 닿는 것의 배후에 친밀감을 느낄 수 있도록 했다.

식물의 생명력, 여유로운 가구 배치, 다양한 사람들이 오갈 수 있는 동선, 그리고 공원처럼 둘러진 공간이 거리의 사람들과 내방객, 직원들의 섞임을 허용하고 대범한 소통을 이끌어내는 공간이 되고 있다.

용도지역	제1종 저층주거전용지역 · 근린상업지역
컨텍스트	고마자와 공원 주변 · 주택지
구조종별(면적)	철골조 3층건물(187㎡, 카페에어리어 50㎡)
카운터 형식	ㄴ자형(6.5㎡)
카운터 용도	회계 · 제공 · 물건 판매
객석의 다양성	옥내/20석 옥외/벤치: 2석
오퍼레이션	잇트인+테이크아웃
스텝수	2인
로스팅기	없음

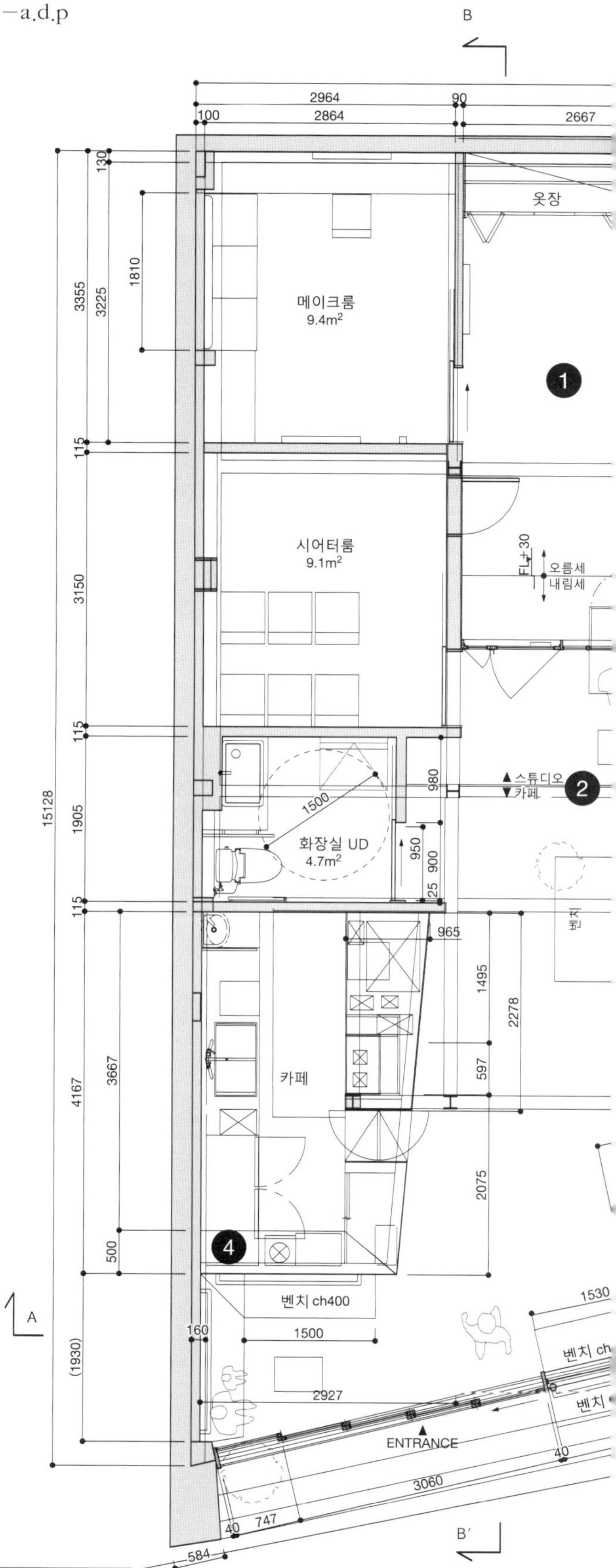

평면도 S=1/80

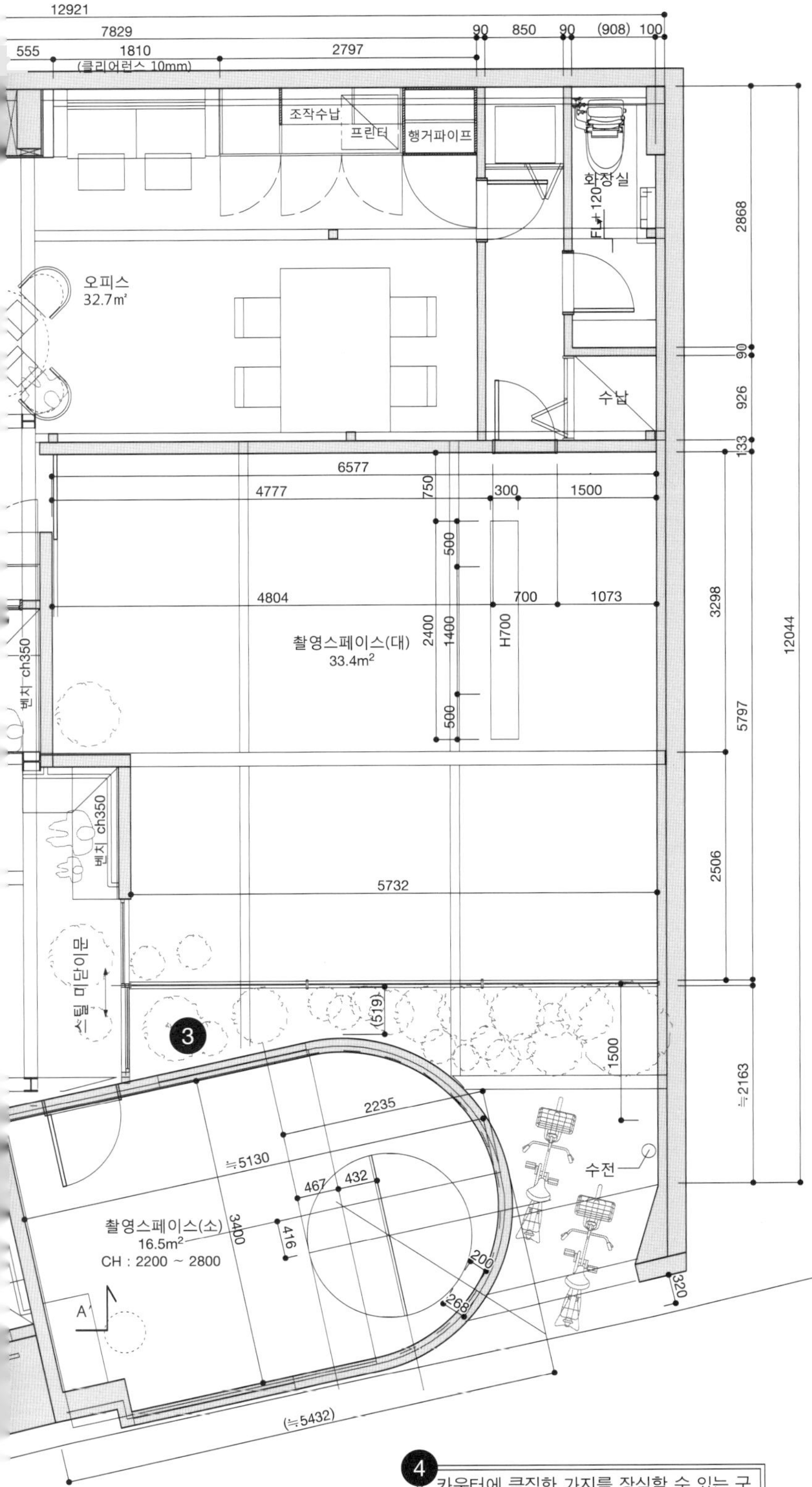

1 손님들과 얼굴을 마주할 수 있는 계기를 마련하는 개방적인 사무실 공간.

2 카페 손님, 스튜디오 손님, 일하는 직원 모두가 만나는 객석 공간.

3 스튜디오와 카페 사이에 식물을 위한 공간을 만들고 각 실의 개구부는 그곳을 향해 계획했다. 창문으로 보이는 풍경이 식물 너머로 보여져 작지만 개방적인 공간을 지향했다.

4 카운터에 큼직한 가지를 장식할 수 있는 구멍 설치. 외부의 편안함을 가게 안으로 끌어들이다.

1 큰 공간과 균형이 잘 잡힌 사이즈였기 때문에 기존의 높은 천장용 수은등을 활용하여 도장을 하여 공간과 표정을 맞췄다.

2 천장이 낮은 장소에도 외부의 빛이나 기척을 전달하기 위해 중요한 제거.

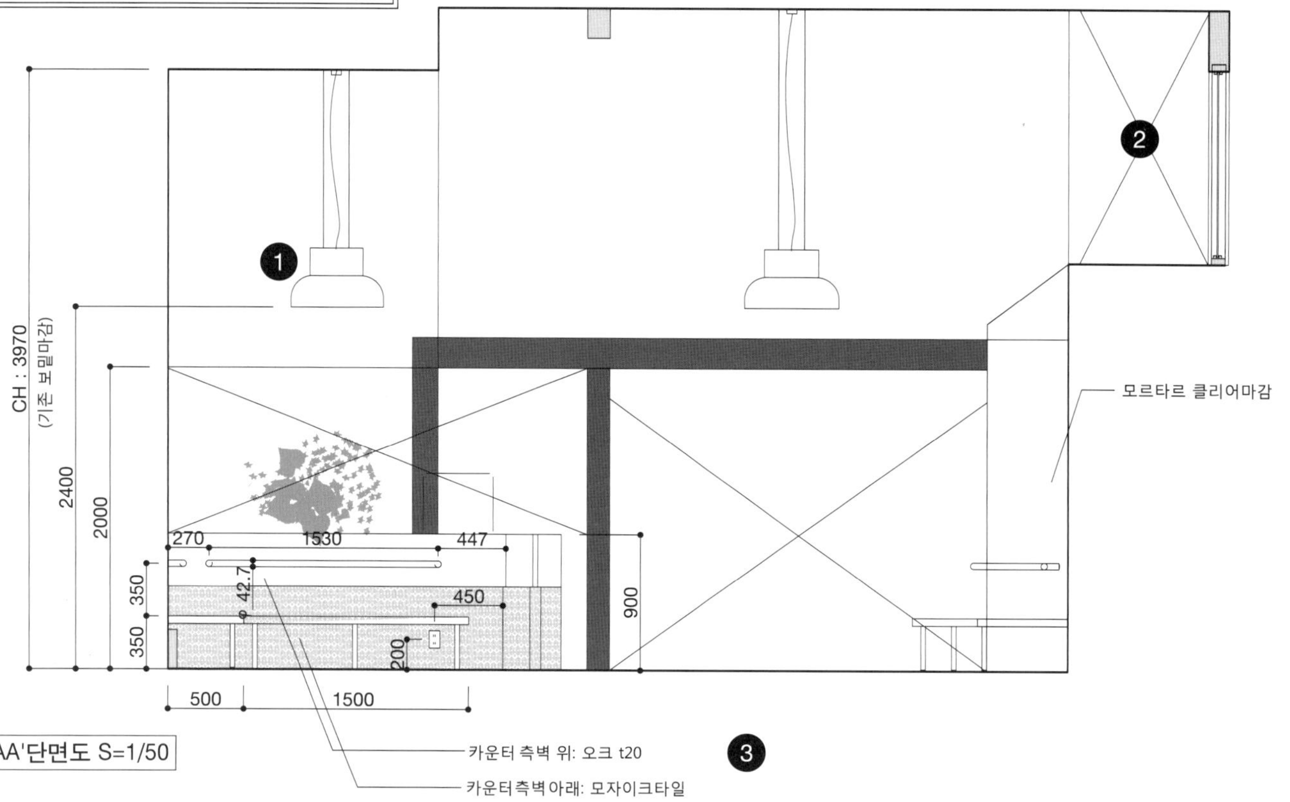

AA'단면도 S=1/50

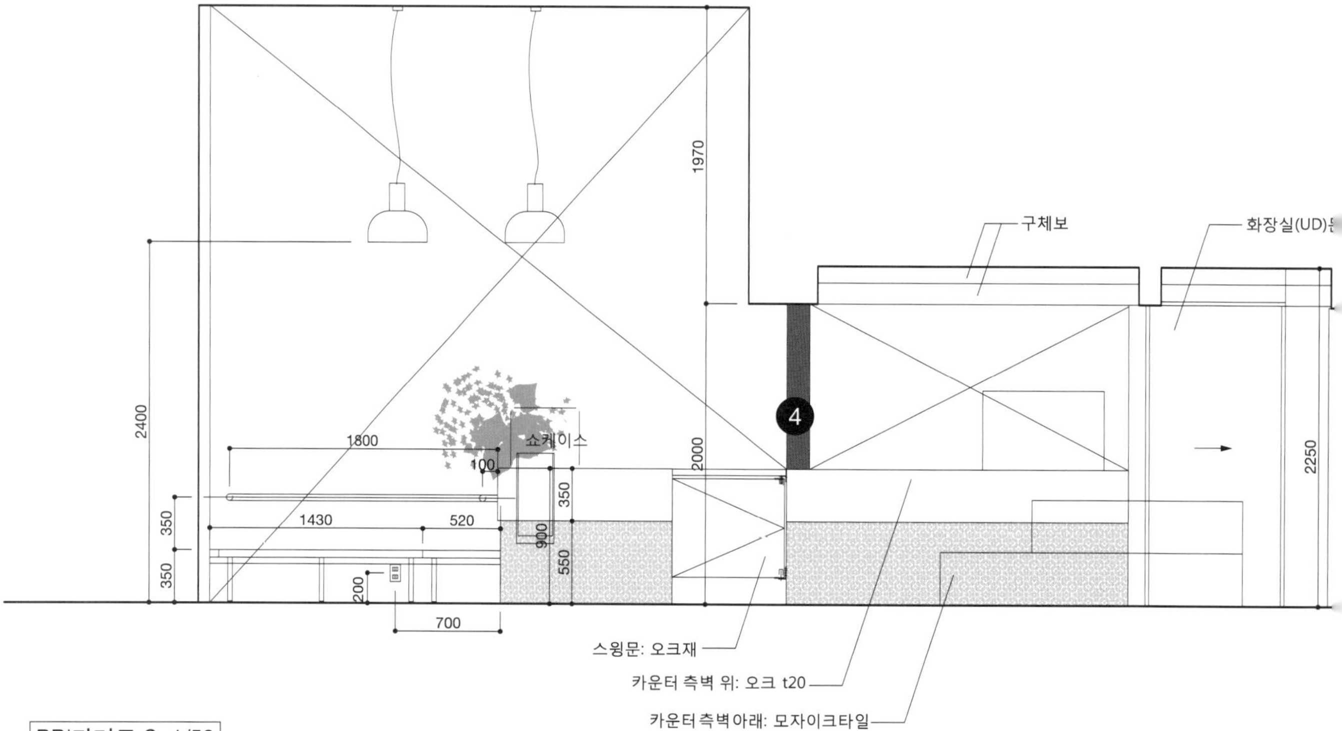

BB'단면도 S=1/50

바깥과 하나가 된 듯한 밝고 기분 좋은 카운터 정면석에서의 전망. (촬영: kuppography)

통로를 겸한 카페 공간으로 편안한 느낌의 벤치와 식물로 인해 모르는 사람들끼리도 적당한 거리감을 느낄 수 있다. (촬영: a.d.p)

3

걸터앉아서 두 개의 소재를 전환하는 것으로 정중한 커뮤니케이션이 생기는 카운터와, 자유로운 아늑한 객석이 혼재하는 것을 표현했다. 오크목재는 친숙하고 밝은 색감과 어센틱한 가구의 인상이 되도록. 타일은 외부를 끌어들인 공간을 만들기 때문. 작고 얼룩진 타일은 바위 등 자연물을 추상화한 것으로 보이는 무유의 것을 채택.

4

철골의 기둥보로 공간이 구분되어 있음을 이용하여 천장이 높은 공간은 해방적인 커뮤니케이션, 낮은 공업적인 인상의 공간은 작업 공간이 되는 주방 레이아웃으로 하였다.

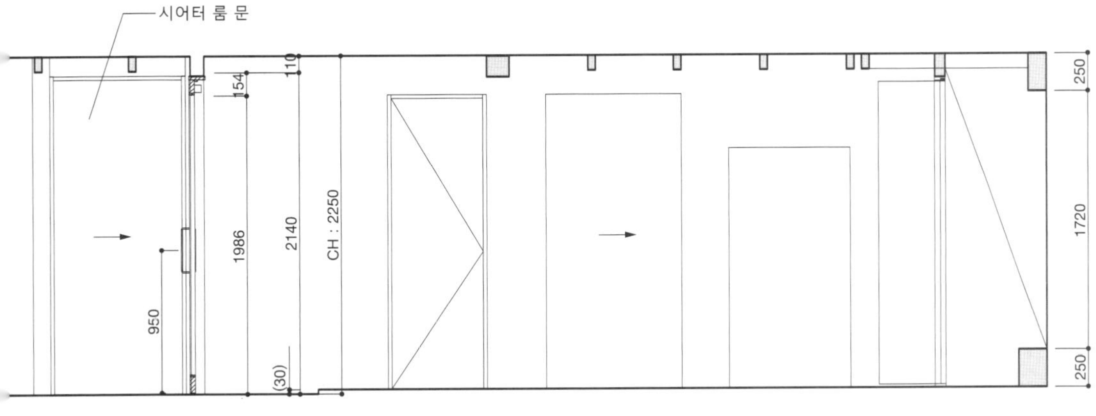

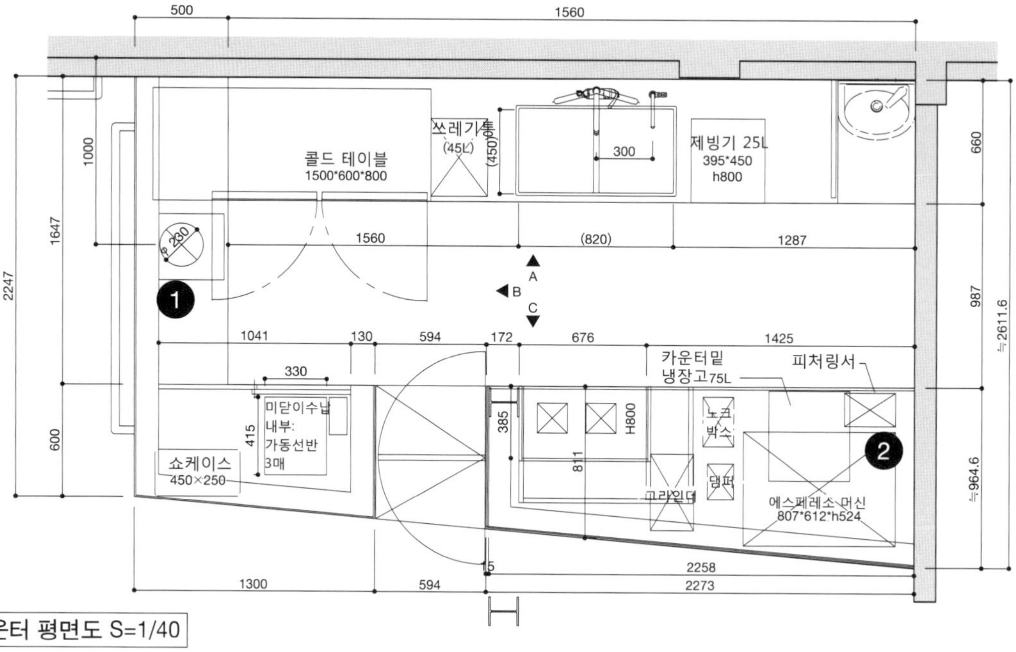

커운터 평면도 S=1/40

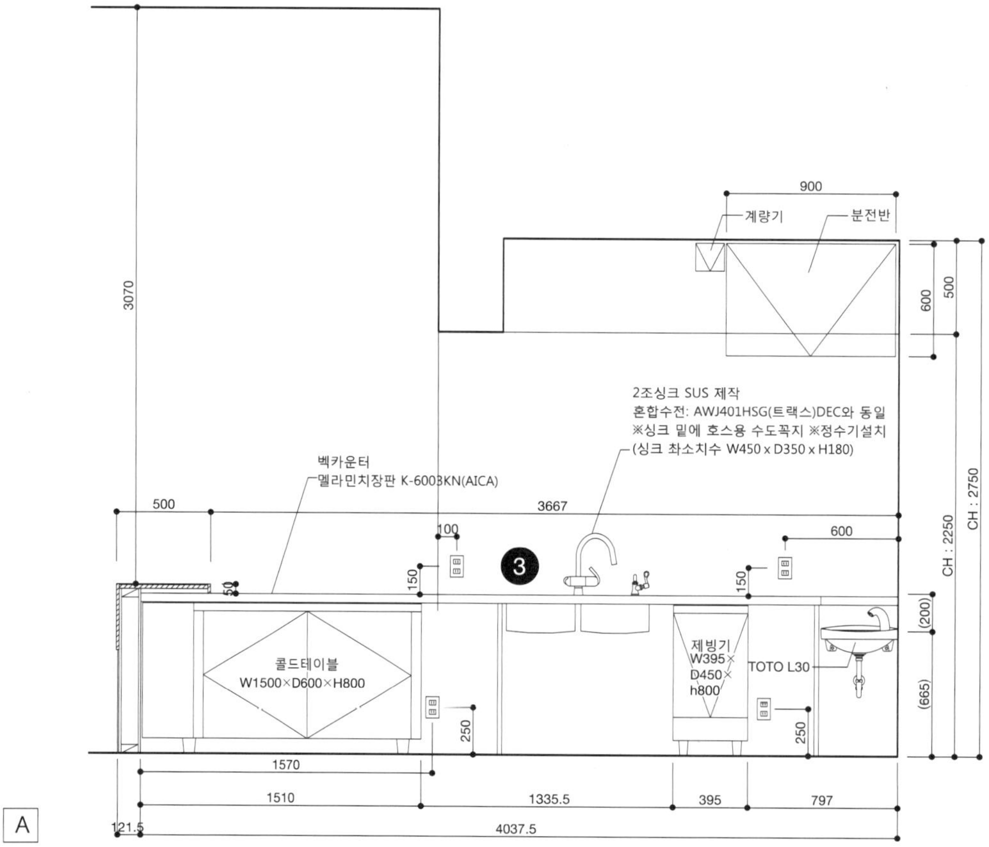

카운터 전개도 S=1/40

1

카운터의 구멍은 큰 플라워 베이스를 내장할 수 있는 사이즈. 계절마다 큼직한 가지를 장식할 수 있어 사계절을 느낄 수 있는 기분 좋은 카페 카운터로.

2

앞쪽 천장이 높은 구역은 고객과 소통하는 장소, 초록색 철주에서 안쪽 천장이 낮은 구역은 작업을 위한 장소로 각각의 용도로 사용하기 쉽도록 카운터의 깊이에 변화를 주었다.

3

주방용 수도꼭지는 상업시설과 같은 느낌 보다 친근함을 중시하기 때문에 가정용 주방에서도 사용하는 혼합 마개 중에서 디자인이 맞는 것을 선정했다.

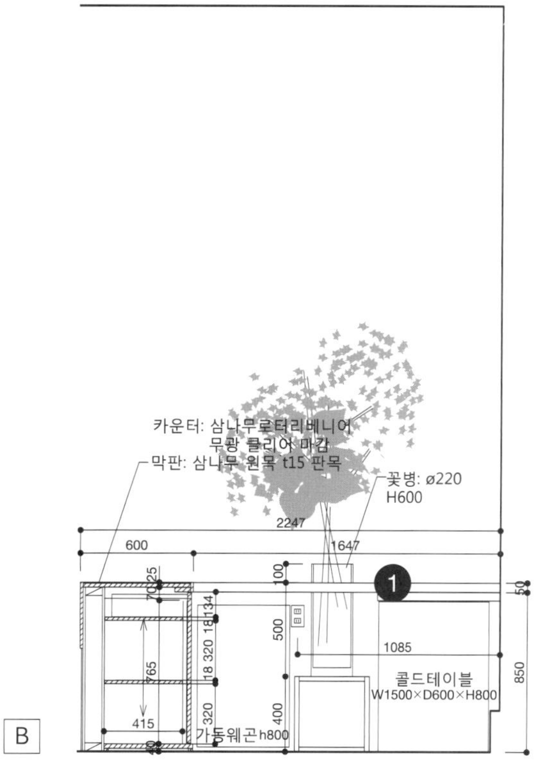

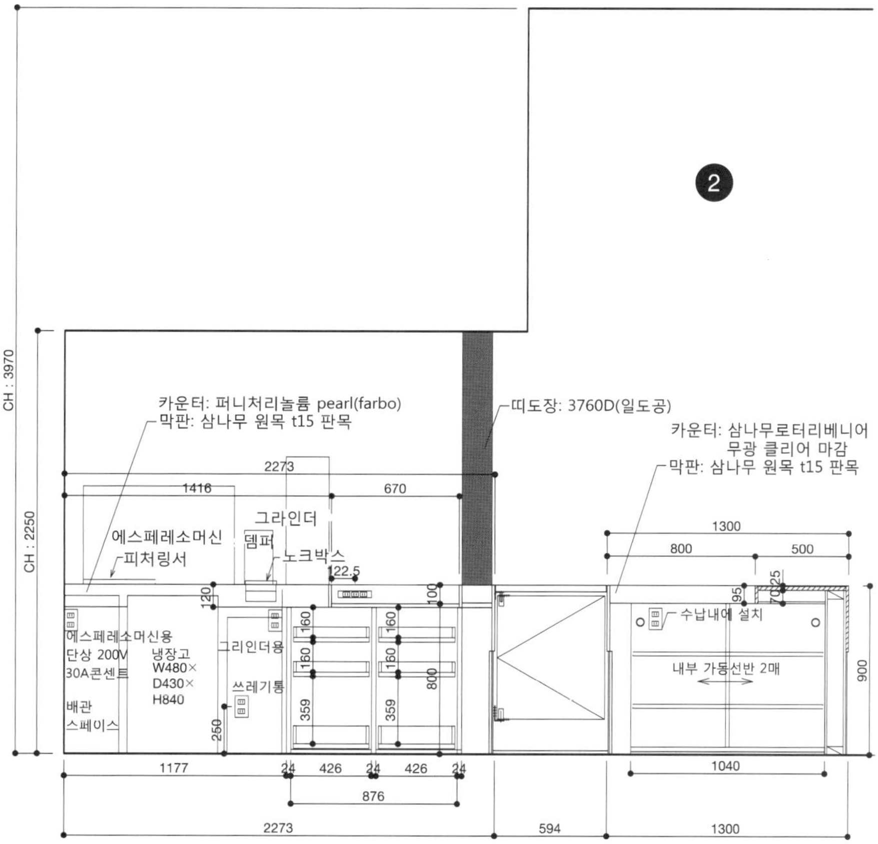

키친 상세도 S=1/40

카운터에 살아 있는 나무 아래에서 빛이 들어오는 오두막 주변을 바라본다. 카페 에리어는 친근함을 느끼게 하기 위해서, 지역의 사람이라면 익숙해져 있을 코마자와 공원 중앙 광장으로부터 샘플링 한 모양으로 하고 있다. (촬영: a.d.p)

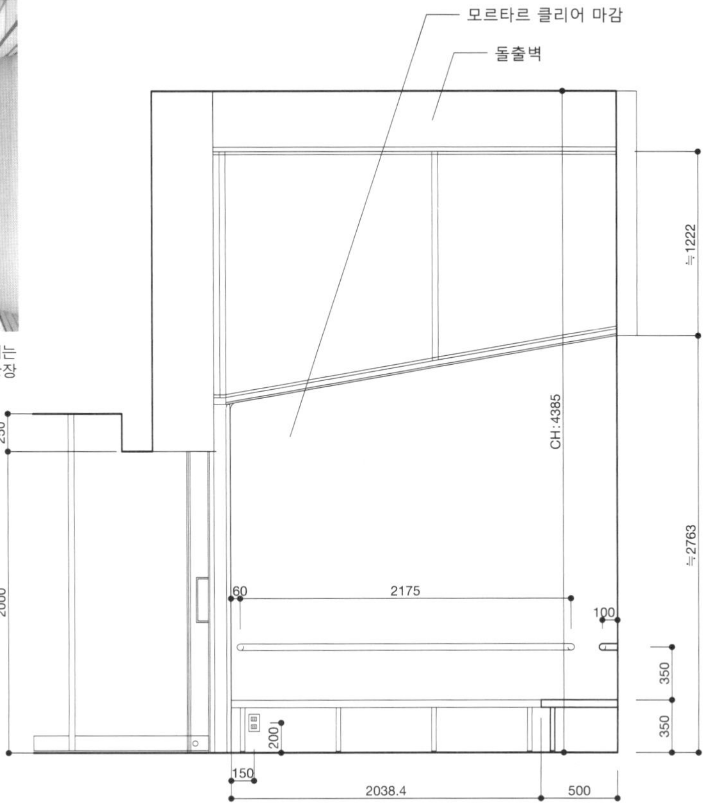

스튜디오 측

카페스페이스 전개도 S=1/50

다양한 장소와 각도에서 들어오는 햇빛을 찾을 수 있는 장소. (촬영: kuppography)

파사드와 조립 가구의 소재, 형상, 색을 통일된 디자인으로 만들어 내외부를 구분하지 않는 외관 디자인으로 만들었다. (촬영: a.d.p)

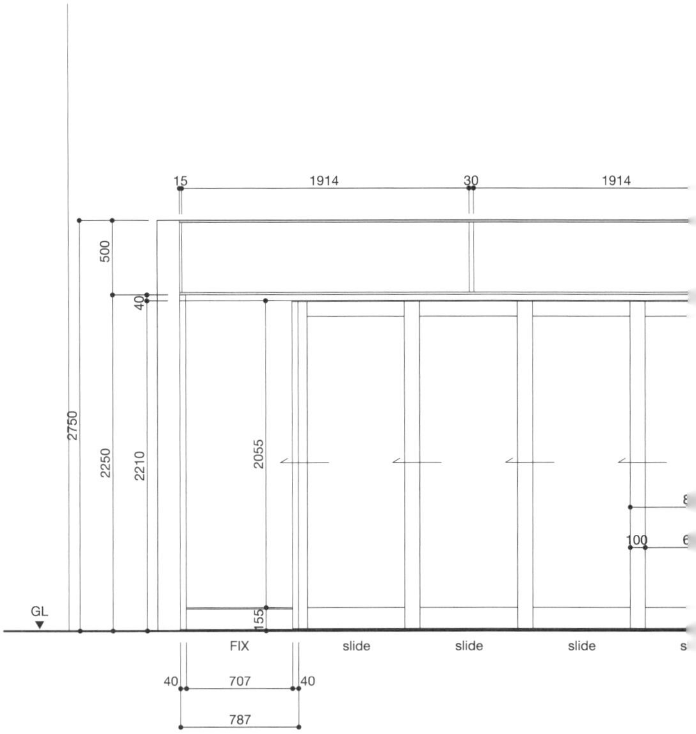

외관정면도 S=1/50

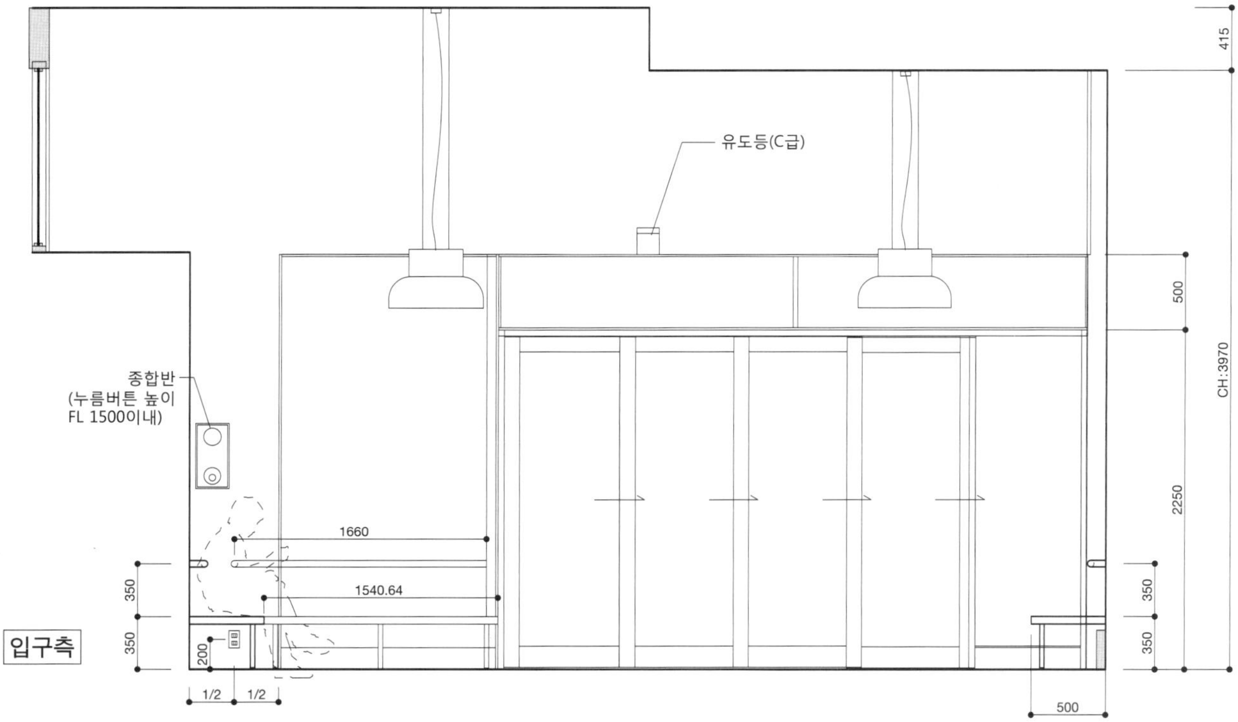

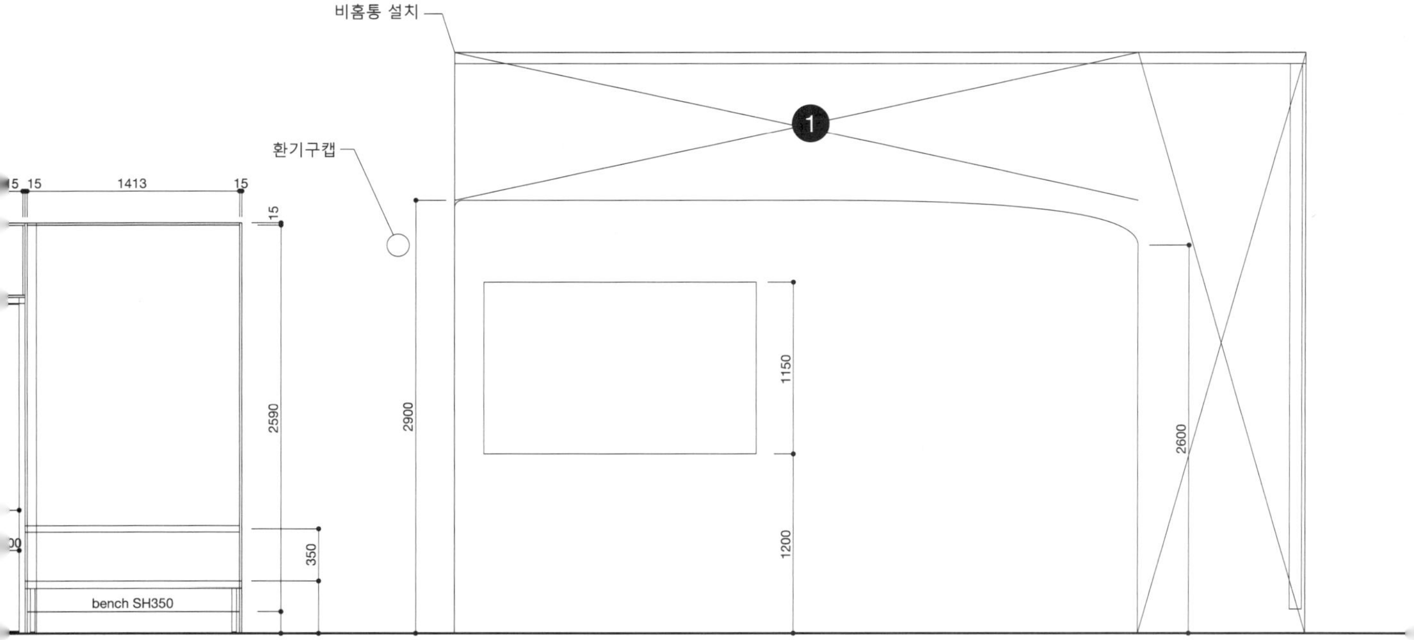

1 카페와 병설하는 데 있어 자연광이 들어가기 어려운 안쪽에 큰 촬영 공간을 배치하기 때문에 도로 쪽의 작은 촬영 공간의 천장 높이를 억제해야 했다. 이 제약을 이용해, 작은 촬영 공간을「자립한 투박한 오두막」과 같은 구조로 만들었다. 벽이나 천장에 뚫린 큰 구멍 같은 개구부에서 찬찬히 빛이 쏟아지는 기분 좋은 모습을 큰 촬영 공간이나 카페 구역에서도 유리벽을 통해 볼 수 있어 직접 외부와 맞닿아 있는 듯한 느낌을 가질 수 있다.

2장에는 마을의 특성이 카페의 파사드, 나아가 객석의 바리에이션으로 번역된 6개 사례를 선별하였다.

커피 · 음료 뿐만이 아니라 디저트나 푸드를 제공하는 체재 시간이 긴 카페나, 식품 · 꽃 · 생활 잡화 · 숙박 시설이라고 하는 라이프 스타일까지 레인지가 널리 퍼진 카페. 제공하는 상품수와 테이블 사이즈가 넓어지고, 자리의 레퍼토리가 증가하는 것으로, 고객에게 있어서의 다양한 「자리」가 생기고, 한편으로 조리 기기나 재고를 위한 백 오피스의 면적이나 동선의 확보가 필요하다.

· 주변 주민과 일상과 여행객의 비일상이 만나는
· 차도 보행자도 많은 거리에 대해 폭넓게 연다
· 정면은 좁지만 안쪽으로 안쪽으로 안내하는 구조

번화한 앞면과 정리된 뒷면을 교묘하게 동거시킨 수법을 읽어내길 바란다.

사진: Max Houtzager

05 변화하는 거리를 수용하는 다양한 아늑한 제안

BREATH HIROSHIMA SPACE (히로시마현 히로시마시)－ninaite

촬영: ninaite

약 40년에 걸친 재개발로 살기 쉬워져 주목받고 있는 단원 지역. 히로시마역으로 액세스도 좋은 그 곳에 2021년에 개업한 BREATH HIROSHIMA “POINT”에 이어, 2023년에 2호점 “SPACE”를 오픈. 로스팅기를 설치하는 1호점에 비해, 객석의 확충과 생두의 스톡을 담당하는 점포로서 설계. 각 지역의 역할을 수행하면서 거기에 있는 공통항을 동선적, 시각적으로 연결하는 데 주력했다. 자연의 산물인 커피 원두를 취급하기 위해 내장재도 자연을 축으로 선정을 검토. 토벽풍 도재, 자연석, 옹이없는 목재판 등을 요소로 채택하여 이들이 가진「호소력」에 맡기기로 했다. 또 무기질 속에 북유럽 테이스트를 넣고 싶다는 오너의 뜻도 반영했다. 도쿄 · 세계의 커피 씬을 뿌리로 하는 오너가, 이 땅에서 새로운 체험을 제공해 가기 위해서는 이 거리에 대해 열려 있을 필요가 있다고 느껴, 파사드면을 모두 유리로 함으로써 그 가시화를 목표로 한다. 솜씨 좋은 바리스타의 모습이 이 동네의 일상이 된다. 기분이 상승하는 느낌으로 설계를 실시했다.

용도지역	제2종 주거지역
컨텍스트	히로시마역 주변의 주택지
구조종별(면적)	혼합구조 3층건물: RC조+목조2층, 우리 매장은 1층 (84.8㎡, 카페에어리어 55㎡)
카운터 형식	Ｉ형2열(2㎡+2.6㎡)
카운터 용도	회계 · 제공 · 물건판매
객석의 다양성	옥내/카운터+스툴: 6석, 벤치: 4석, 테이블+스툴: 4석, 큰 테이블+스툴: 6석 옥외/벤치: 2석×2
오퍼레이션	잇트인+테이크아웃
스텝수	3~4인(그 중 1명은 스톡룸)
로스팅기	없음(인근의 1호점에 로스팅)

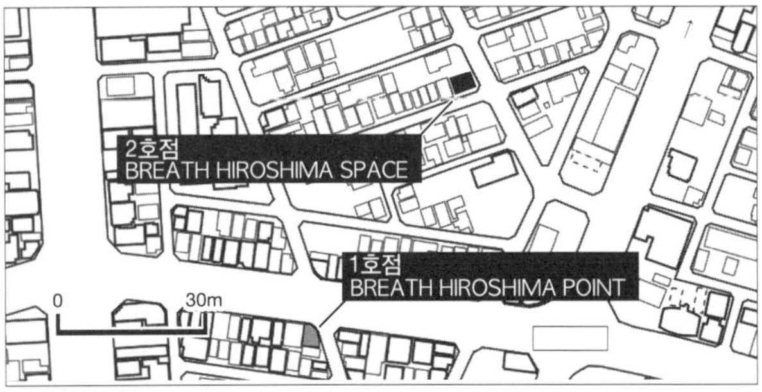

1 바닥 높이가 한층 올라간 카페 공간. 개방된 입구에 조금 안쪽에 배치하여 시야를 제한하고 안정된 공간으로.

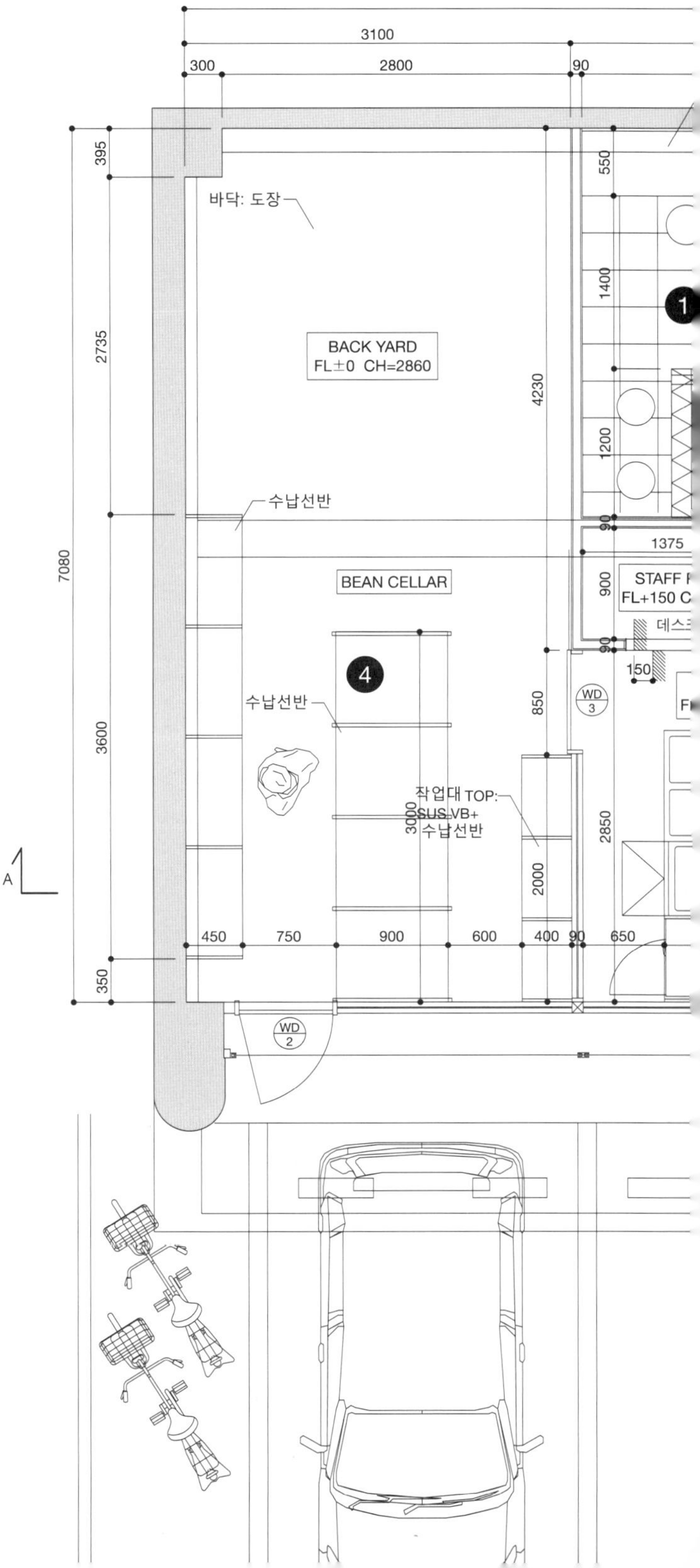

층고가 한층 올라간 카페 공간. (촬영 : ninaite)

2 입구 정면에 상품 전시장 배치. 새로운 커피 체험의 발신을 내세우는 오너의 생각이 고객에게 어필할 수 있다. 화장실 동선을 가리는 칸막이벽도 겸한다.

3 건물의 2F로 올라가는 계단 아래에 해당하는 장소에 L형 카운터를 배치.

4 주문 시 직원 너머로 보이는 위치에 빈 셀러 배치. 오더 카운터에서 셀러까지의 작업 도선을 레이어드적으로 시인할 수 있는 배치로 했다.

5 스탭룸은 유일하게 벽으로 둘러싸인 공간으로 스태프들이 긴장을 풀 수 있다. 사무적인 작업도 처리할 수 있도록, 책상과 선반도 완비.

6 파사드에서 전망이 좋은 장소에 6~8명이 앉을 수 있는 큰 테이블을 배치. 워크샵 등도 개최할 수 있다. 손님끼리의 거리감을 확보하기 위해서 깊이 치수는 900mm로 했다. 주사위 모양의 상품 전시대(A)도 포함해, 필요에 따라서 휴대 가능하고 간단하게 레이아웃 변경할 수 있다.

7 오너의 커피에 대한 솔직한 생각을 가시화한 「너무 보이는」 파사드. 2매의 무승부와 큰 FIX유리로, 가게내의 시인성을 확보. 프레임의 재질, 굵기를 검토. 가능한 한 전망을 우선했다.

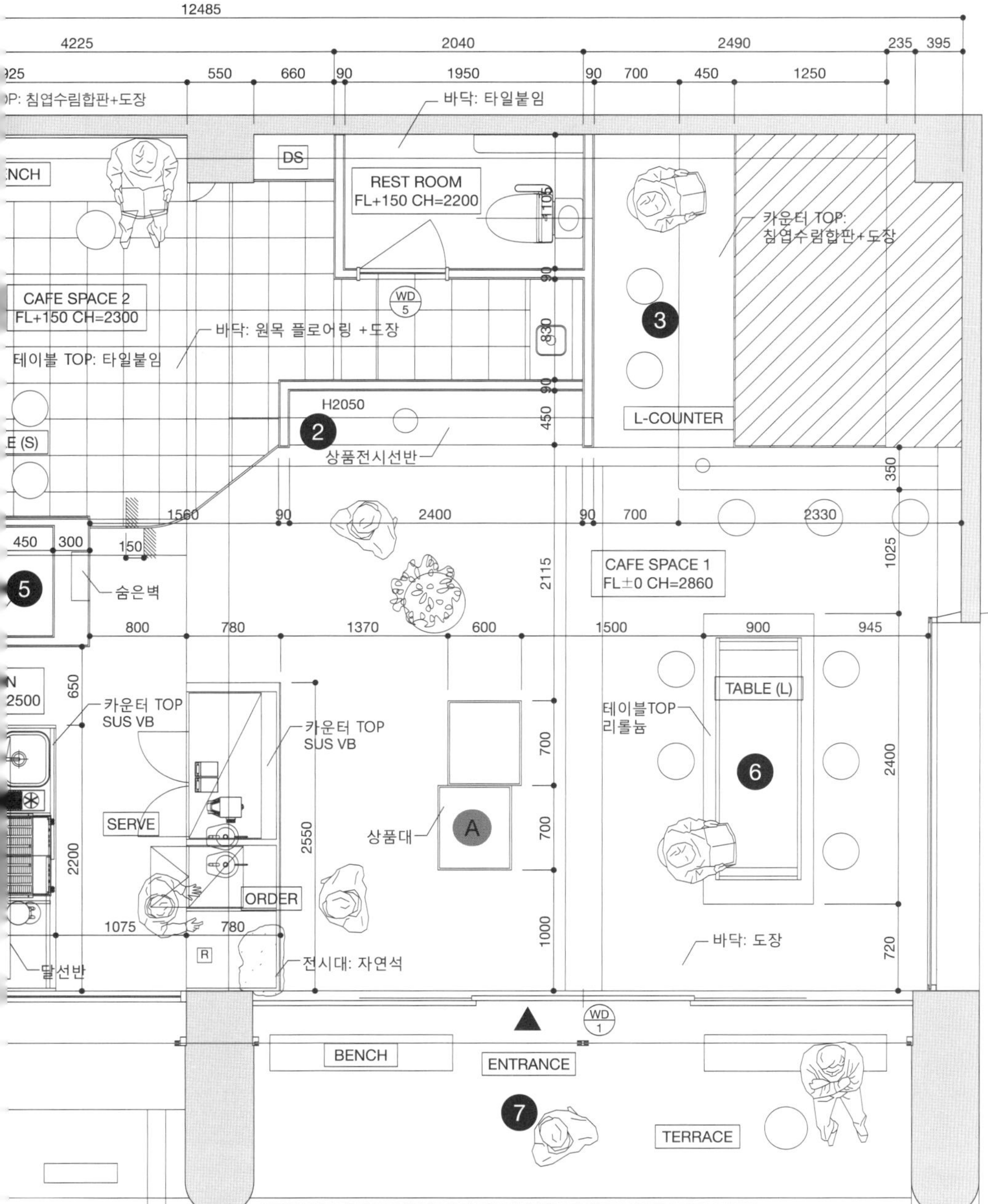

평면도 S=1/60

거리에 흩어진 입구. (촬영: ninaite)

빈셀러 천장면. (촬영 : ninaite)

1 빈 셀러의 조명은 프레임이 노출된 형광등. 스켈톤 상태의 내장과 함께, 팩토리 느낌을 연출.

CAFE SPACE 2 구역에서 매장을 원합니다. (촬영: ninaite)

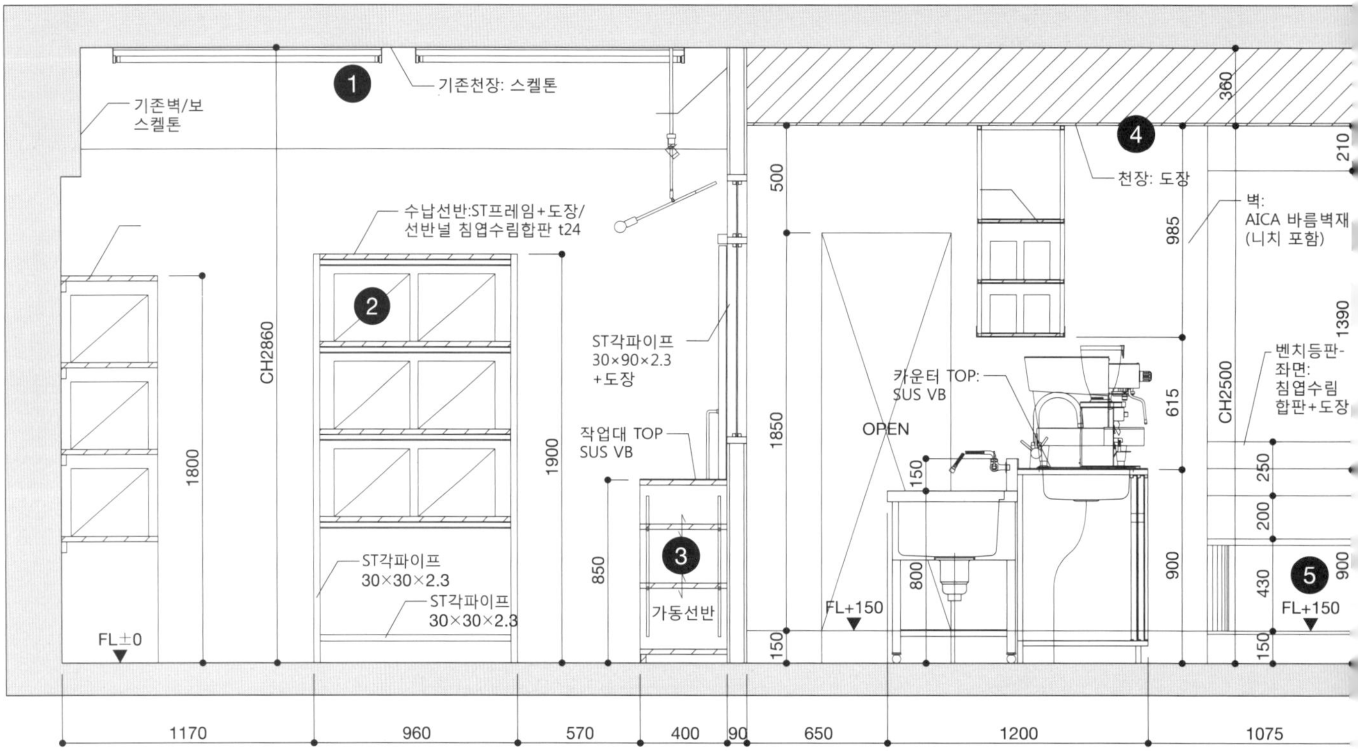

평면도 S=1/35

마대가 늘어선 수납장. (촬영 : ninaite)

2 원두는 30~40kg 정도의 마대포장된 채로 보관하기 때문에, 두꺼운 판넬과 스틸제의 프레임으로 강도를 확보했다.

3 빈 셀러 내에 포대 등의 수납이 가능한 작업용 카운터를 설치하고, 점내 제공 이외의 작업이 간섭받지 않고 가능하도록 했다

4 주방 상부는 천장을 짜서 깔끔한 외관에 사용. 원래, 위층의 배관이 노출되어 있었기 때문에, 먼지의 퇴적 방지 등 위생면도 고려.

5 CAFE SPACE 2 에리어의 바닥 높이는 +150 mm로 해, 레벨차로 공간을 나누어, 고객에게 기분의 전환을 재촉한다. 마루를 올리는 것은 주방에 급수 · 급탕 · 급기의 공급도 겸한다.

모든 고객의 눈에 띄는 상품 전시 공간. (촬영 : ninaite)

6 판매용 원두나 셀프 드립용 기구나 머신류를 전시하는 상품 선반. 선반의 강도를 위해 바닥부터 지지기둥을 설치. 역할은 같으나 의장을 상하로 바꾸고 있다.

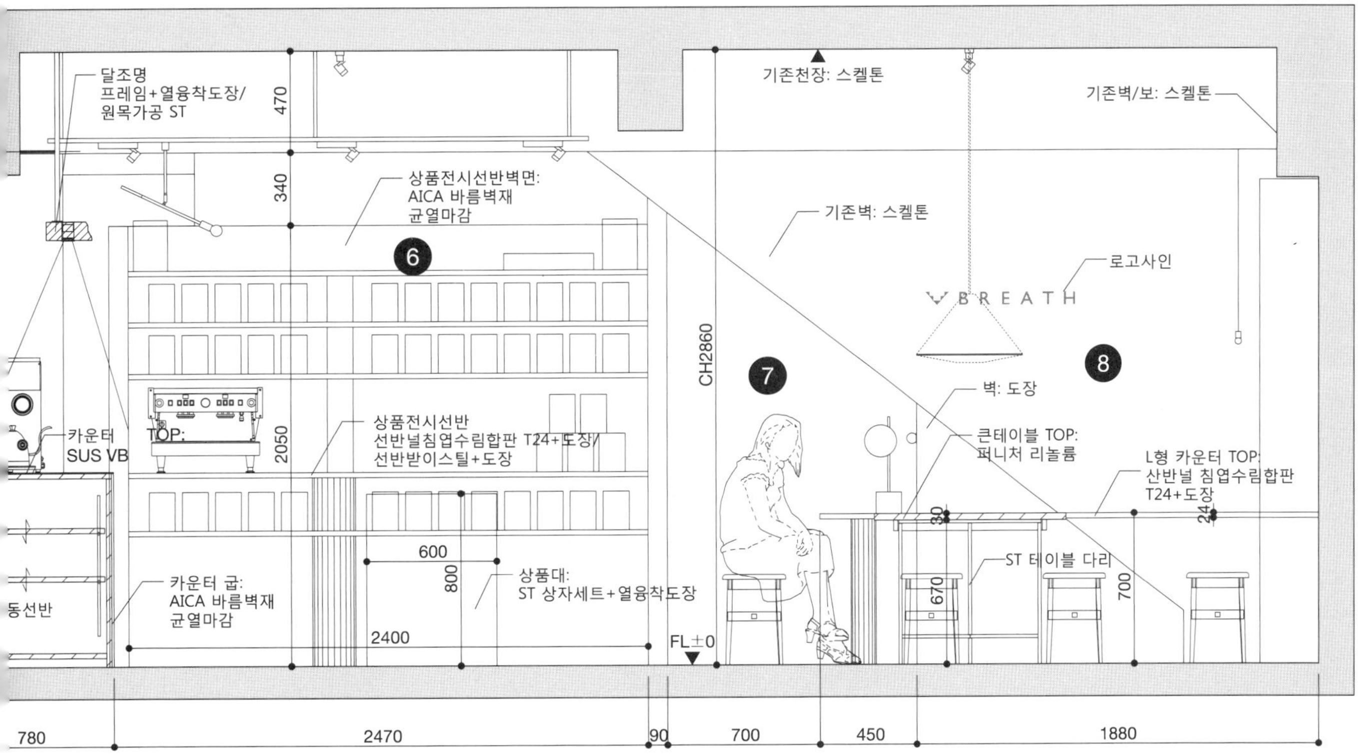

7 매장 내 유일하게 벽을 향해 앉는 카운터석. 벽을 도려낸 듯한 움푹 파인 곳 끝에 카운터가 뻗는 틈새 공간이다. 구역마다 다른 테이블 스타일로 해, 벤치석 뿐이었던 1호점(POINT)을 아는 사람도 즐길 수 있도록 계획.

8 앞에서 전망이 좋은 객석에 눈길을 끌 수 있는 펜던트 라이트를 배치. 실루엣은 점포 로고를 이미지화시키는 삼각형의 물건을 초이스. 가게의 시인성에 크게 기여.

로고 삼각형을 연상시킨 계단 아래 카운터석. (촬영: ninaite)

1

상판은 스테인리스 VB(바이브레이션) 마감. 기기의 레이아웃은 오너와 시뮬레이션을 거듭해 도출했다.

2

손님을 맞이하는 오더 카운터는 플랫하고 깔끔한 인상으로. 메뉴나 콩의 설명 이외에는 드립 작업에 필요한 기재만을 배치했다.

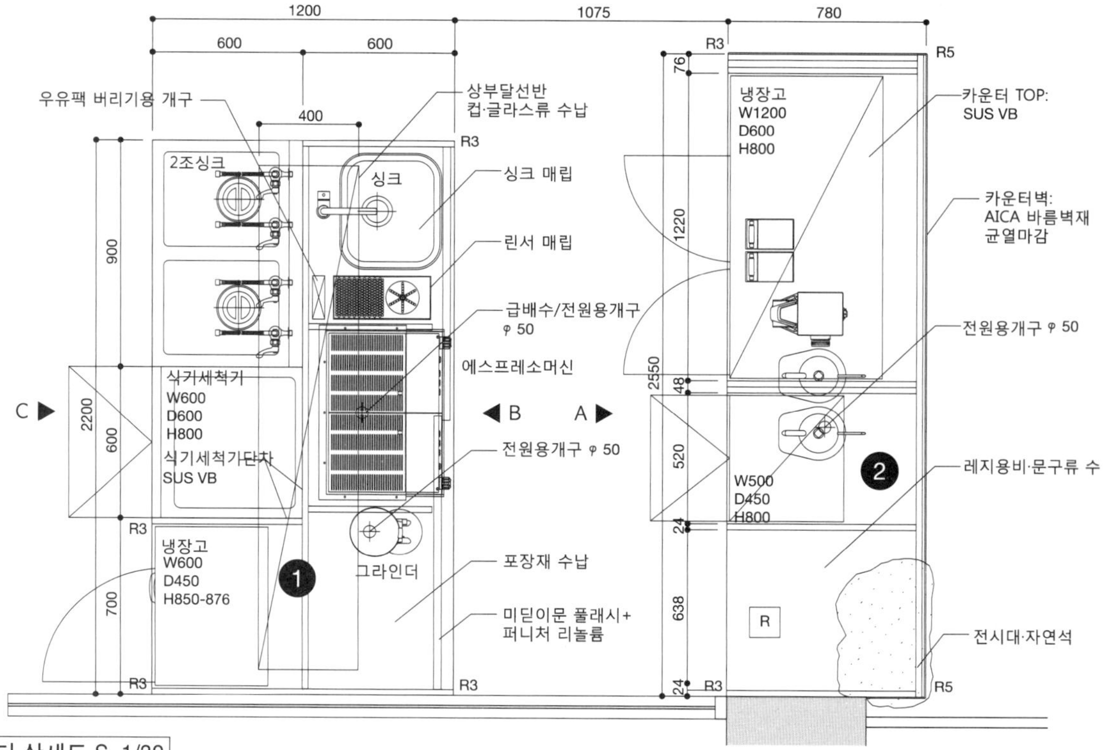

카운터 상세도 S=1/30

3

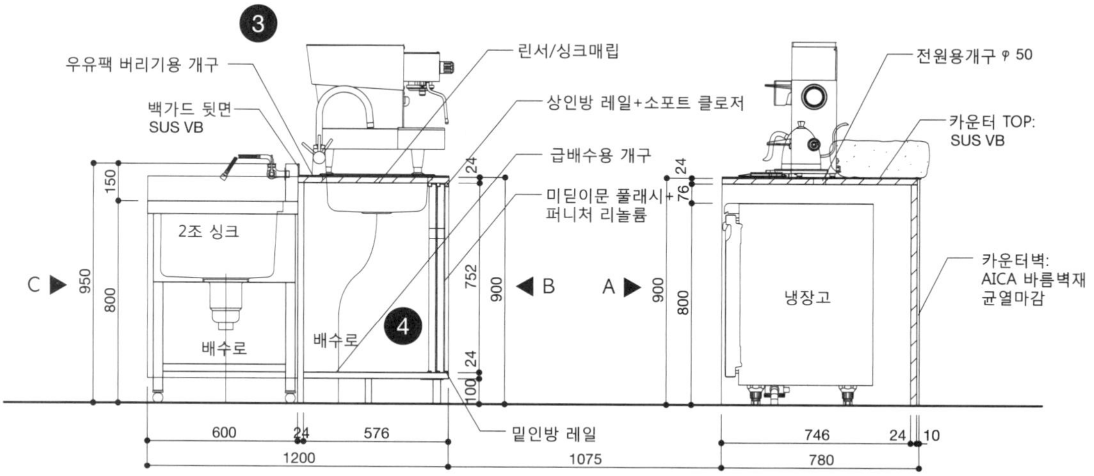

3

많은 작업이 집중되는 백카운터. 오너와 다시 작업 순서, 필요 공간, 유효 높이를 숙고하여 재구축. 1호점(POINT)과 달리 여러 명이 작업하는 것도 배려했다. 양면 사용의 카운터, 걸이 선반을 구비한다.

4

백카운터 하부는 배수의 상승이 3 계통 올라가기 때문에, 가림막과 수납을 겸해 접이문을 마련했다. 가구 베이스가 합판이므로, 면이 있는 타입의 알루미늄제 문턱, 가모이를 선택. 문의 면재로 퍼니처 리놀륨을 선택하여 오너의 의향이었던 무기질 속에 북유럽풍의 뉘앙스를 표현.

제공 작업에 최적화하고 기능적으로 배치된 기기. (촬영: ninaite)

카운터 문에 퍼니처 리놀륨을 사용해 북유럽풍으로 만들었다. (촬영: ninaite)

6 구운 과자류의 전시대로 스테인리스의 카운터탑과는 대조적인 자연석을 채택해 무기질에 경도되기 쉬운 공간과 균형을 맞췄다. 카운터의 객석측의 기립에는 AICA의 졸리팟 산토로 자연스러운 흙벽을 표현. 갈라짐을 일으키는 특수한 칠벽재로 작은 면적이면서도 큰 존재감을 냈다.

자연석 전시대. (촬영 : ninaite)

5 주문용 카운터 하부에는 냉장고, 제빙기, 계산대용 비품을 수납할 수 있는 가동 선반을 설치.

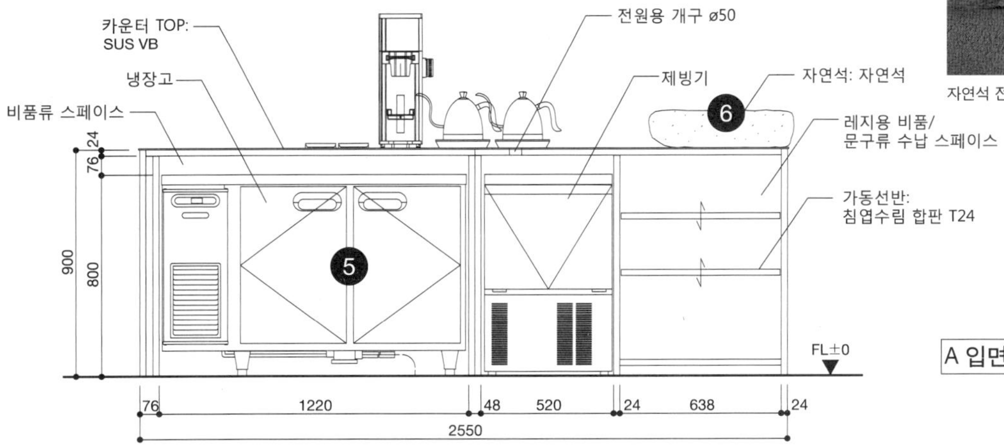

A 입면도

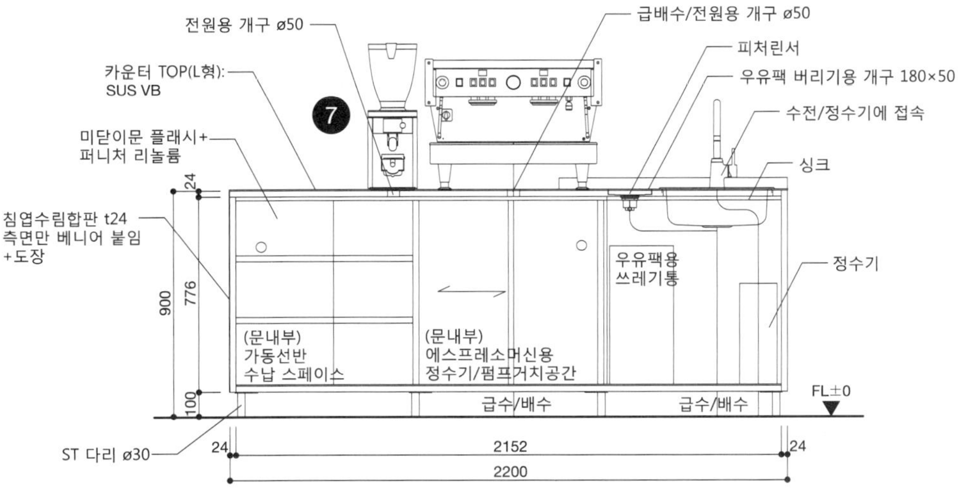

B 입면도

7 현장에서의 시행에 따른 변경에도 대응 가능하며, 강도적으로도 문제가 없는 24mm 두께의 침엽수 합판을 카운터 재료로 결정. 그 다음, 맞추는 마감재를 각처에서 구분하여 사용함으로써, 합판 일변도가 되지 않도록 배려.

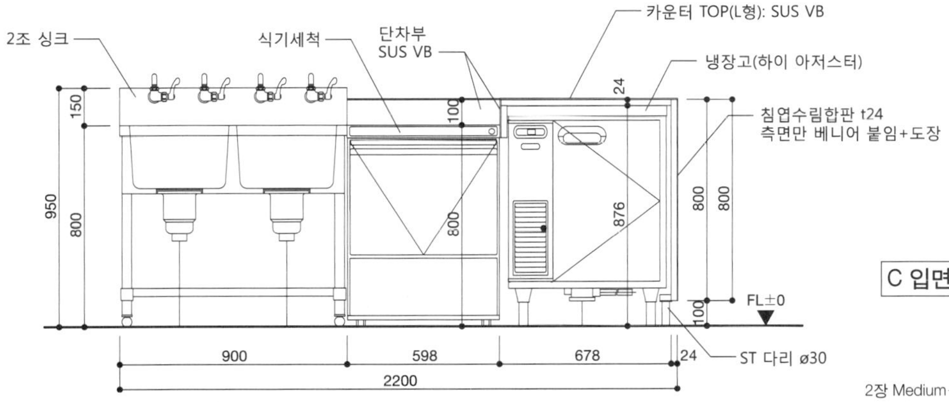

C 입면도

큼직한 펜던트 라이트를 배치한 큰 테이블석. 2호점 "SPACE"의 테마 컬러인 그린의 퍼니처 리놀륨을 프레스한 상판으로, 두께도 억제하여 깔끔한 느낌으로. 뒷면에 막판을 설치하여 휨을 방지하였다. (촬영: ninaite)

하나 안쪽에 위치한 벤치석. 등받이와 좌면은 강도가 있고 저렴한 24mm 두께의 합판을 사용. 좌면을 지지하는 원주는 큰 배수관을 고정하고 도장을 한 것. (촬영: ninaite)

마찬가지로 안쪽의 4인용 테이블석. 로고마크를 연상시키는 삼각형 타일을 테이블 상판에 붙였다. (촬영: ninaite)

오더 카운터 상의 매다는 조명. 원목의 가죽 부착판에 다운 라이트를 매립했다. 원목판의 물결치는 라인과 울퉁불퉁한 나무껍질의 유기적인 질감이 무기질 공간을 돋보이게 한다. (촬영: ninaite)

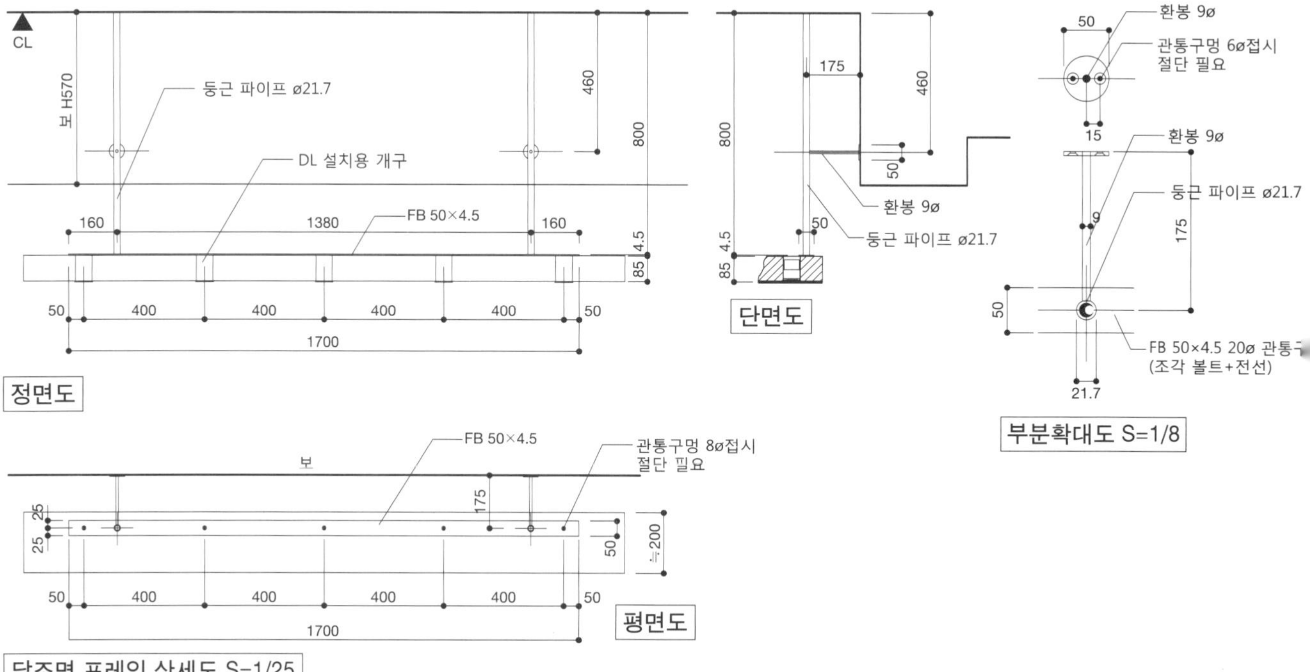

달조명 프레임 상세도 S=1/25

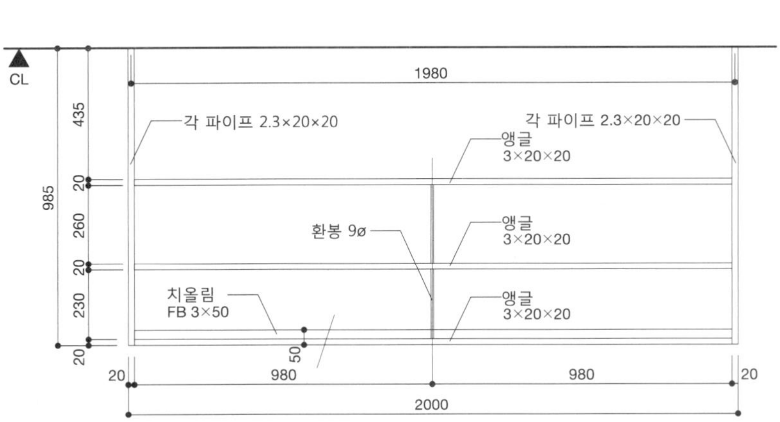

정면도

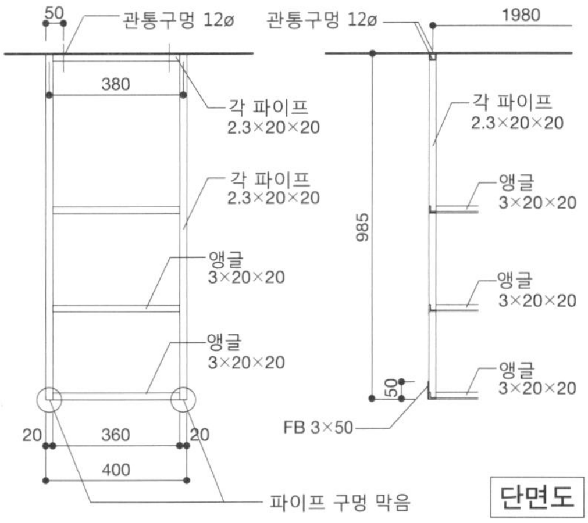

단면도

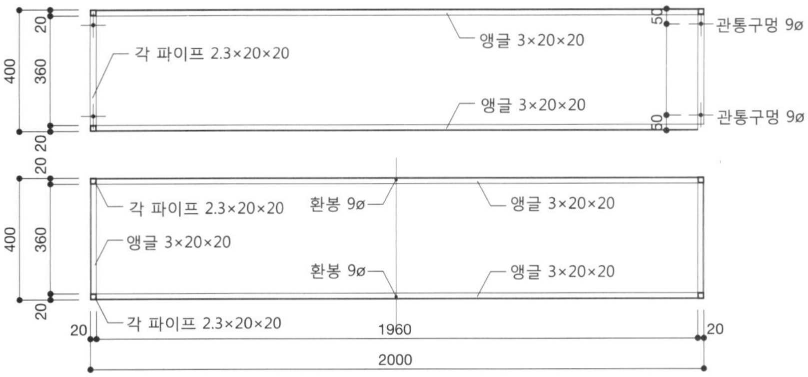

매다는 조명 프레임 상세도 S=1/25

평면도

백 카운터 상부에 매다는 수납 선반. 카운터 전후에서의 작업을 상정하고 있으며, 매달린 선반도 양면 접근이 가능하다. 프레임의 색상은 하부 수납의 문에 맞추어, 번잡하지 않도록. (촬영: ninaite)

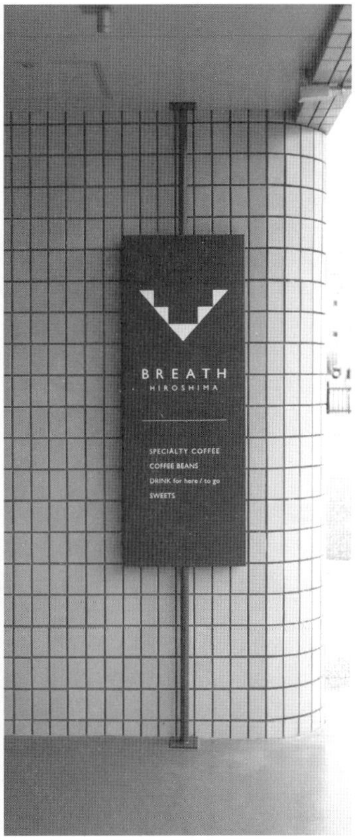

사인 및 간판을 배치(자립간판 1개소, 내조식 2개소, 매장 내 1개소). (촬영 : 상 · BREATH HIROSHIMA, 기타 · ninaite)

06 가게 안까지 사계절이 파고드는 창가 벤치

Echoes(미야기현 센다이시)－이시카와 준이치+야마타 히로시+Maquette Studio

촬영: Ko Tsuchiya

센다이역의 번잡함에서 도망치듯이 니시공원으로 향해 뻗는 아오바거리(靑葉町). 서공원에 가까워지면서 풍경은 아늑한 가로수길이 되어 「두루미의 도시」 라고 불리는 것을 문득 떠올린다. Echoes는 서공원에서 가깝고 도시와 녹색 사이에 위치한다. 많은 전통과 문화가 짙게 남아 있는 토호쿠 지방의 최대 도시라고 하는 센다이라고 하는 토지에 뿌리를 두는 카페를 만드는데 있어서 「공공성과 친밀성」 「불변성과 가변성」의 관계성에 주목했다. 건물 위층에는 공유 오피스, 호텔, 주거지를 갖춘 복합건물로 유일하게 개방된 이 카페는 입주민과 일반 이용자를 연결하는 공통부분이라고 할 수 있다. 가게 안팎에는 크게 7종류의 자리가 있어, 가게 안쪽으로 갈수록 친밀성이 높은 자리가 되도록 설계. 약 60㎡라는 결코 넓지 않은 가게 안에서, 그날 그때의 기분에 맞춘 곳에서 이용할 수 있는 것을 우선적으로 생각했다.

용도지역	상업지역
컨텍스트	아오바도리 서공원 · 상업지역
구조종별(면적)	RC조+철골조11층 건물, 우리 점포는 1층 (58.88㎡)
카운터 형식	크랭크형(7.1㎡)
카운터 용도	회계 · 조리 · 제공 · 음식
객석의 다양성	옥내/카운터+스툴: 6석, 벤치: 4석, 로테이블+벤치: 3석, 테이블+벤치 · 스툴: 4석×2, 큰테이블+체어: 4석 옥외/벤치: 6석
오퍼레이션	잇트인+테이크아웃
스텝수	조석: 4인 밤: 2인
로스팅기	없음

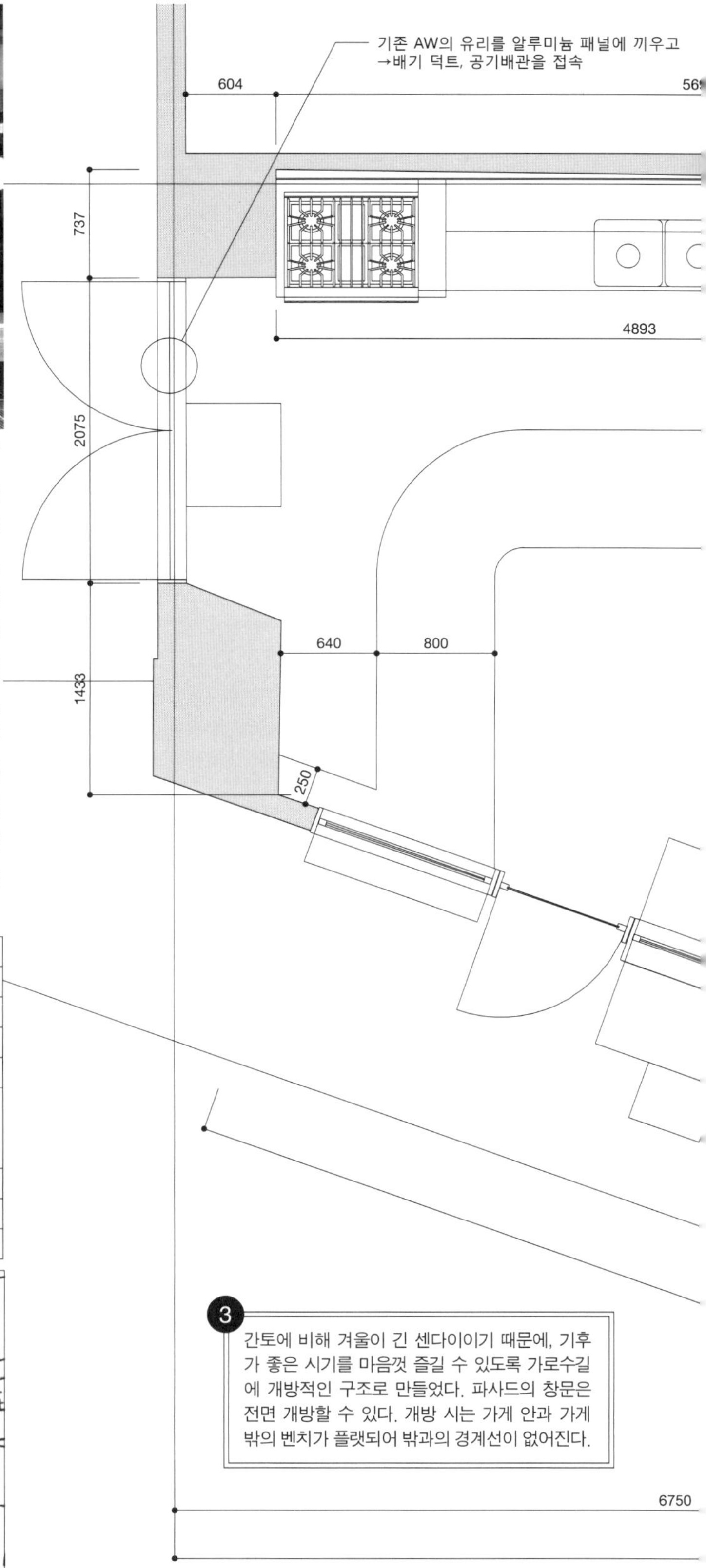

1 디스플레이 선반 겸 객석. 상황에 맞게 선반 널을 부착할 수 있어 객석이 되기도 한다.

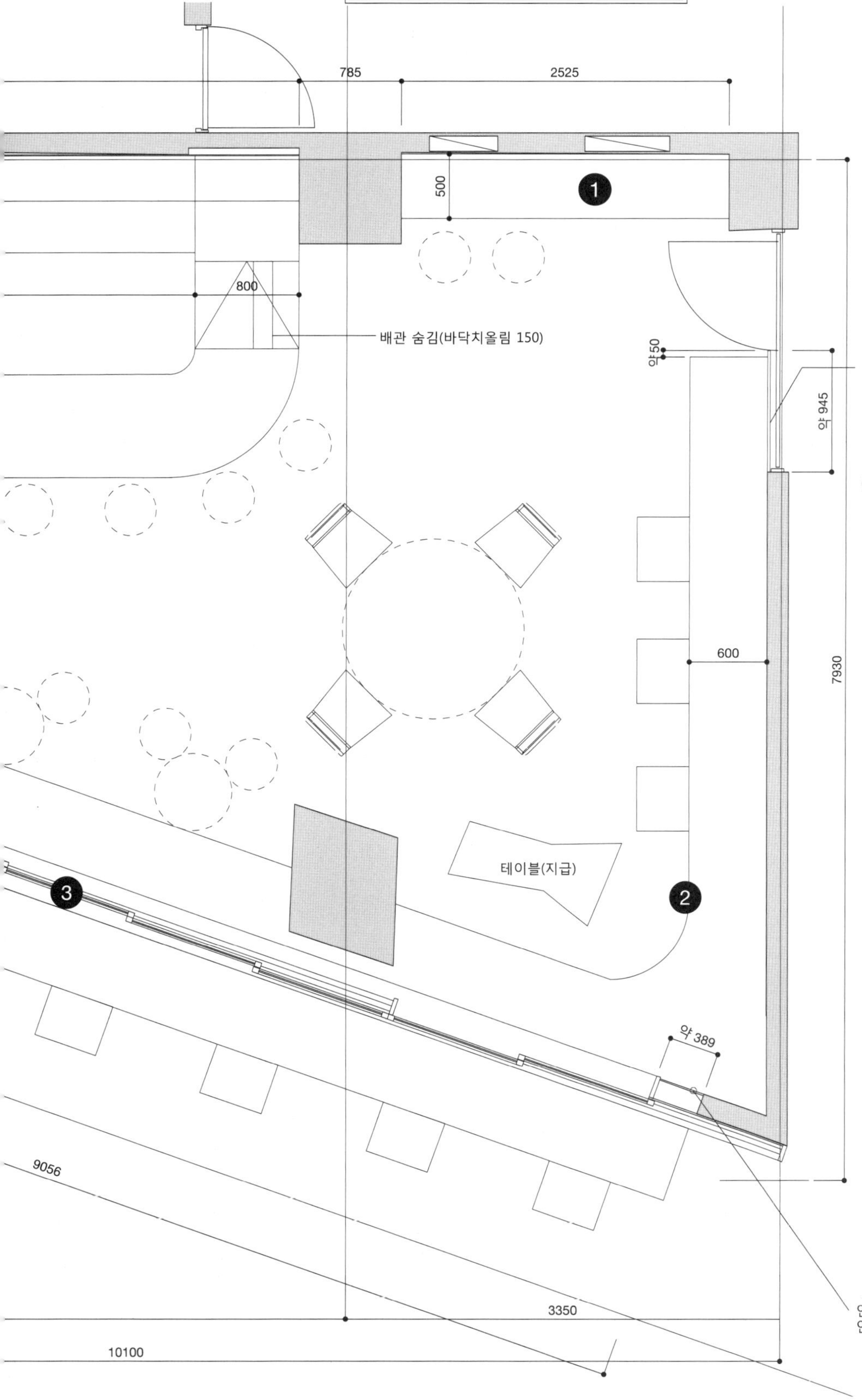

평면도 S=1/50

큰 테이블은 그룹이나 공유 이용을 상정.
(촬영: Ko Tsuchiya)

2 벤치나 카운터 마감재는 표정이 강하지 않은 심플한 라완 합판을 채택해 나무 자체의 온기보다 굽힘 합판의 곡선이 만들어내는 부드러운 빛의 반사로 인한 따뜻함을 연출했다. 또 벤치는 굽힘 합판으로 만들어 피부에 닿는 느낌도 현격히 부드러워졌다.

파사드에서 들어오는 빛이 벤치 곡선의 아름다움을 인상 깊게 보여준다. (촬영: Ko Tsuchiya)

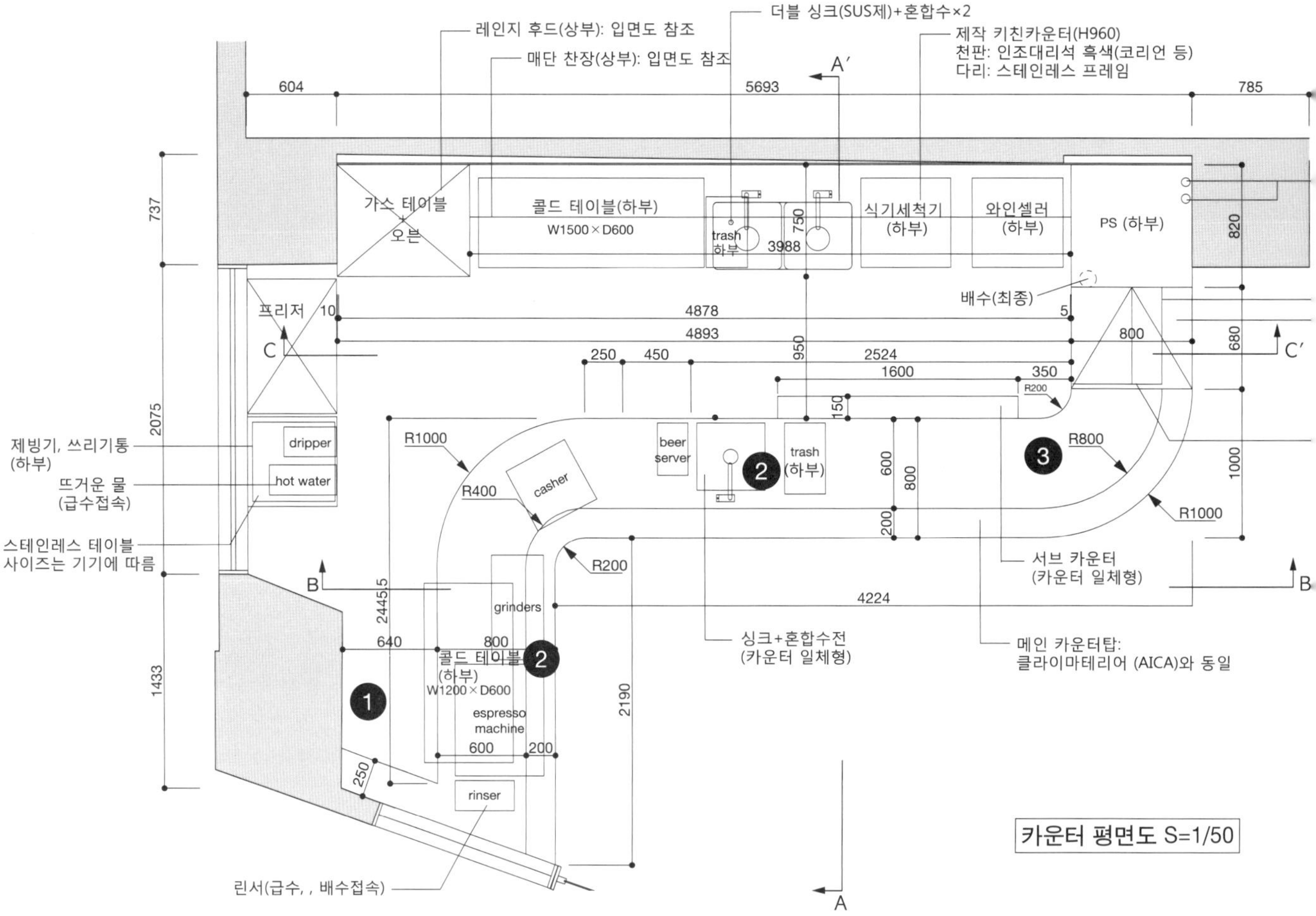

1 작은 창문을 사이에 두고 가게 밖의 손님과 커뮤니케이션을 할 수 있도록, 카운터를 파사드측까지 늘렸다.

2 음료류의 작업 공간은 계산대 주위에 배치하여 직원이 업무를 겸하기 쉬운 환경을 조성하였다.

3 조리 공간과 객석측 공간을 플랫하게 연결해, 스탭과 손님의 커뮤니케이션 향상을 도모했다.

라완곡합판을 사용한 카운터. (촬영: Ko Tsuchiya)

카운터 너머 주방. 스테인리스 마감으로 객실과의 콘트라스트를 달아 프로 사양감을 연출했다. (촬영: Ko Tsuchiya)

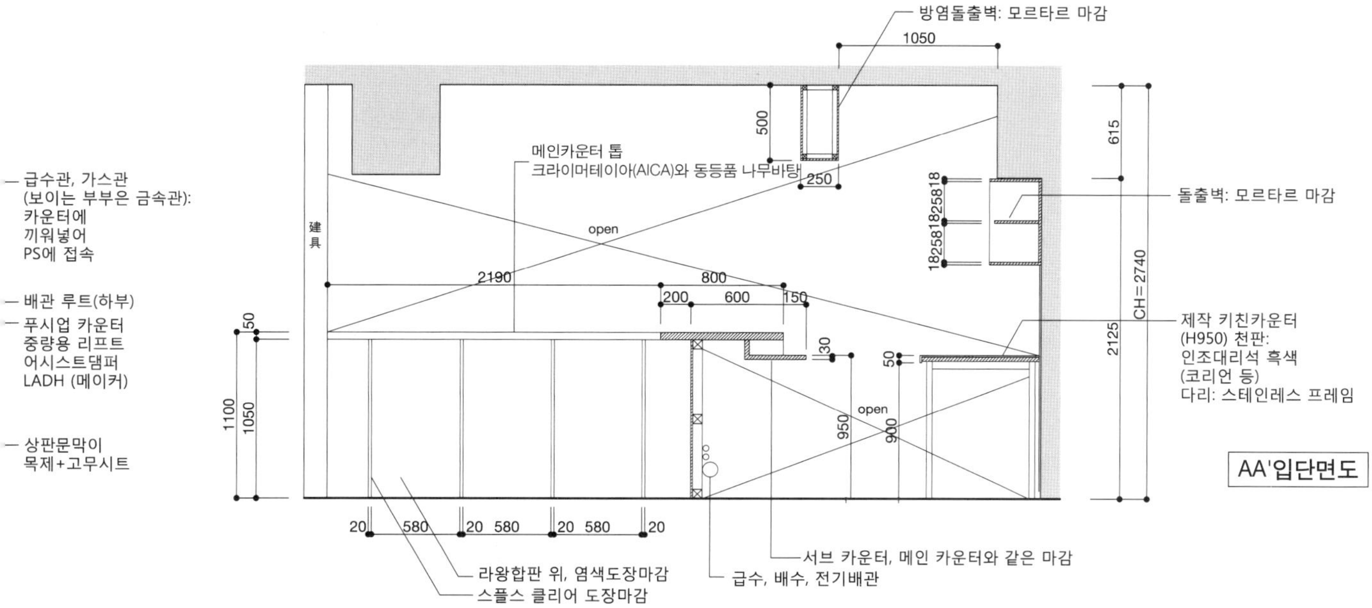

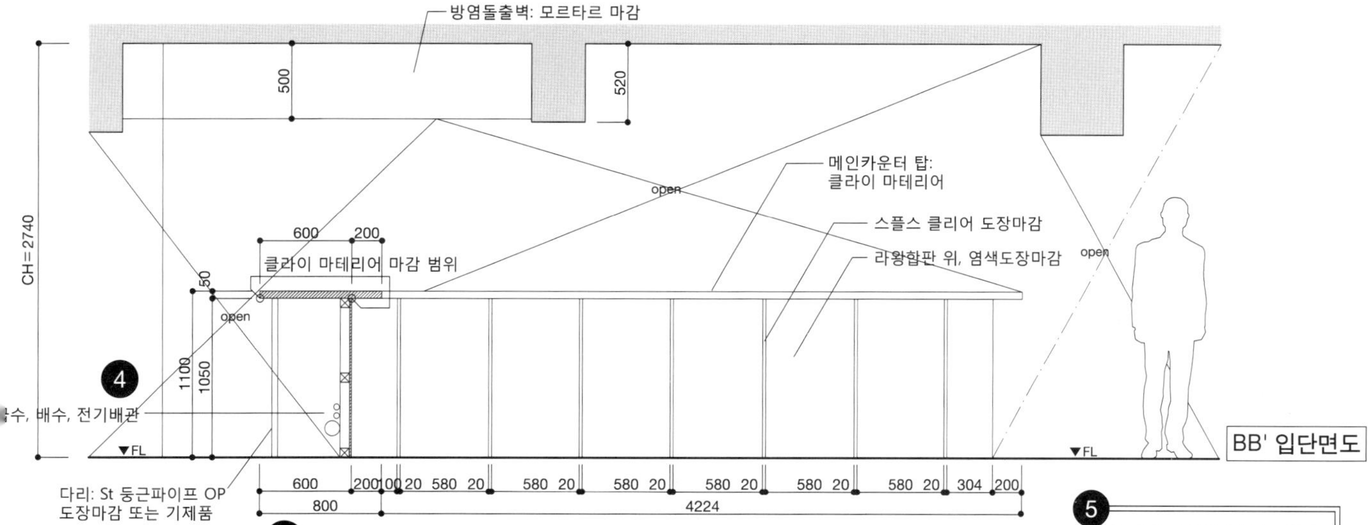

4

프론트 카운터에서의 음식 섭취를 상정하고 있었기 때문에 작업용 백 카운터가 눈에 띄지 않도록 프론트 카운터보다 낮게 설정했다.

5

손님의 시선이 향하는 백카운터상의 매다는 디스플레이를 겸하는 것으로서 선반판을 분리식으로 하고 있다.

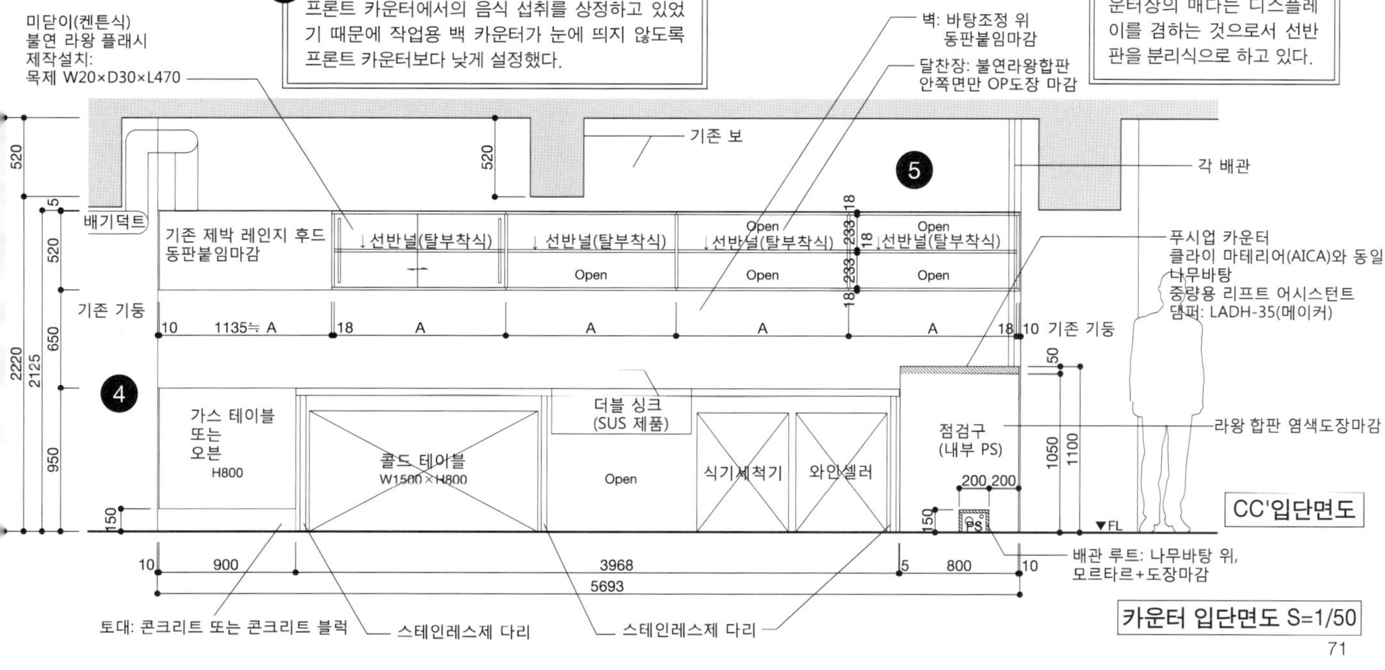

카운터 입단면도 S=1/50

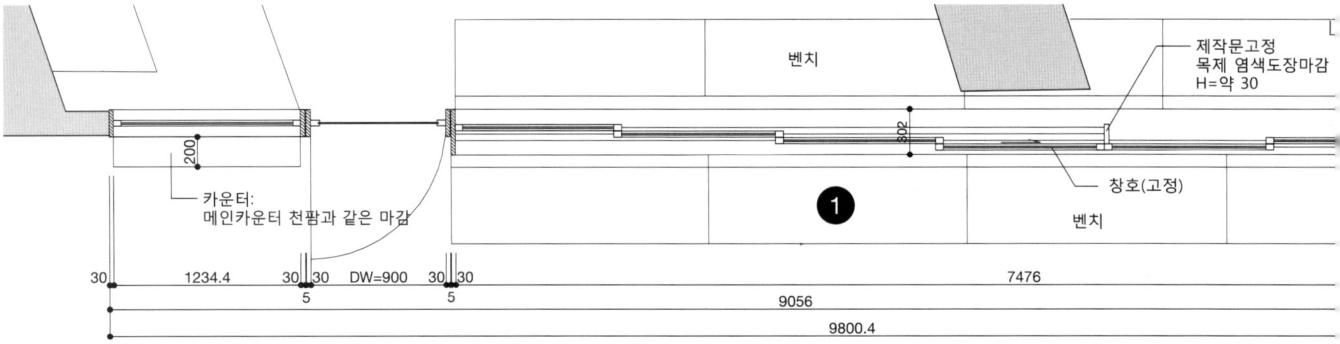

벤치 평면도 S=1/50

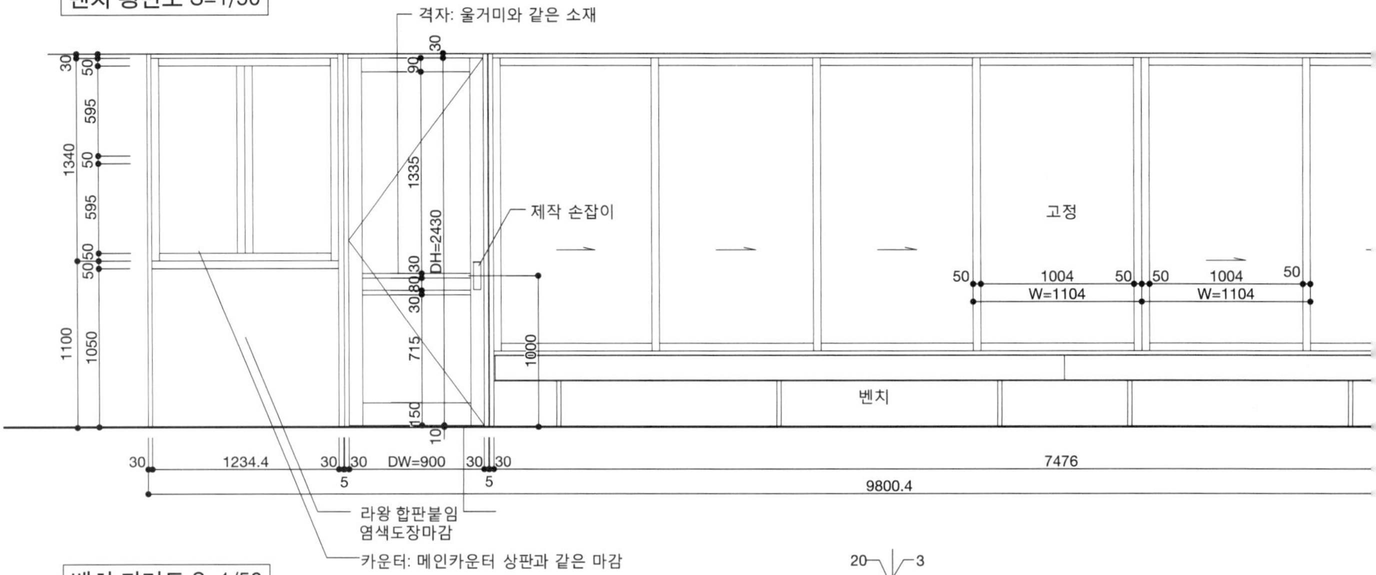

벤치 단면도 S=1/50

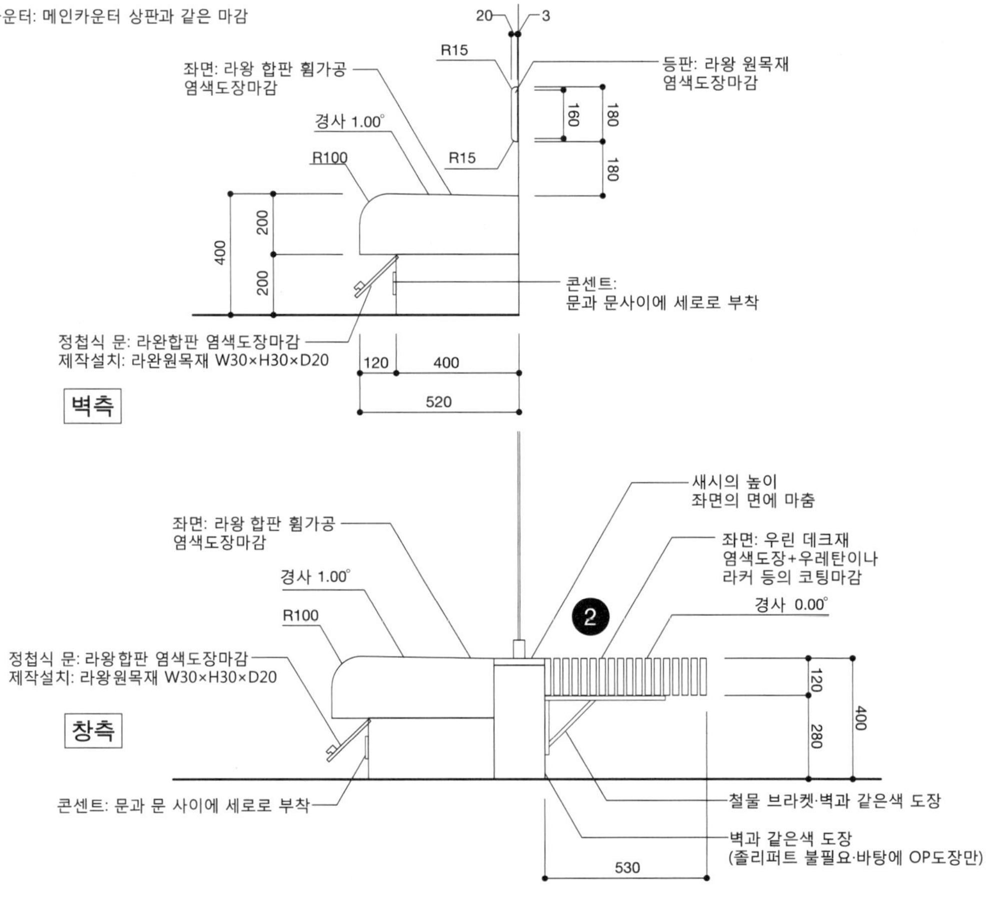

2 바깥쪽 벤치의 슬릿과 창문의 레일의 피치를 갖추어 공간적으로나 외관상으로나 내외부가 플랫하게 연결되는 디자인으로 했다.

벤치 단면도 S=1/25

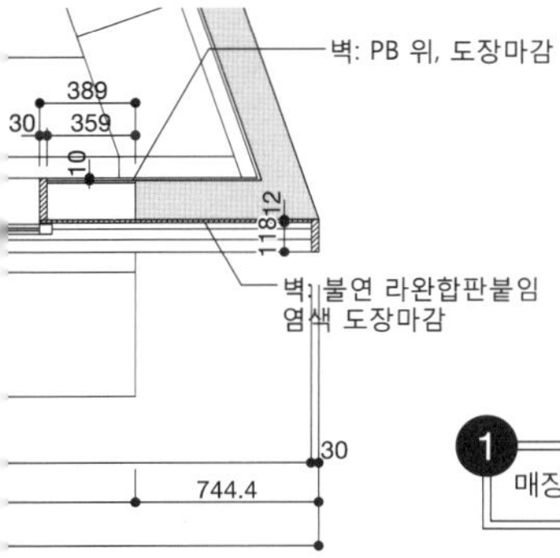

1 매장 밖을 걸쳐 한 그룹으로 앉을 수 있는 설계

플랫한 벤치로 내외가 연결된다. (촬영: Ko Tsuchiya)

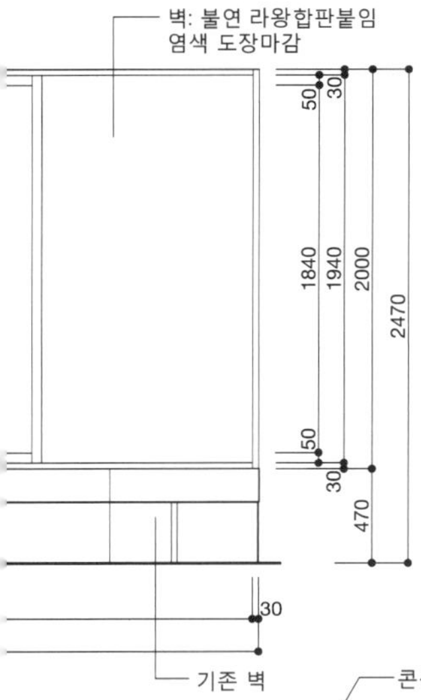

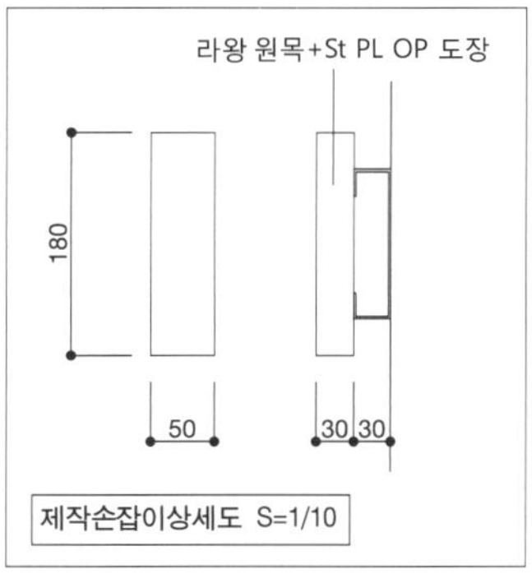

물건 판매 선반의 상부는 착탈식으로, 디스플레이부터 카운터 테이블 등 다양한 용도에 대응한다. (촬영: Ko Tsuchiya)

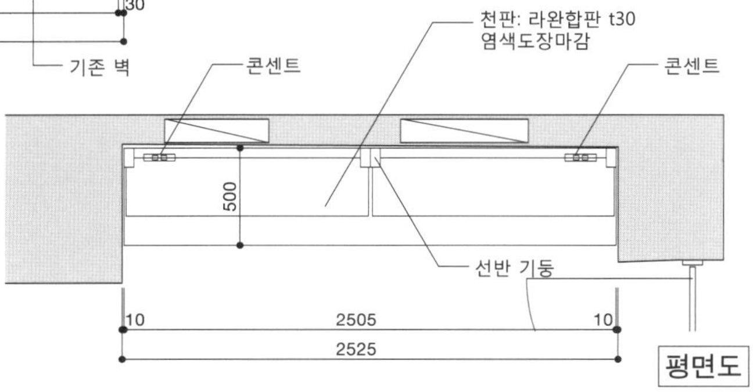

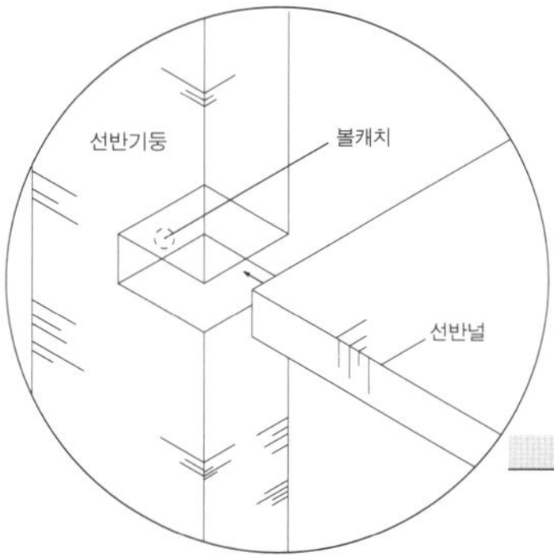

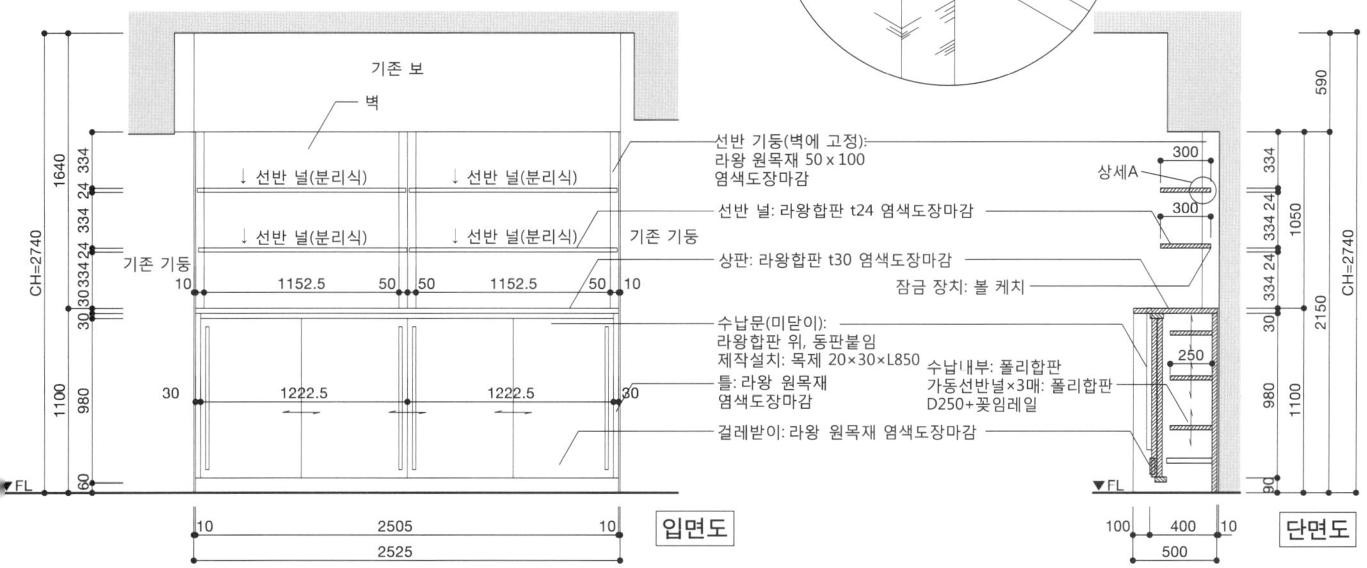

판매선반 상세도 S=1/45

07 인테리어를 모두 이축한, 도시와 강을 연결하는 관통공간

Brooklyn Roasting Company KITAHAMA(오사카부 오사카시)—DRAWERS

촬영: 志摩大輔

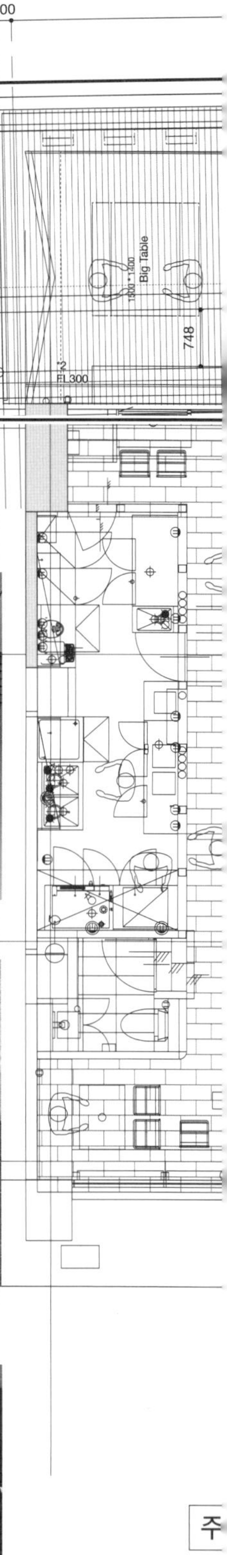

오사카 거래소를 중심으로 한 금융가이자 나카노시마 중앙 공회당 등의 역사적인 건축물이 많이 남아 있는 기타하마 지역. 도사보리 거리 요도야바시 부근의 기존 점포에서 주차장으로 이용하고 있던 곳을 동쪽으로 약 300m 이전하는 프로젝트이다.

이전처는 기존 점포와 마찬가지로 강 건너의 경치를 즐길 수 있는 강에 돌출한 테라스가 있어 거리에서 강까지 통풍이 잘 되는 개방적인 공간이었기 때문에 카운터나 주방 설비에서 테이블, 의자까지 사용할 수 있는 것은 모두 그대로 이전하였다. 또 주차장 바닥, 벽, 천장을 보수해 이용하는 등 쓰레기를 가급적 만들지 않도록 해 지구에도 예산도 챙겼다. 게다가 이전에 있어서는 카페+플라워 숍+주점과의 공동 출점이었기 때문에 각각의 영업 시간대를 보충하도록 테라스를 공유 이용해 상승 효과를 노렸다. 제대로 디자인된 물건은 수리하고 연마함으로써 성숙해져 가는 과정을 엿볼 수 있었다. 새로움이란 낡음이고, 낡음이란 새로움이다.

용도지역	상업지역
컨텍스트	도사호리카와 · 오피스가
구조종별(면적)	철근 RC조지하1층, 지상9층 건물, 우리 점포는 1층 (84.7㎡, 카페테리아 60.3㎡, 테리스 제외)
카운터 형식	테이블형(3.89㎡)
카운터 용도	물건판매 · 회계 · 제공
객석의 다양성	옥내/테이블+스툴 · 소파: 34석 옥외/카운터+스툴: 24석, 벤치일체형 테이블: 4석×4, 테이블+체어" 4석×4
오퍼레이션	잇트인+테이크아웃
스텝수	2인
로스팅기	없음

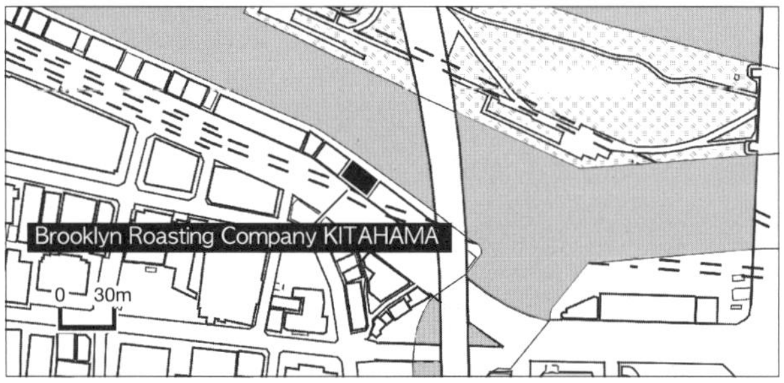

남아 있던 그레이팅을 화장실 바닥 줄눈으로 재이용. (제공: DRAWERS)

주차장 바닥이었던 인터락 블록의 결손 부분에 모르타르를 충전하여 그대로 카페 바닥으로 이용하였다. (제공: DRAWERS)

원래는 주차장이므로 반입시에는 매장내까지 차를 달았다.
(제공: DRAWERS)

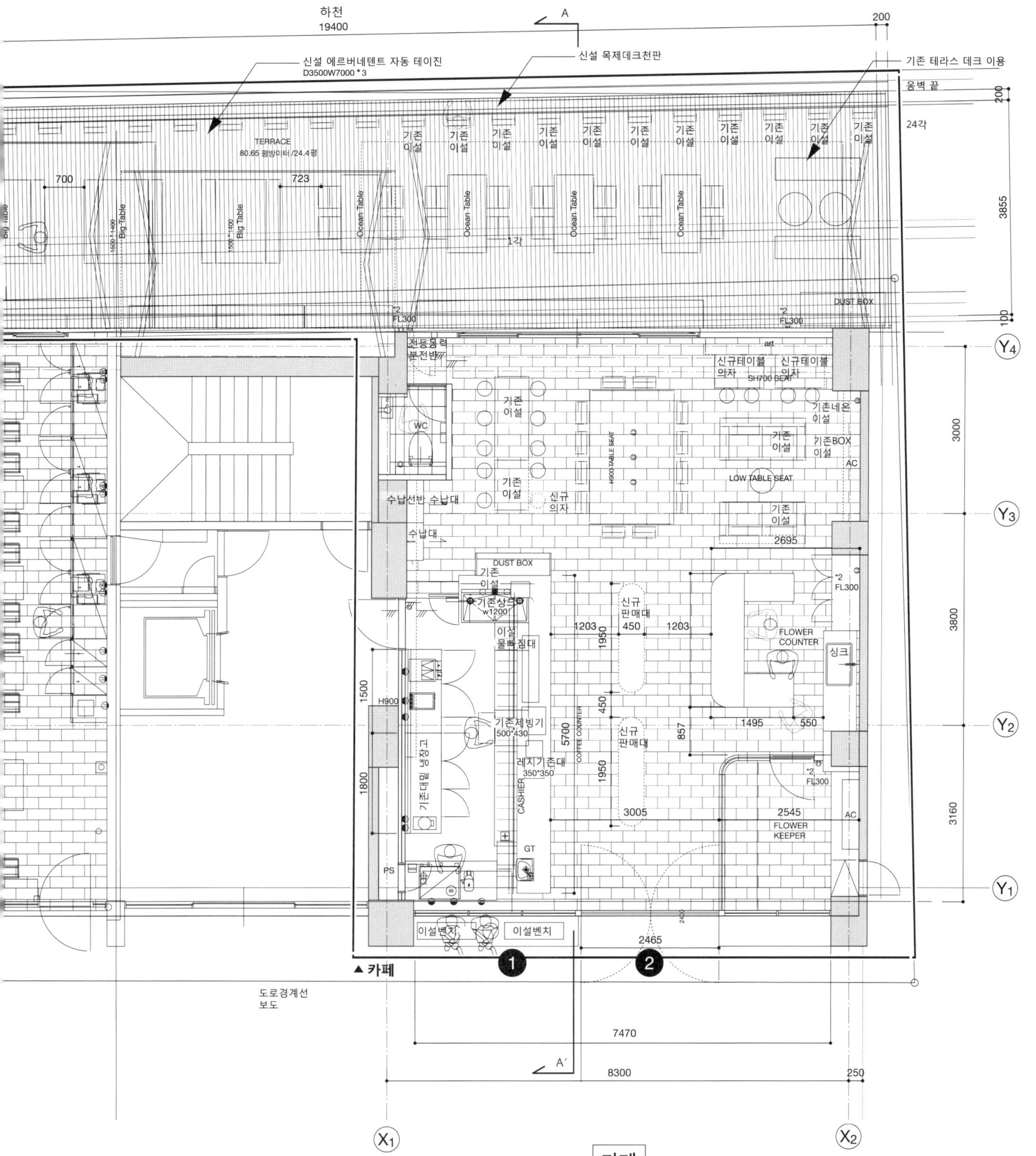

카페

1 파사드의 새시는 디테일을 공유하여 일체감을 고려.

2 카페 출입구는 정면을 약 2400mm까지 넓혀 개방감을 더했다.

1층 평면도 S=1/100

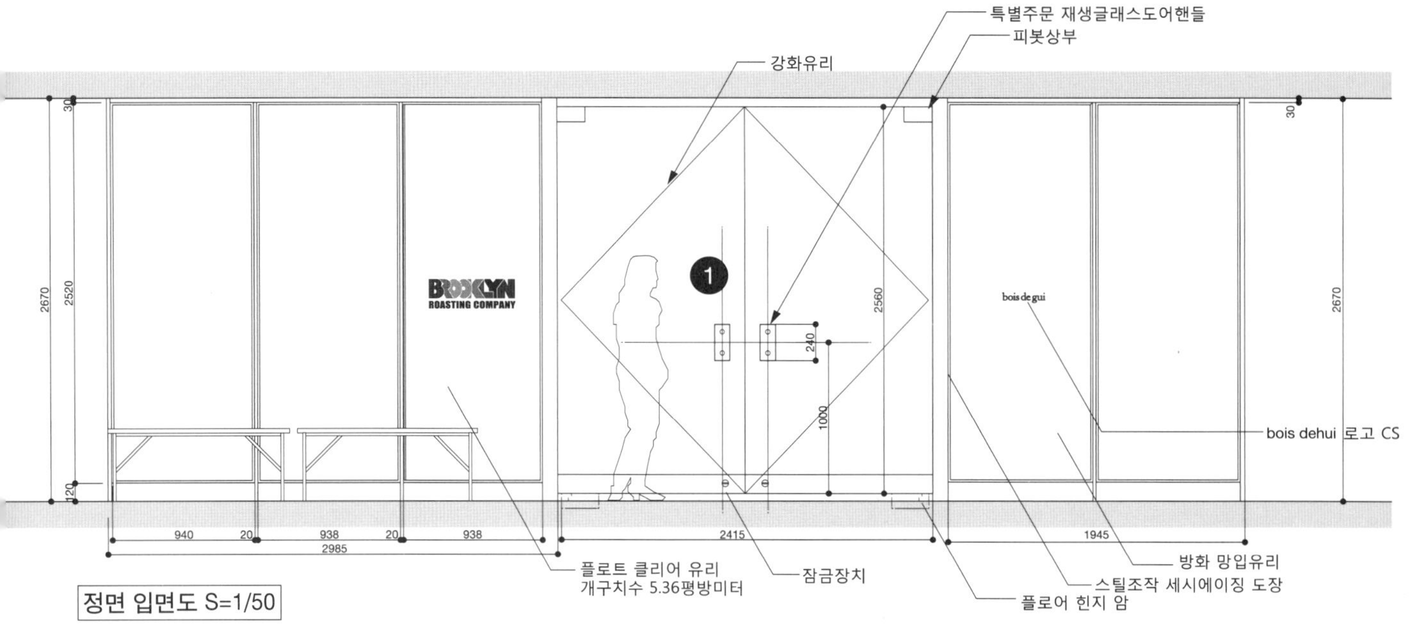

정면 입면도 S=1/50

1 내방 시 첫인상을 중시해 도어 핸들에는 자연광 반사가 아름다운 재생유리제 블록을 달았다.

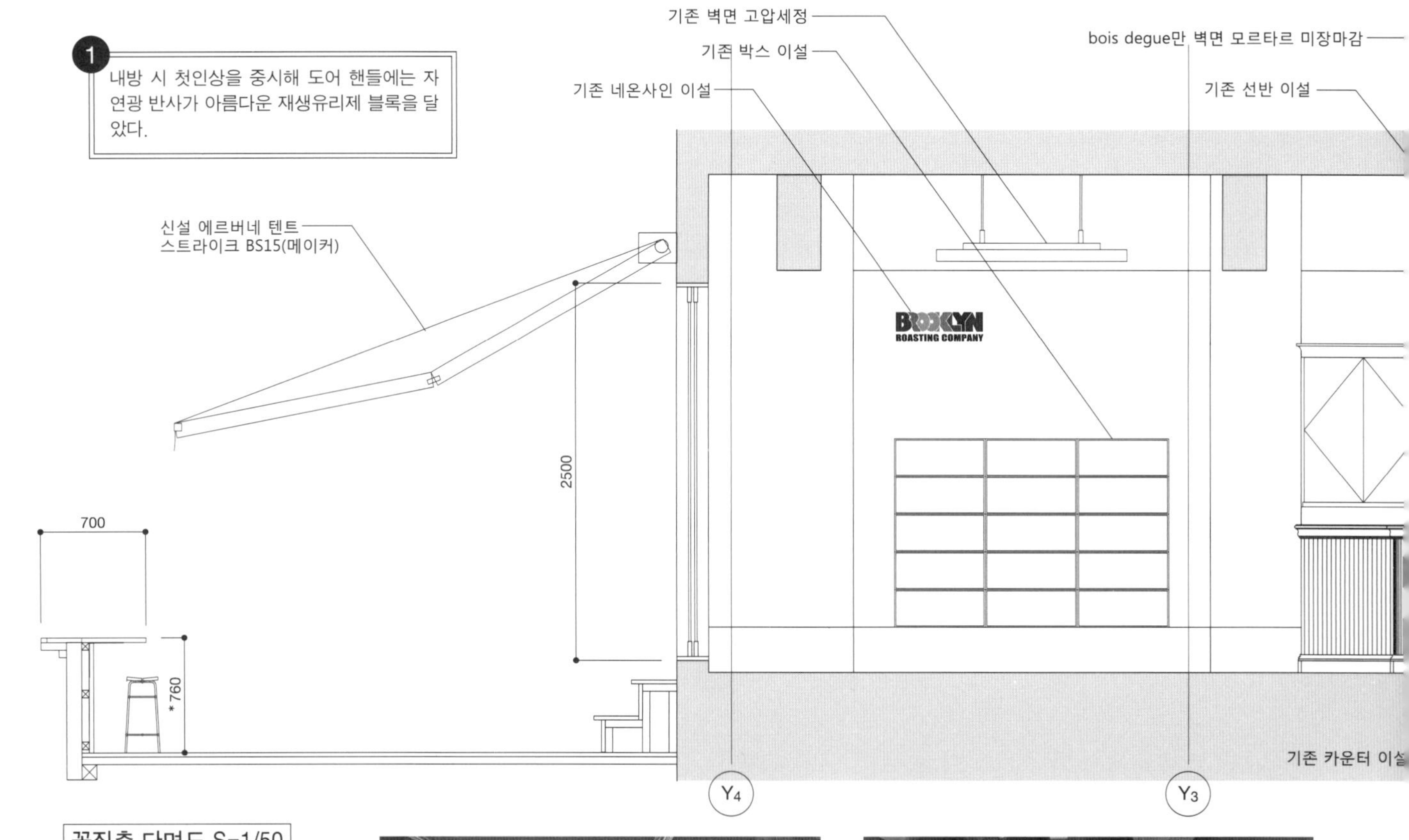

꽃집측 단면도 S=1/50

매장에서 나카노시마까지 빈틈과 번짐을 느끼게 하는 넓은 입구. (제공: DRAWERS)

강가에서 부드러운 자연광이 들어온다. (제공: DRAWERS)

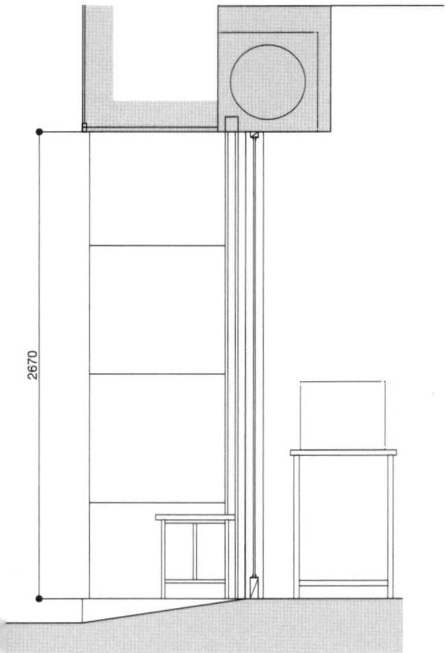

2 원래 주차장이었던 것을 살려, 작업차를 직접 점내에 탑승해 작업을 계속할 수 있도록 프런트 새시를 새롭게 제작. 입구는 템퍼 문의 제작 최대 치수이다 2400mm까지 벌렸다. 가구를 이동시키면 다양한 이벤트에 대응 가능. 풀오픈으로 하면 테라스까지 바람이 빠져나가 개방적이고 편안하다.

내외의 경계를 애매하게 하기 위해 투명감이 있는 파사드로 했다. (제공: DRAWERS)

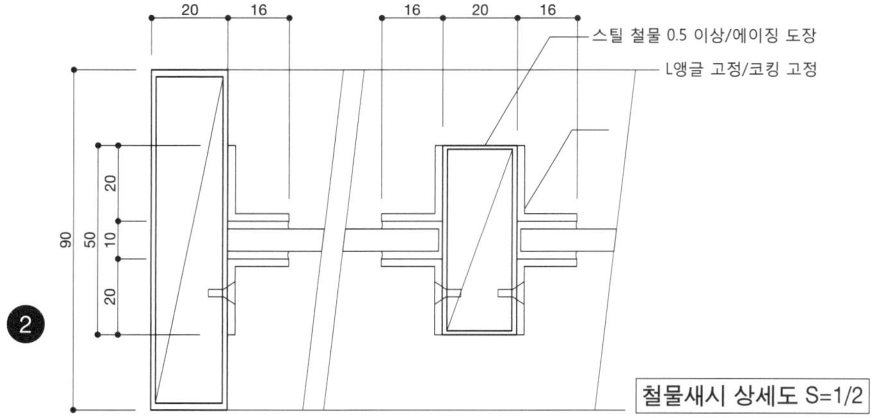

철물새시 상세도 S=1/2

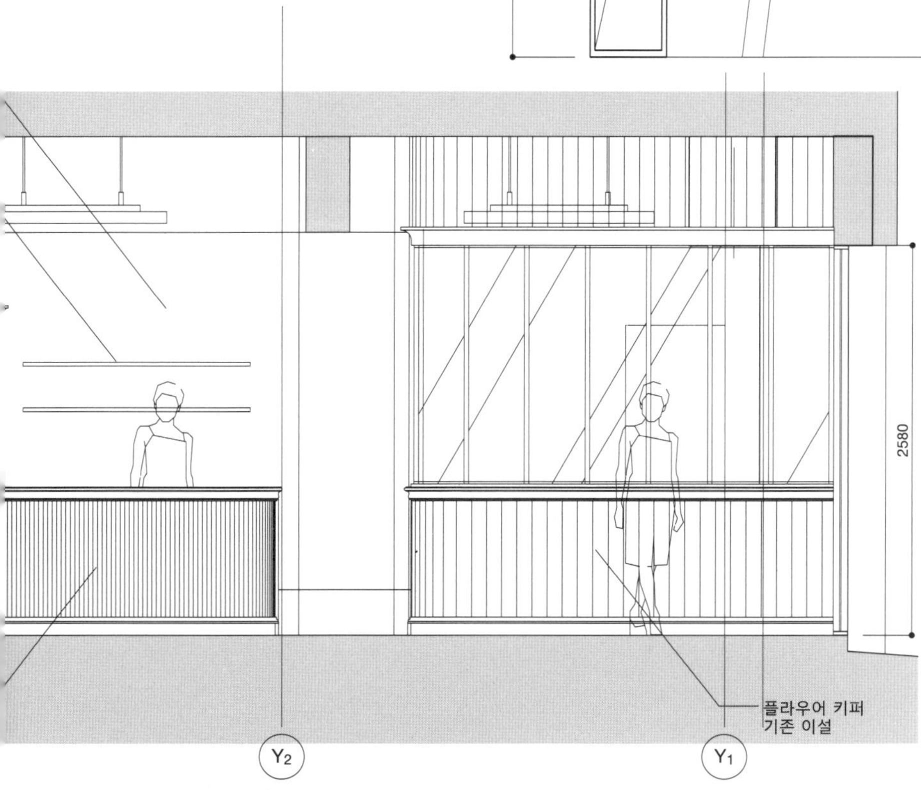

자연광 반사가 아름다운 재생 유리제 블록을 이용한 오리지널 도어 핸들. (제공: DRAWERS)

기존 매장에서 그대로 이축한 플라워 키퍼. (제공: DRAWERS)

매장 내 왼쪽이 카페, 오른쪽이 병설된 플라워샵이다. (제공: DRAWERS)

1 기존 숍보다 전체의 면적이 증가했기 때문에, 주방에는 냉장고 등의 기기를 증강. 작업성도 현격히 향상되어 효율적으로, 음식 메뉴도 늘었다.

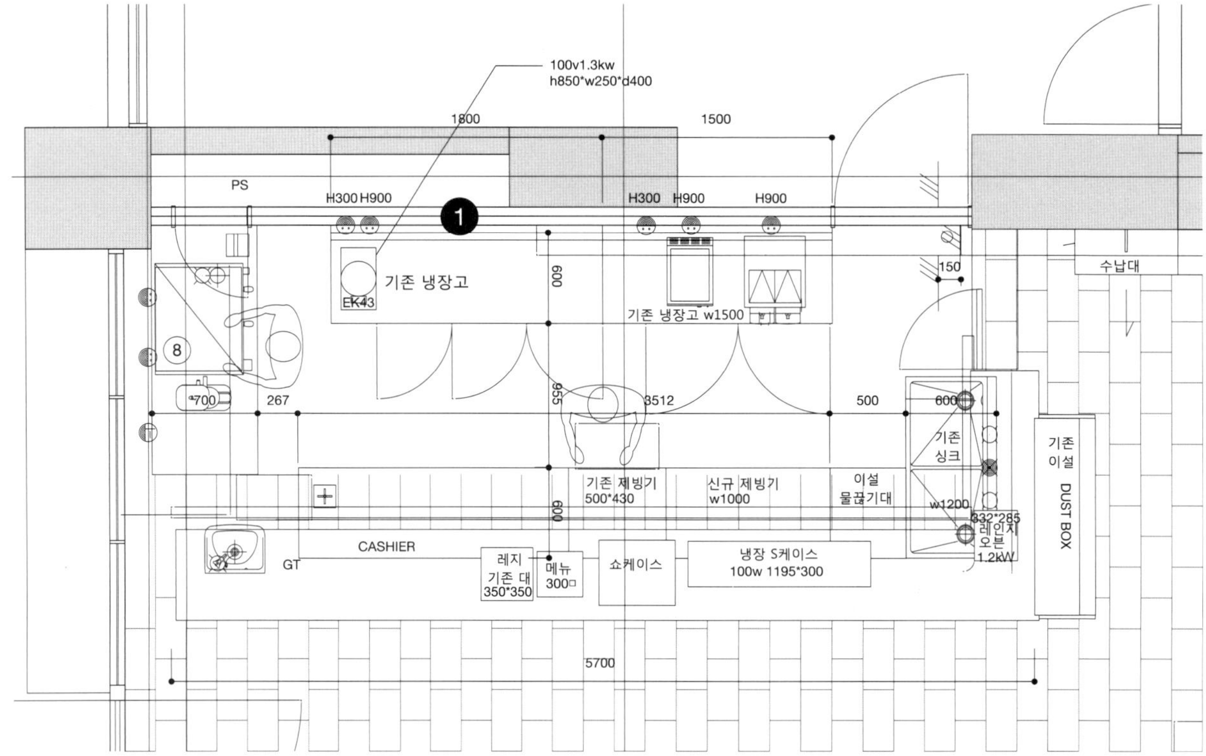

카운터 평면도 S=1/50

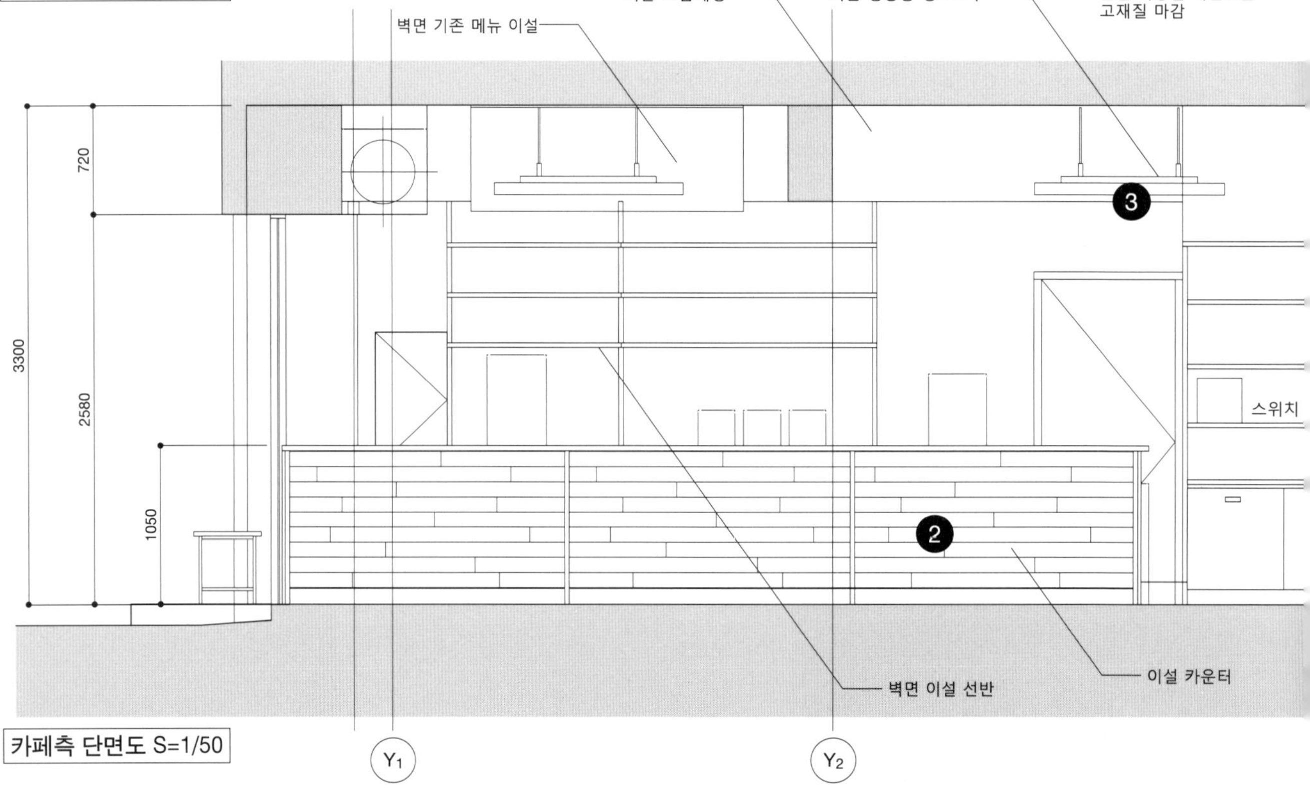

카페측 단면도 S=1/50

원래 주차장 그대로의 천장과 벽면을 이용. 사용된 이설 카운터에 익숙해지도록 그대로 남겼다. (제공: DRAWERS)

주차장의 흔적을 느낄 수 있도록 굳이 남긴 흰색 선에 익숙해지도록 "ORDER HERE" 페인팅을 더했다. (제공: DRAWERS)

3 현지에 원래 있던 트로프 조명. 점등은 시키지 않지만 의장으로서 굳이 남겼다.

2 카운터, 백선반, 주방기기는 기존 숍에서 모두 이전했다. 카운터 굽면의 데크재는 해체 시 넘버링하여 재구축하고 있다.

4 화장실만 신설. 주변에 익숙해지도록 벽면, 문을 고재 마감으로 했다. 소재의 친화성을 고려하여 내부는 모르타르 미장으로 마감하였다.

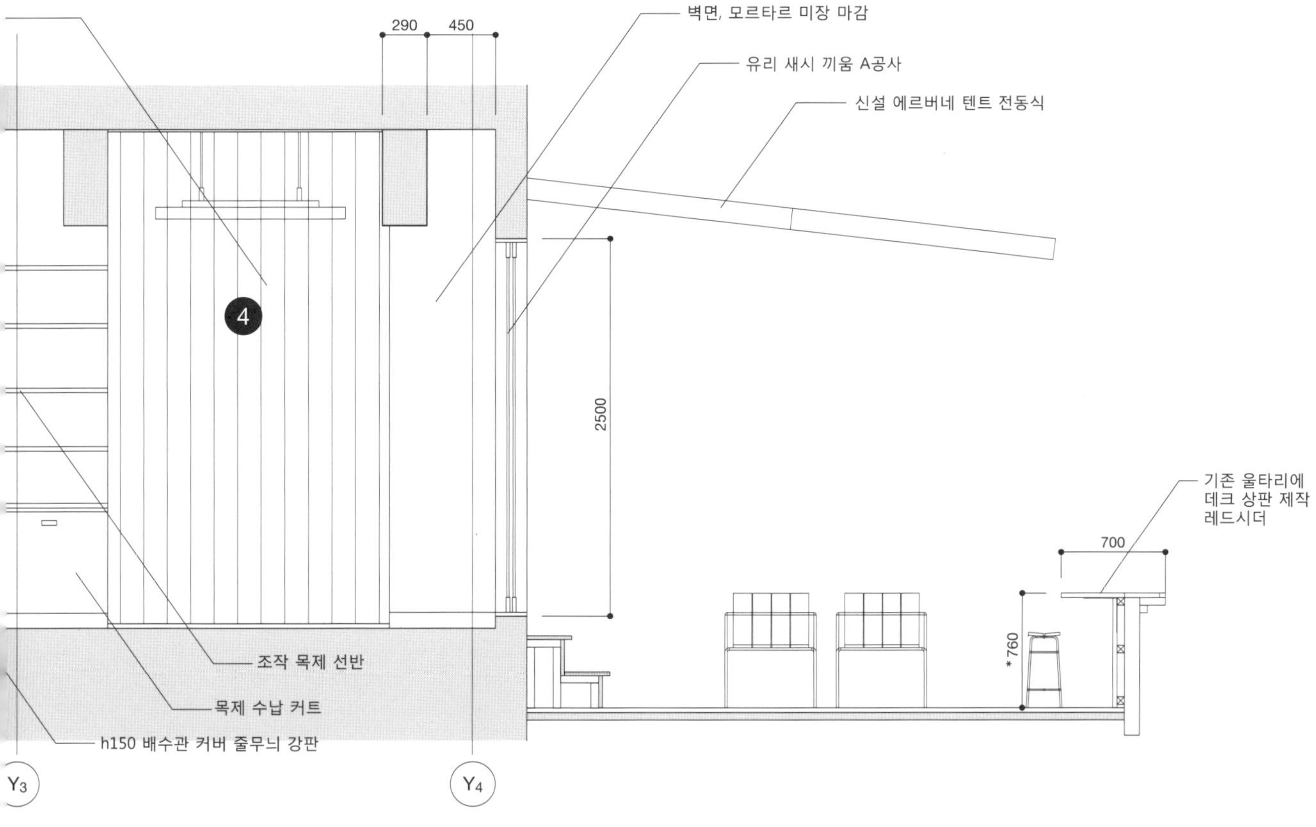

1 이전 숍과 같이, 테라스의 강측에는 창구 가득 카운터를 설치. 경치에 익숙하도록 테이블 카운터를 설치하고 일체화시킨 의자는 고정하지 않아 한 사람이든 여러 사람이든 편안한 거리감으로 유연하게 조정할 수 있도록 했다.

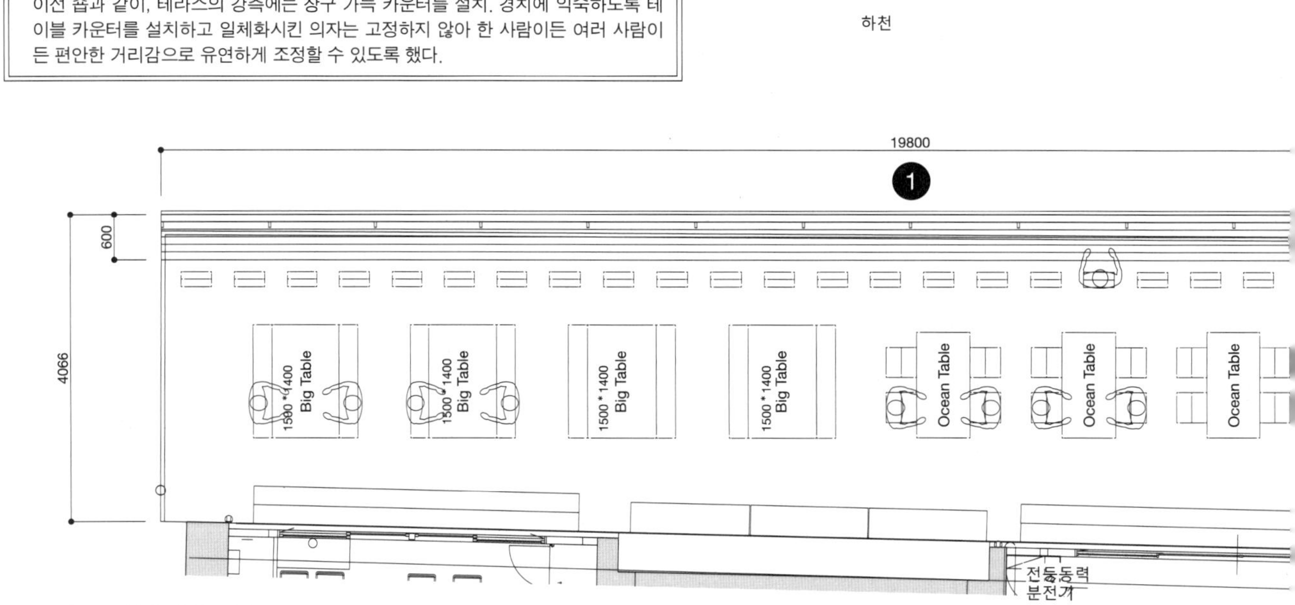

테라스석 평면도 S=1/100

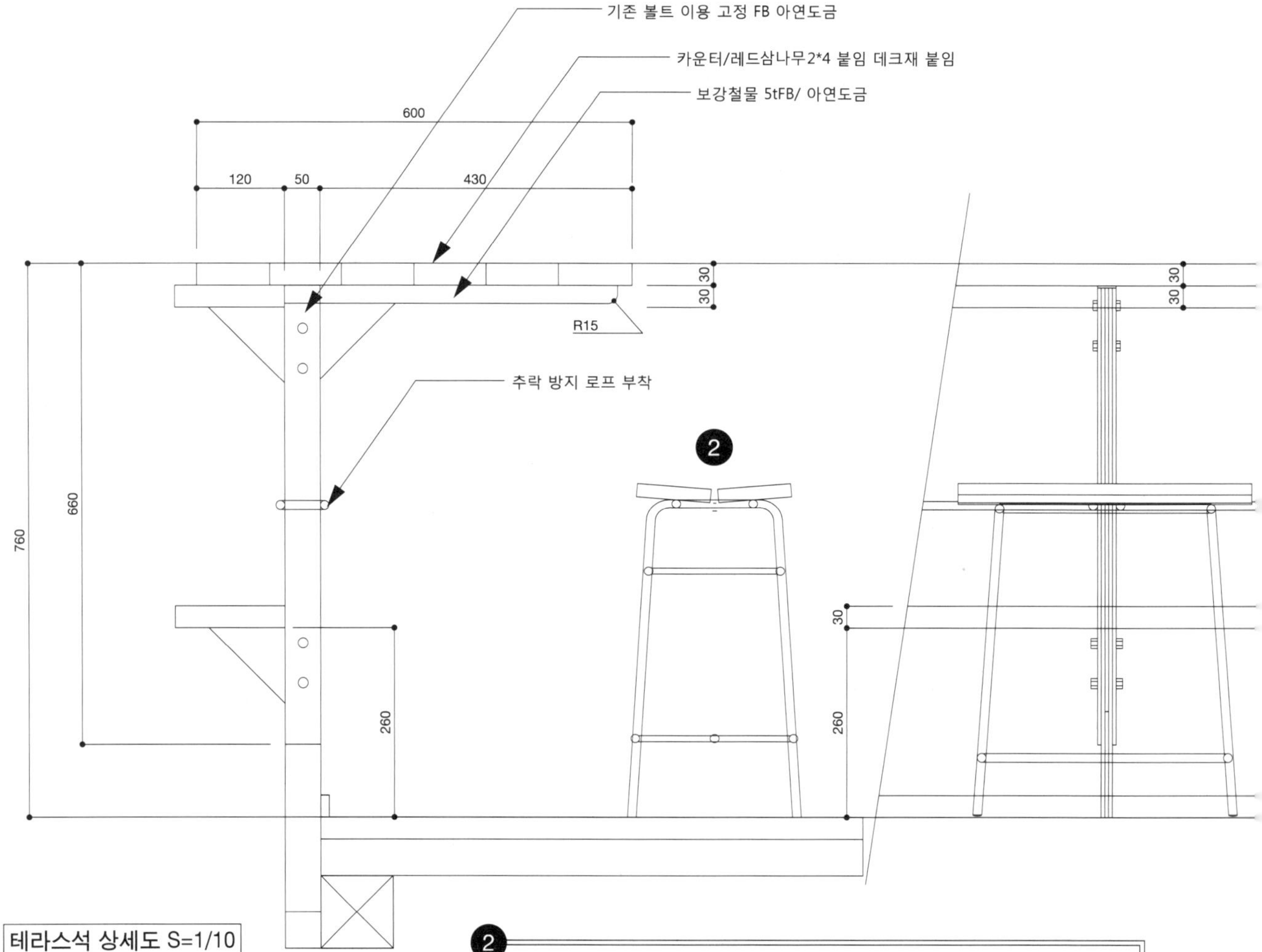

테라스석 상세도 S=1/10

2 카운터의 의자 11 다리는 구점포로부터 이전해, 좌면의 나무부분과 다리를 유지 보수해 재이용하고 있다. 테이블은 분위기와 내구성을 고려한 데크재로 제작해 깊이를 크게 잡아 편의성도 도모했다.

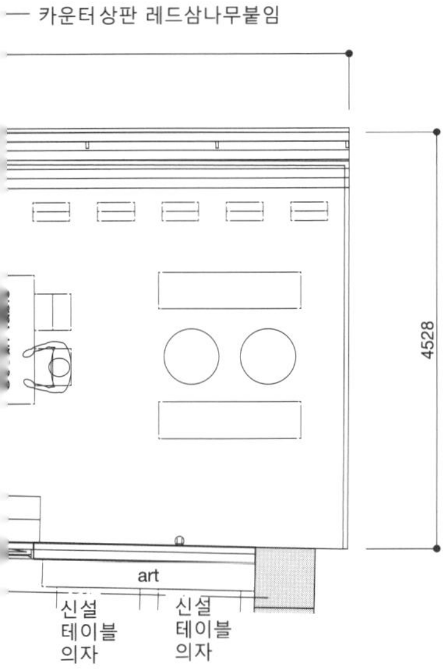

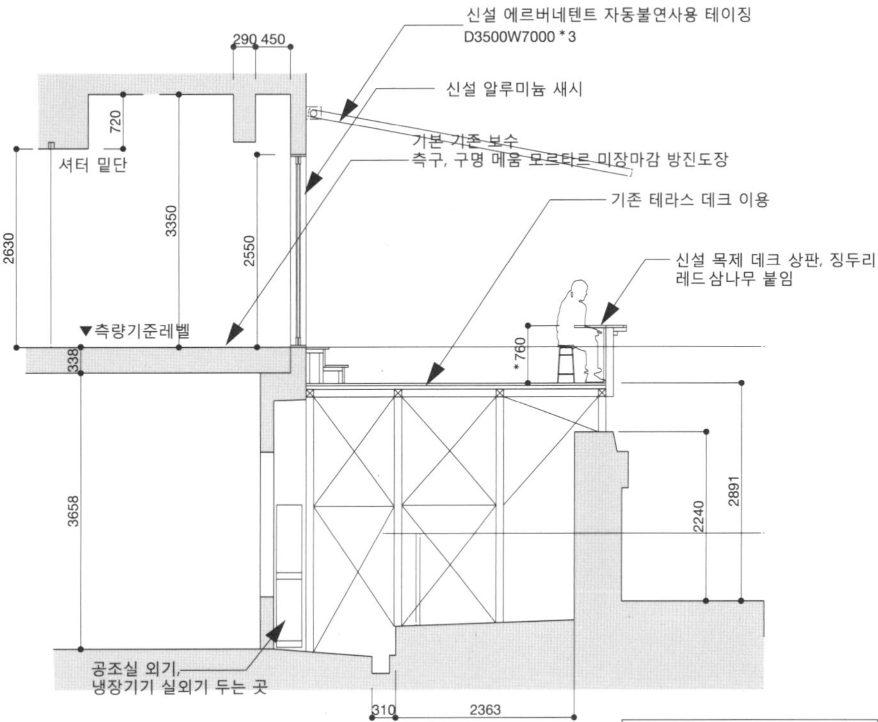

테라스석 단면도 S=1/100

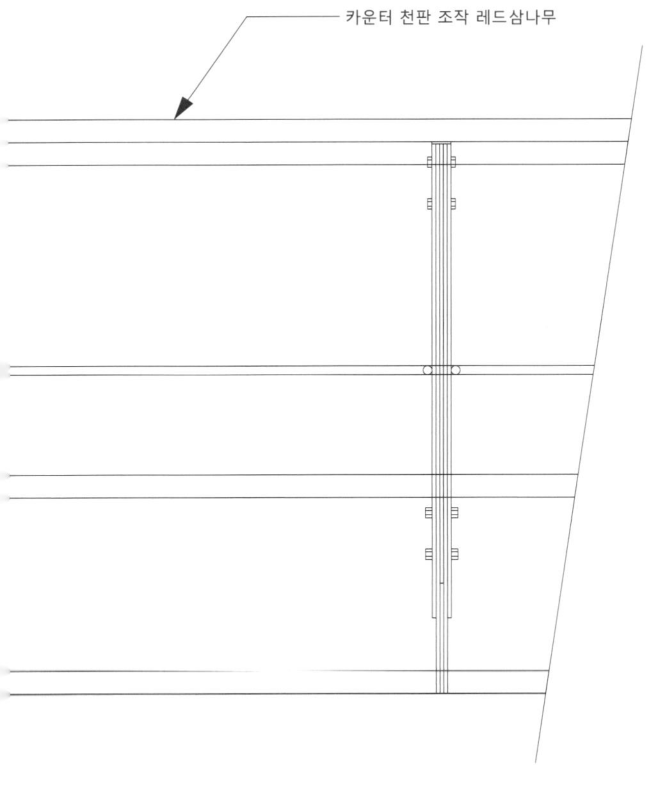

테라스 카운터에서 토사호리 강의 흔들리는 파도면을 바라본다. (제공: DRAWERS)

하천까지 끌어들인 탁 트인 테라스석. 즐거운 시간이 흐른다. (제공: DRAWERS)

08 내외 관계를 흐리게 하는 탈 L자 카운터

Overview Coffee Ichinomiya (지바현 조세이군 이치노미야마치)—Puddle

촬영: Max Houtzager

지바현 이치노미야의 구주쿠리하마에서 가까운 시가지에 있는, 서브스크립션형 집합주택형 숙박 건축의 최동단의 1층에 오픈한 베이커리 카페. 주로 도시지역에 사는 숙박 이용자와 현지 이치노미야 주민과의 미팅 포인트를 목표로 해, 다양한 사람이 신경쓰지 않고 커뮤니케이션을 취하기 쉬운 여백이 많은 조닝으로 했다. 건물의 얼굴로 배치한 카페는 실내외에 걸쳐 있는 상징적인 스탠딩 카운터와 투명성 높은 베이커리를 입구 쪽에 마련함으로써 때를 융해시켜 거리에 펼쳐진 공간을 지향했다. 불필요한 장식은 배제한 카페점내는, R벽면을 이용해, 바람이나 태양광이라고 하는 외부의 자연현상을 받아 반사하는 도료로 마무리를 했다. 건물은 한 방마다 나란한 숙박동이 동서로 뚫리는 중정을 협공 대상이 되도록 배치하였다. 또 외벽에 사용한 현지 「현지 삼나무」 단재를 카페 카운터에 사용하는 등 순환과 로컬을 의식한 재료를 사용했다.

용도지역	지정없음
컨텍스트	구주쿠리하마 비치라인
구조종별(면적)	목조 2층 건물, 우리 점포는 1층의 일부 (62.10㎡)
카운터 형식	L자형(21.8㎡, 베이커리 제외)
카운터 용도	물건판매 · 회계 · 제공
객석의 다양성	옥내/테이블체어+스툴: 8석, 스텐딩 테이블(내외 양용)
오퍼레이션	잇트인+테이크아웃
스텝수	2인~
로스팅기	없음

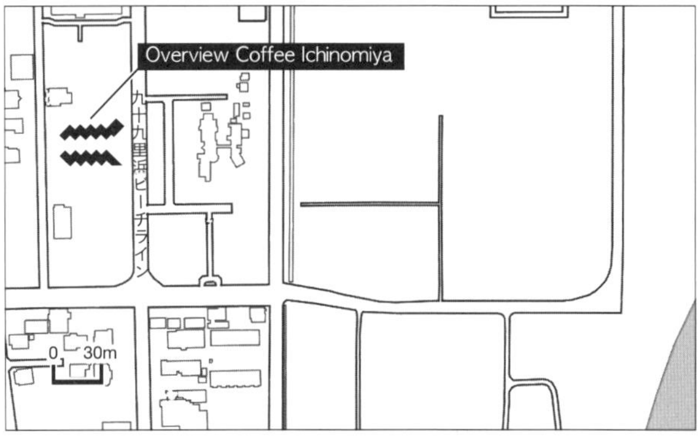

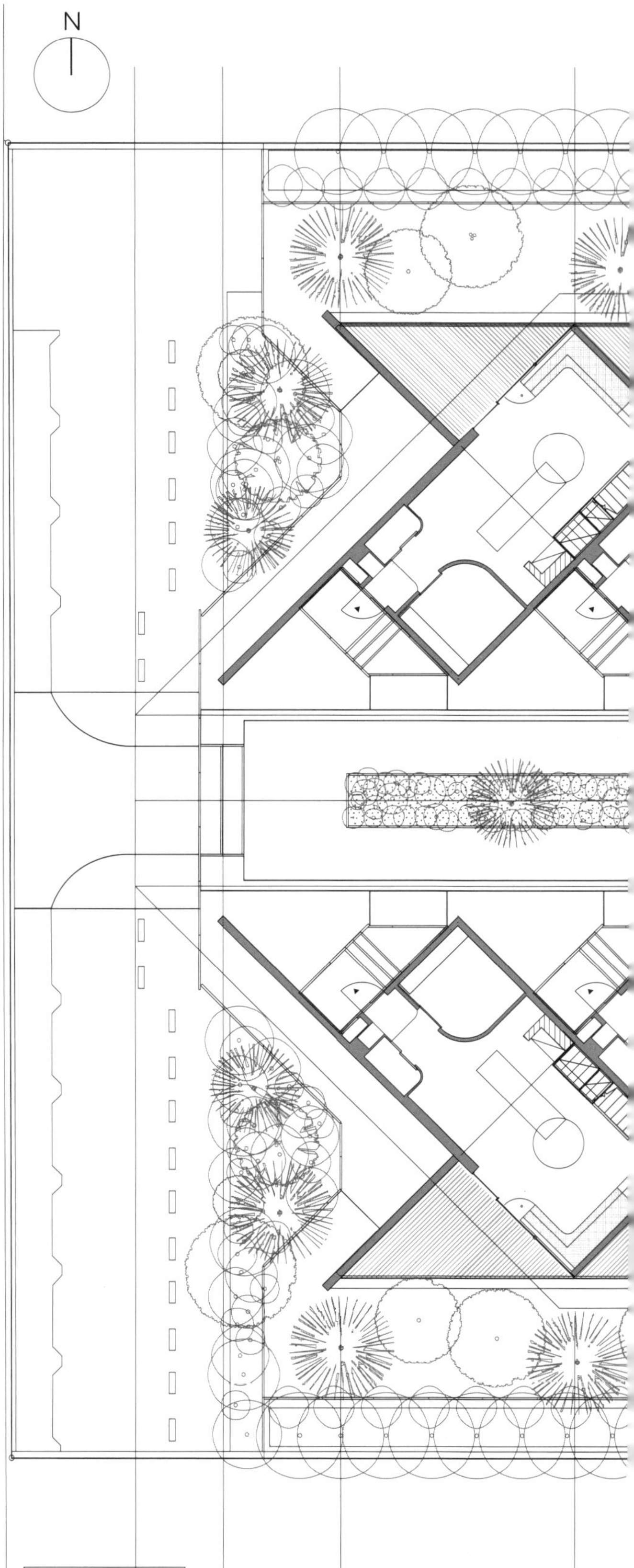

배치도 S=1/200

2 숙박시설의 외부구조 계획으로서 인근에 서식하는 다양한 식물이 도입되어 있다. 가든 한쪽에는 카페에서 제공하는 음식과 음료에 사용되는 허브가 자라고 있다.

1 부지에 대해 45도 흔든 안행형으로 배치된 9동의 숙박시설. 카페 공간 역시 45도 흔들어 큰길에 접한 동쪽 끝에 배치해, 마을에 열린 계획이다.

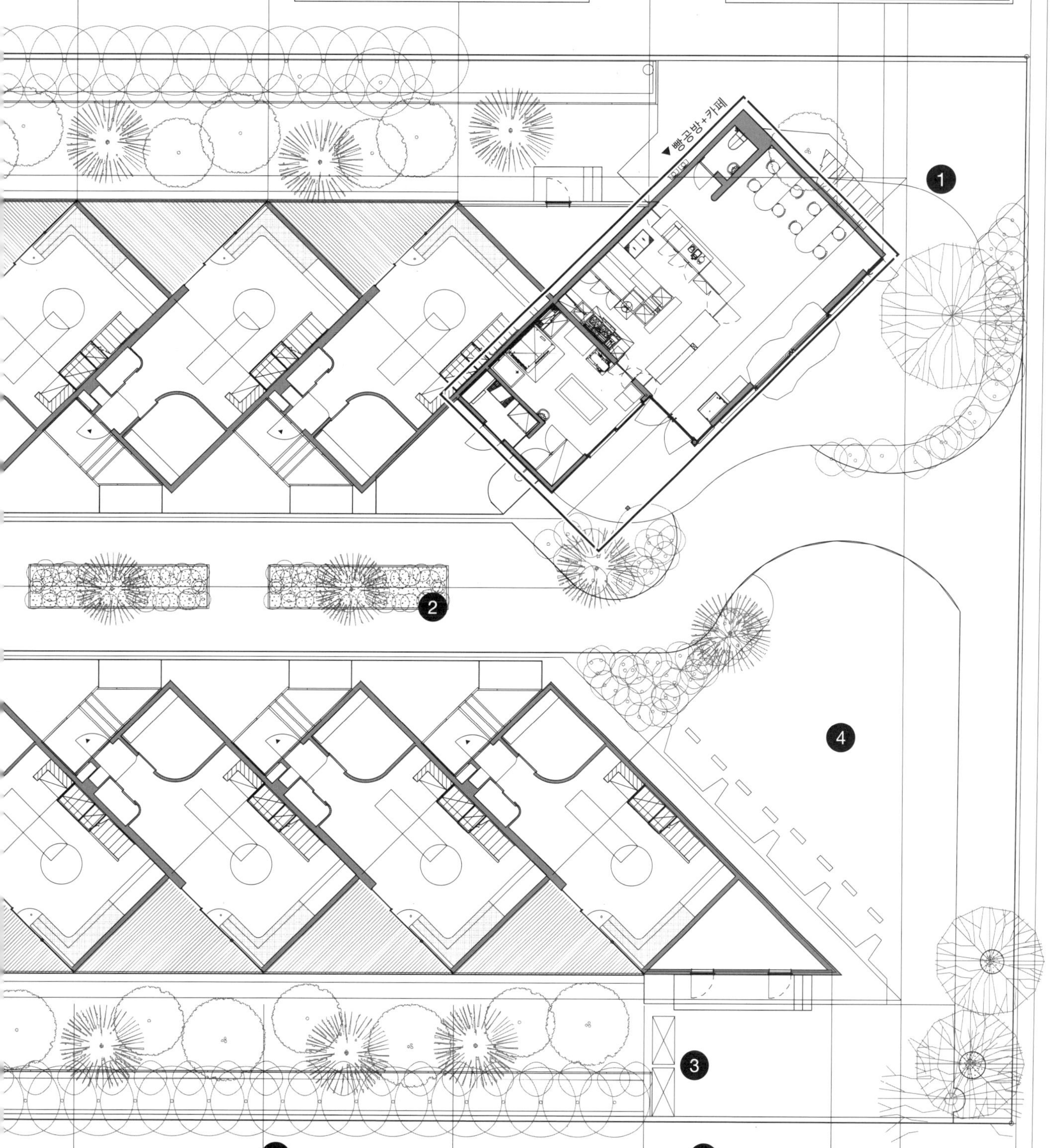

3 부지 내에 마련한 컴포스트 공간. 카페에서 나온 음식물 쓰레기를 분해, 시설 내 가든의 비료로 순환시키고 있다.

4 전면 도로에 대해 45° 안행한 건축 파사드와의 틈새를 이용하여 카페 이용객용 주차장을 4대분 마련하였다.

1 직원 전용 입구는 카페의 외관인 동쪽 외벽면이 아닌 숙박동, 통로로 이어지는 북쪽으로 꾸몄다.

2 숙박동과 접하는 구역은 작업음을 고려해 주 동선에서 분리해 설비 기기를 설치했다.

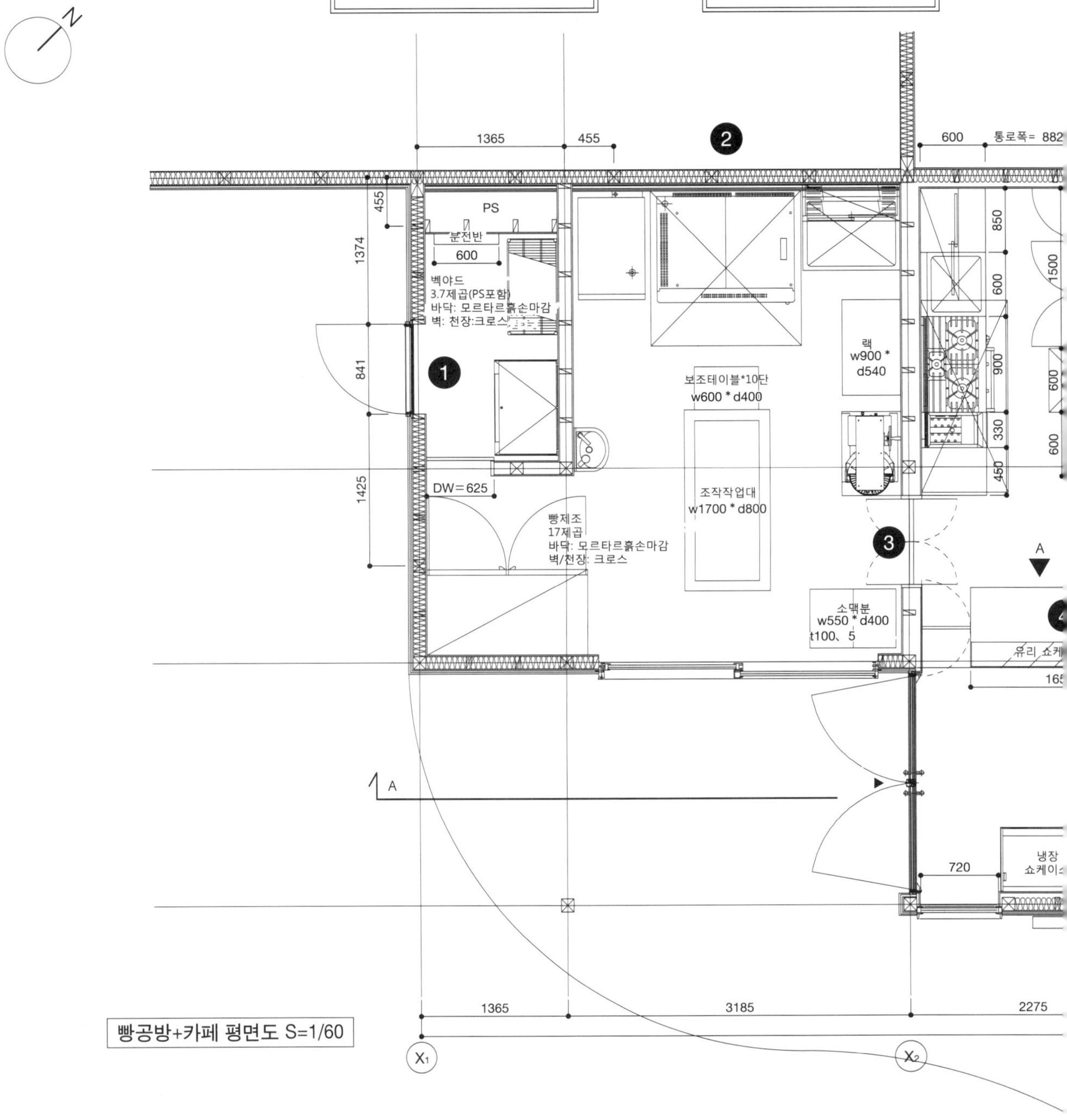

빵공방+카페 평면도 S=1/60

3 카페와 베이커리는 주방 내 관음문에서 오갈 수 있고, 갓 구운 빵을 직접 카페에 진열할 수 있도록 했다.

4 L자 카운터의 모서리를 제외하면 2개의 정면이 가능하며, 고객과 스탭 사이를 모호하게 하여 플랫하고 뒷면도 표도 없는 열린 공간으로 보여주고 있다.

5 커피 원두 등의 상품 선반은 벽면에 매립한 철물로부터 직접 지지해, 바닥으로부터 띄우고 있다. 선반판의 작은 부분을 45°로 테이퍼 가공하여, 가벼운 인상이 되도록 하였다.

6 카운터를 벽과 붙어있게 하지 않고 450mm 정도의 틈을 만들어 가구가 놓여 있는 듯한 느낌을 지향했다. 이를 통해 객석과 주방이 밀접하게 느껴지는 동시에 스탭들은 여러 장소에서 출입할 수 있도록 계획하고 있다.

10 객석과 화장실을 구분하는 벽은 235mm의 존재감 있는 두께와 R을 사용해 화장실 동선을 숨기면서도 공간에 부드러움을 부여했다.

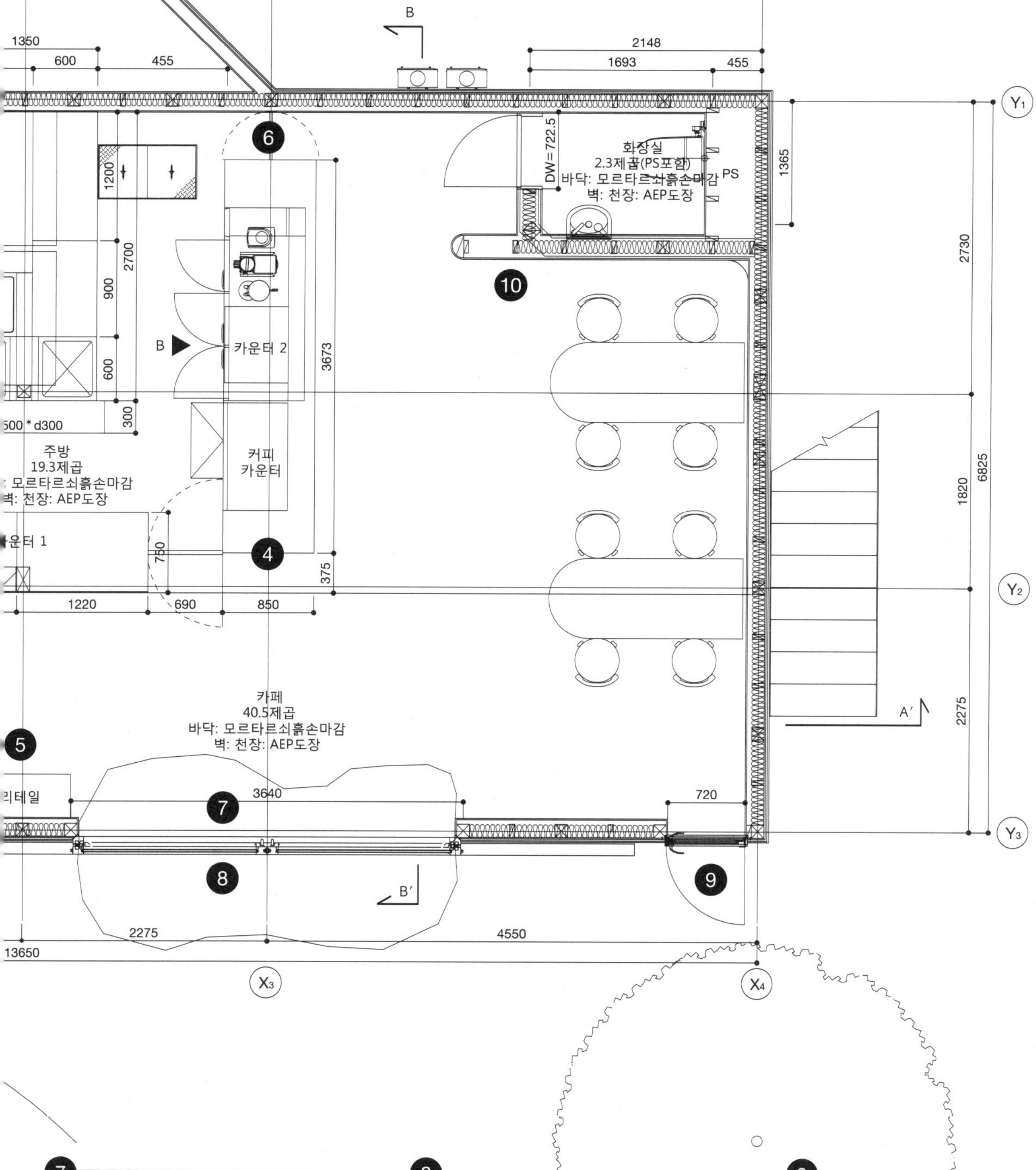

7 외벽면의 센터에는, 폭 3600mm의 오리지날 나무 새시의 큰 창을 마련했다. 이 회색과 청색 오일을 섞은 특별주문색으로 마무리한 중앙 열린 창은, 전개하면, 바깥과 안쪽이 일체가 된다.

8 큰 창에는, 현지의 흙을 파서 생긴 구멍을 스캔해 틀을 잡아, 스타이로폼으로 재현한 덩어리에 미장을 한, 내외를 관통하는 듯한 커뮤니케이션 카운터를 설치. 이 건축이 들어서기 전부터 있었던 것 같은 존재감으로, 가게의 얼굴이 되는 것을 목표로 했다.

9 북동쪽의 메인 입구 외에 객석 쪽에도 출입구를 설치하여 외부와 회유할 수 있는 도선을 계획하였다. 또 이 문을 통해 숙박자용 코워킹 스페이스(카페 위층)에 접근하기 쉽게 설계했다.

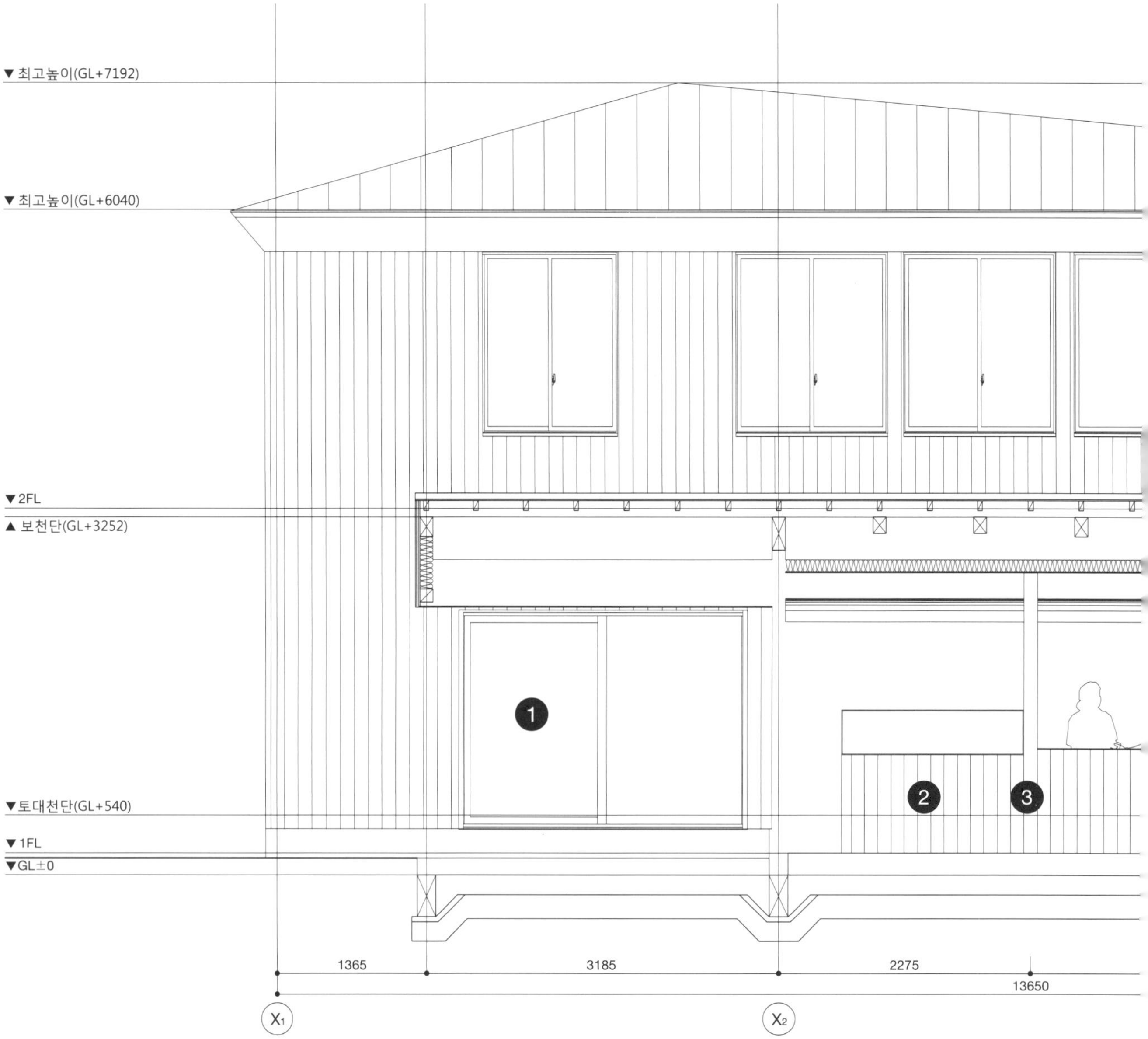

빵공방+카페 aAA' 입면도 S=1/60

카운터와 면이 가지런한 구조 기둥. 기둥은 녹색으로 염색. (촬영: Max Houtzager)

1 큰길에서 베이커리 내부가 보이도록 큰 개구를 마련하고 정면으로 베이커리를 보면서 오른쪽 카페에 입점하는 동선으로 삼았다. 이곳에서 매일 아침 빵을 만들고 있다는 사실을 한눈에 알 수 있어 거리의 사람들도 일상적으로 사용할 수 있도록 계획했다.

2 카운터의 옆면은, 건물 외벽에서 사용한 현지 삼나무의 단재를 사용.

3 구조 기둥과 카운터의 면을 갖추는 디자인으로 했다.

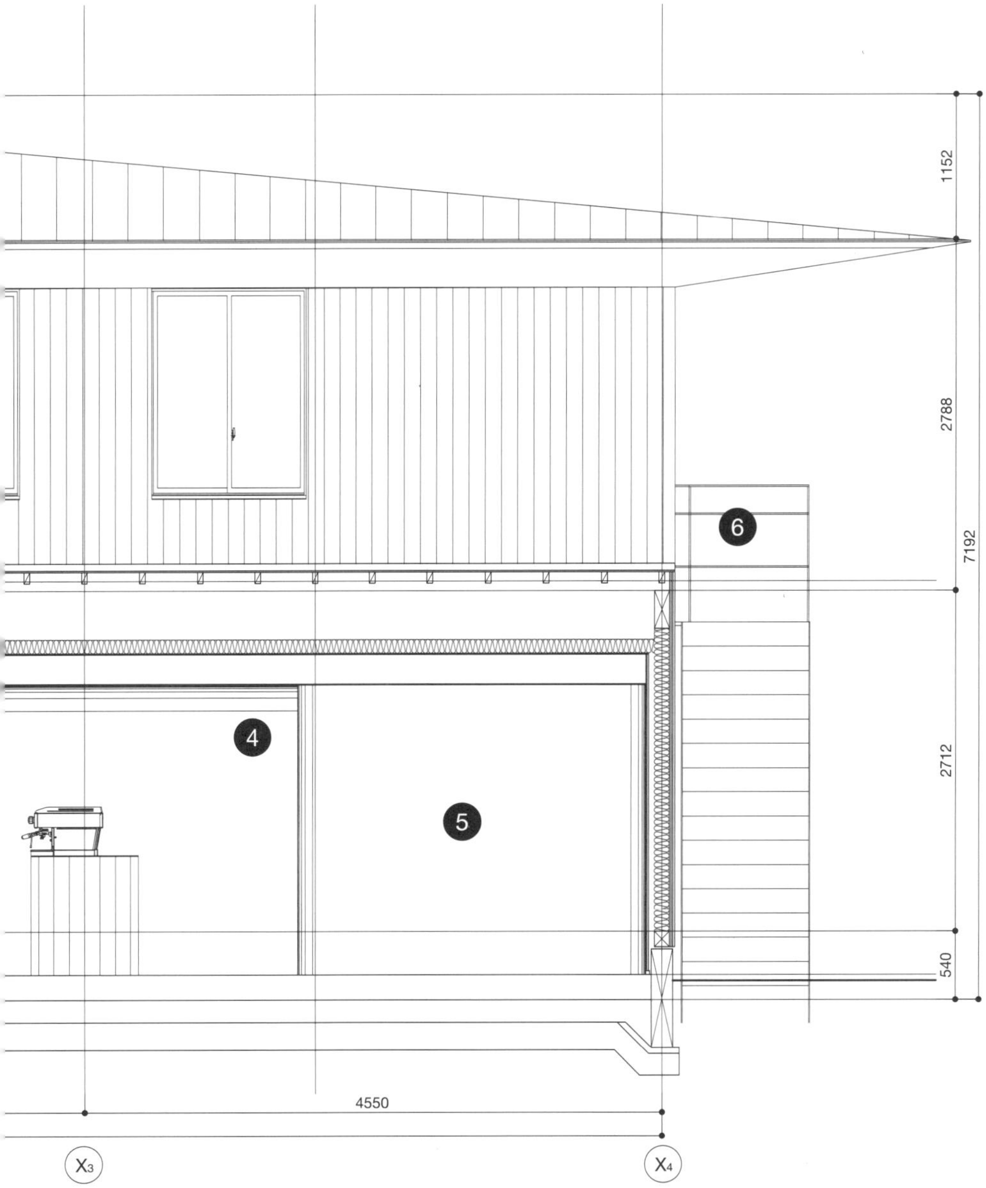

4 카운터 쪽과 객석 쪽에서 천장의 높이를 바꾸어 완만하게 공간을 구분하고 있다. 그 천장의 단차에서 급기가 나오고 있다.

5 실내의 동측 벽면은 실버 계열의 금속가루를 섞은 도료를 사용. 시공주와의 셀프 페인트로 객석에 고르지 않은 질감을 만들어 냈다.

6 외부 계단을 통해 접근할 수 있는 2층은 투숙객을 위한 코워킹 스페이스로 구성되어 있다.

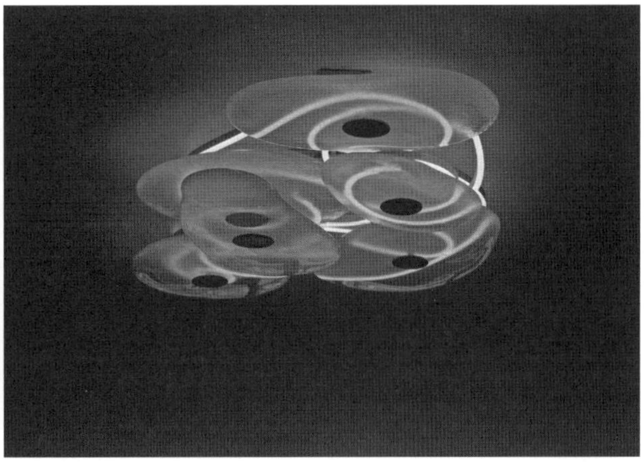

카페의 중심이 되는 에스프레소 머신을 둔 카운터 상부에 Studio PREPA 특별 주문 조명을 설치했다. (촬영: Max Houtzager)

1 카운터 내부나 객석측에서 공간적 영역을 만들기 위해서 천장의 고저차를 243 mm 마련해, 공조의 토출구를 숨기고 있다.

2 깊이가 적은 실내에 퍼짐을 만들기 위해, R의 코너를 이용해 들어가 구석에 그림자를 만들지 않고 천장과 벽의 경계선을 없애 일체 되었다.

4 카운터는 공장에서 제작해, 마감하지 않고 현장 반입 후, 마무리용의 판(외벽의 단재)을 바닥의 불룩에 맞추어 1매마다 잘라 시공하는 것으로 밀리미터 단위로의 접지감을 만들어 내고 있다.

3 내외부를 연결하는 커뮤니케이션 카운터. 현장에 파놓은 구멍을 3D 스캔한 후, 스타이로폼으로 그 모양을 형성하고 미장 마무리했다.

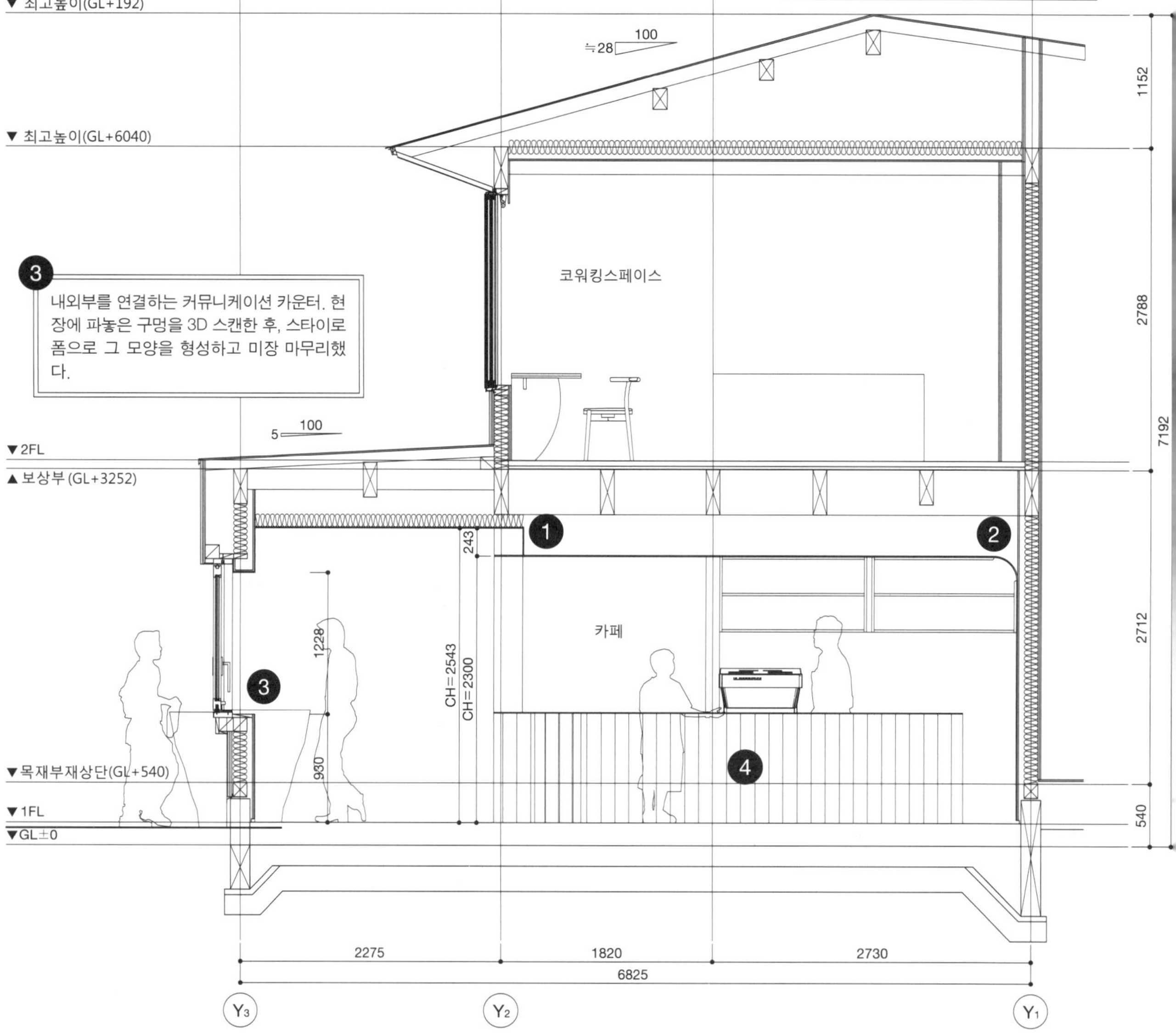

카페 BB' 단면도 S=1/60

외벽 중앙에 설치한 목제미닫이문과 미장이 카운터. (촬영: Max Houtzager)

카운터 코너. 야마타케스기의 굽면과 탑의 스테인리스 판. (촬영 : 加藤匡毅)

5

카운터 상판에는 내구성도 있어 작업 상판에 적합한 SUS 바이브레이션 마감을 채택했다. 삼나무판을 붙인 건물에 삼나무판을 깐 카운터라는 나무 요소가 강한 가운데 벽면의 포터스 페인트와 마찬가지로 메탈릭한 요소를 도입했다.

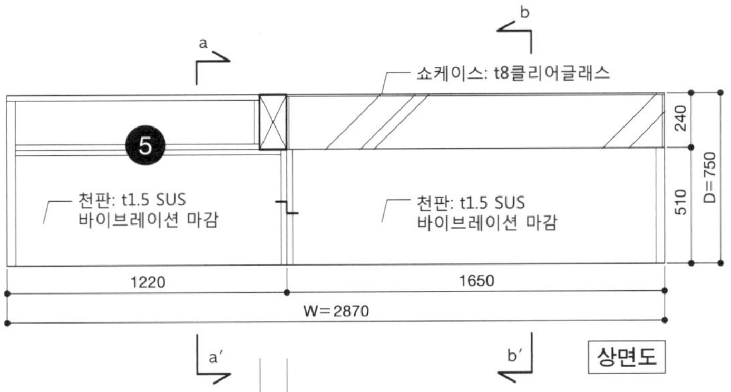

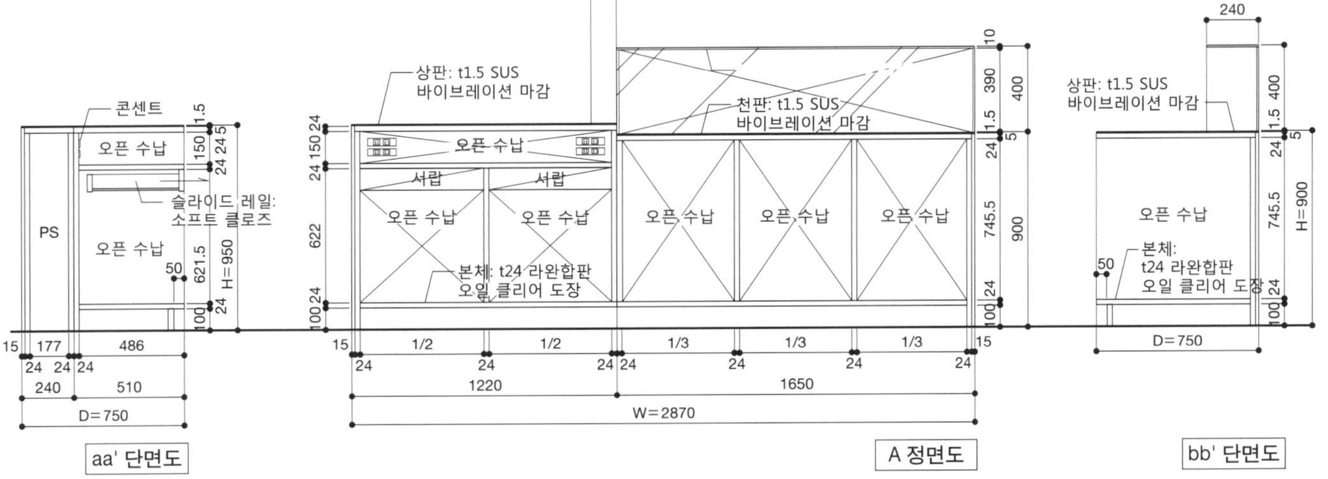

카운터1 상세도 S=1/35

6

커피 머신류를 설치하는 높이는 카운터 톱보다도 낮게 설정했다. 작업의 용이함뿐만 아니라 생겨난 단차에 전기 배선이나 배수 경로를 마련하고 있다.

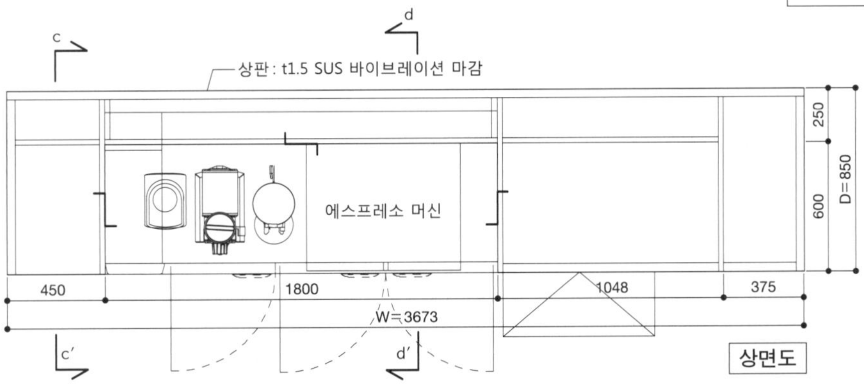

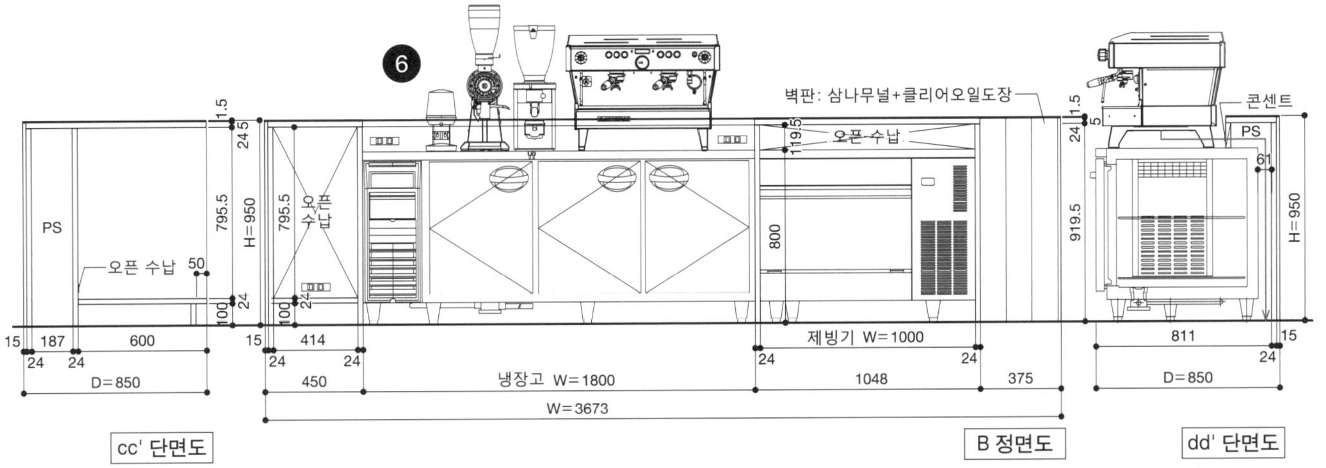

카운터2 상세도 S=1/35

09 장인이나 도구의 무대가 되는 검은 타일의 큰 카운터

B squared 기요스미 시라가와 본점(도쿄도 고토구) – 오노데라 쇼고 건축설계사무소

촬영: 미시마이치로

이 점포에는 3명의 전문가가 있다. 제빵사, 바리스타, 로스팅사이다. 브랜드의 주역이 되는 빵과 원두(커피), 그리고 이들 전문 분야에 특화된 장인들의 모습이 생생하게 느껴지는 매장 만들기가 곧 브랜드 정체성을 표현하는 데 도움이 될 것이라고 생각했다.

그것을 위해서 점포의 생명선이 되는 빵 공장을 안쪽에 정리해 배치해, 빵의 안정 양산을 확보할 수 있는 쾌적한 주방 공간으로서 계획해, 로스팅기는 굳이 점포 중앙에 카운터와 일체로 계획하는 것으로, 바리스타나 로스팅사라고 하는 장인 뿐만이 아니라, 머신이나 로스팅기 등 프로의 작업 도구들이 주역이 되는 공간 구성으로 했다. 객석, 카운터, 주방이 모두 단차가 없는 평평한 바닥으로 공간을 분절하지 않고 어디에 있든 같은 눈높이가 되도록 계획하고 있다. 객석은 장인들을 둘러싼 듯 아무렇게나 흩어져 마치 공장 안에서 갓 내린 커피와 갓 구운 빵을 맛볼 수 있는 점포가 되었다.

용도지역	상업지역
컨텍스트	센다이호리가와 산책로 · 주상혼재지역
구조종별(면적)	RC조 7층 건물, 우리 매장은 1층 (97.3㎡, 카페에어리어 63.5㎡)
카운터 형식	ㅁ자형(16.3㎡)
카운터 용도	물건판매 · 회계 · 제공
객석의 다양성	옥내/테이블+벤치 · 체어: 14석 옥외/벤치: 2석
오퍼레이션	잇트인+테이크아웃
스텝수	4인
로스팅기	있음

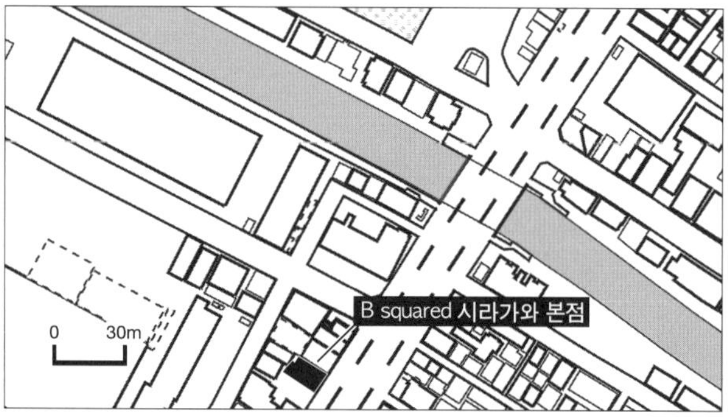

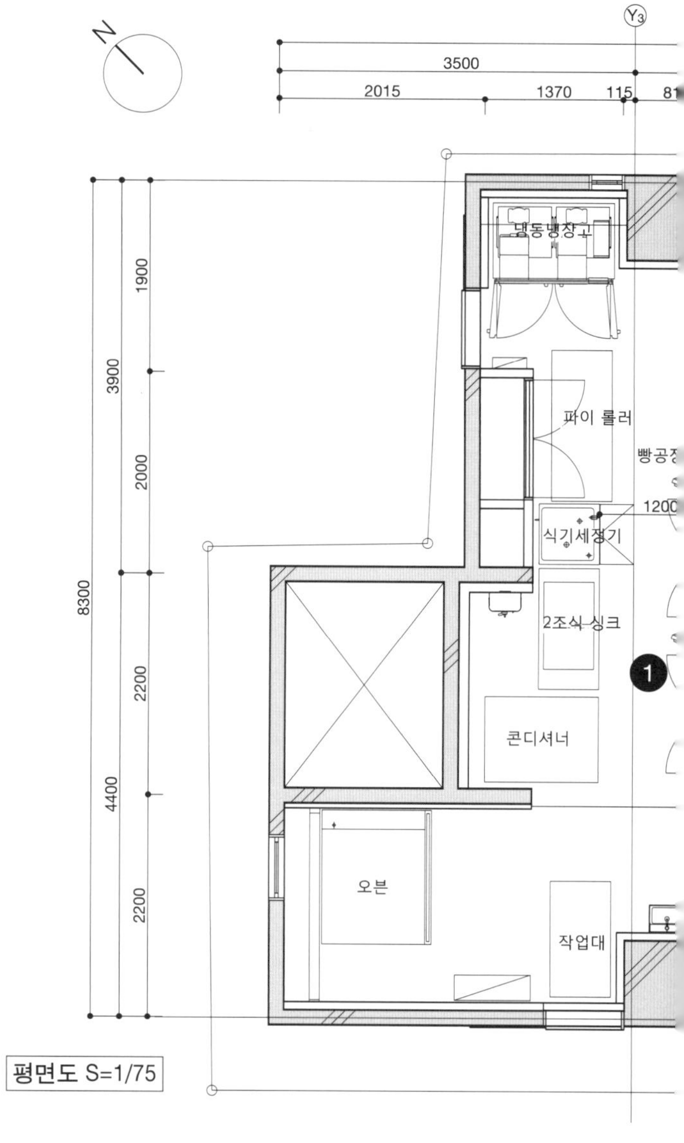

평면도 S=1/75

3 객석은 카운터를 중심으로 양옆에 마련해 빵공장에서 로스팅, 바리스다, 바깥 풍경에 걸처 한눈에 음식을 먹을 수 있도록 했다. 매장 내 카운터의 존재를 돋보이게 하기 위해, 빵과 커피를 둘 수 있는 미니멈 사이즈의 테이블과 롱 벤치의 심플한 구성으로 했다.

❶ 빵 공장을 안쪽으로 정리함으로써 빵 양산을 원활하게 할 수 있는 쾌적한 주방 공간이 되었다.

❷ 점포 중앙에 배치된 카운터는 로스팅기나 쇼케이스 등의 도구가 일체적으로 정리되어 로스팅사와 바리스타의 무대가 된다. 카운터 내외부 모두 회유 동선을 마련해 효율적인 운영이 가능하도록 배려했다.

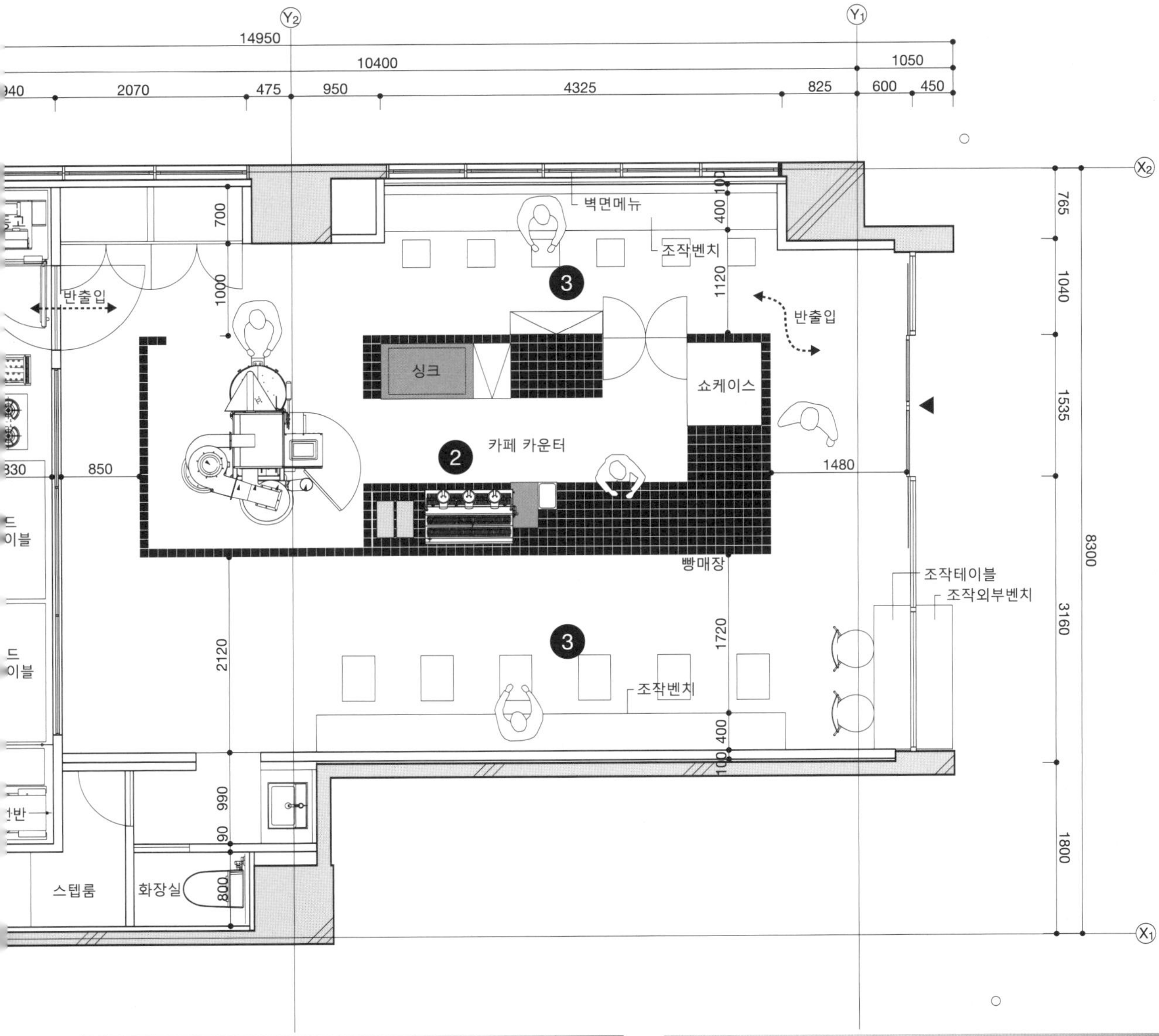

거리에서 가게 안쪽까지 내다볼 수 있는 공간. 라인 조명이 안쪽까지 연속된다.
(촬영: 三嶋一路)

테이블은 알루미늄 다리와 리놀륨 마감의 상판으로 하고, 벤치는 20각의 스테인리스 다리와 VC 도장을 한 라치 합판의 상판의 조합으로 되어 있다. (촬영: 三嶋一路)

다양한 빵과 도구를 디스플레이하는 카운터. (촬영 : 三嶋一路)

공간의 주역을 담당하는 카운터는 로스팅사, 바리스타, 빵, 도구의 스테이지가 된다. (촬영 : 三嶋一路)

1 유리 너머로 제빵사의 작업 풍경이 보인다. 빵 공장과 점포 공간은 전면 유리가 아니라 낮은 벽체+유리로 함으로써 필요 이상의 청소 수고를 덜면서도 장인의 모습이나 도구를 보여 주는 쇼윈도 역할을 담당한다.

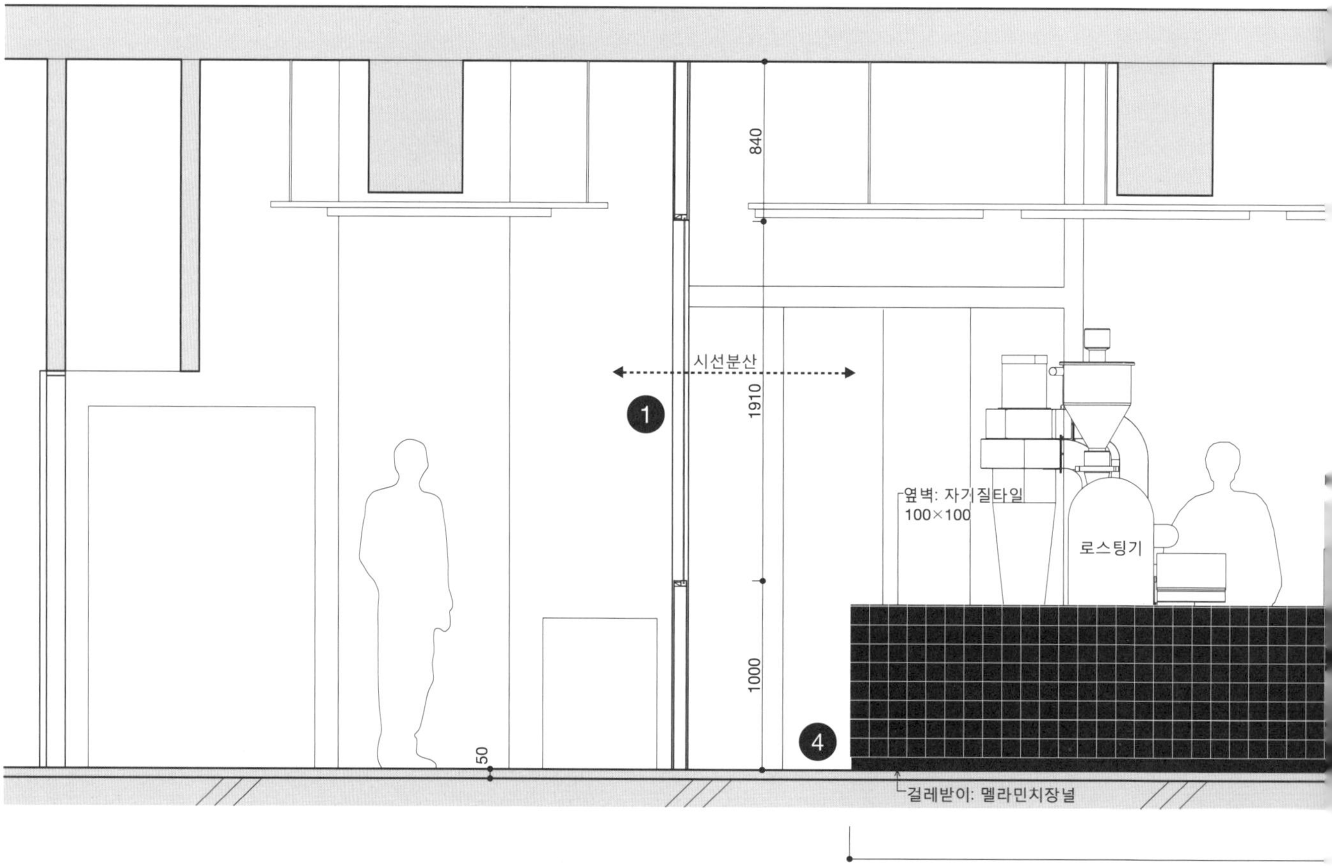

전개도 A & 단면도 S=1/40

4 바닥은 기존의 장척 시트를 벗겨내고 노출된 콘크리트에 방진 도장 마감을 하였다.

반출입을 고려하여 평평한 바닥면이 안쪽까지 계속된다. (촬영 : 三嶋一路)

6.8m 깊이의 카운터는 면이 가지런한 검은 타일로 마감되어 오브젝트로서의 존재감을 돋보이게 한다. (촬영 : 三嶋一路)

2 이 라인 조명은 객석에서 주방 안쪽까지 연속시켜 깊이감을 느끼게 하고 있다. 카페의 주역이 되는 빵과 커피가 맛있게 보이는 것이 가장 중요하다고 생각해 조광조색식 LED 형광등을 채택해 따뜻한 색으로 통일했다.

3 카운터에서 로스팅기가 보이도록 하고, 머신이나 빵이 한자리에 진열된다.

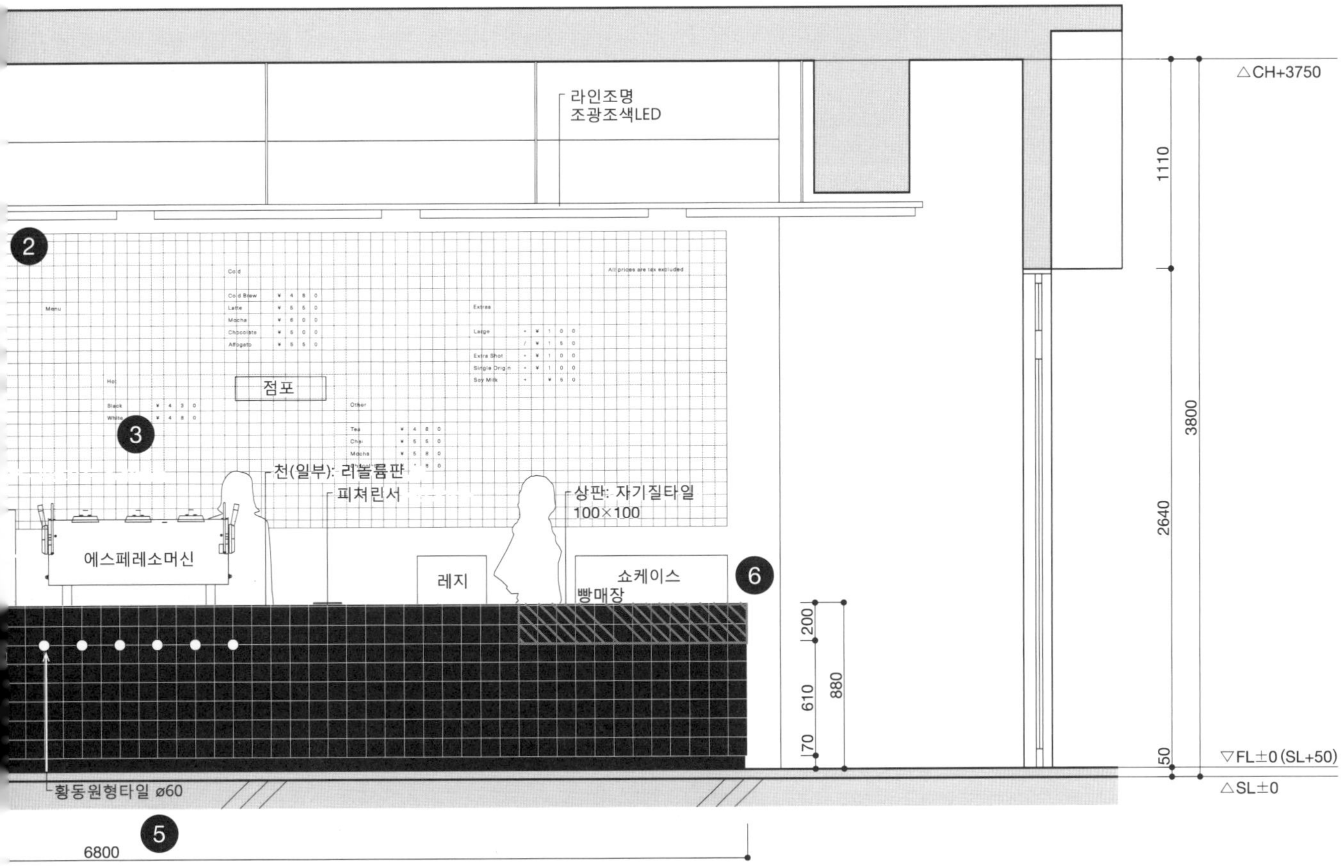

5 6.8m라는 깊이 있는 카운터. 하나의 덩어리로 보이게 끔 구석부의 타일은 고정 가공으로 하고, 높이 70mm의 걸레받이를 싸고 있다.

6 카운터 상판에서 200mm 내린 빵 매장. 노란 SYNESSO의 에스프레소 머신이 점포의 얼굴이 되므로 브랜드 컬러를 설정. 카운터에도 놋쇠 타일 악센트를 입혔다.

측면에서 카운터 상판까지 이어지는 검은 타일의 그리드에 따라 정연하게 도구와 빵이 진열된다. (촬영 : 三嶋一路)

카운터의 그리드와 덕트와 배관 · 배선 등 천장면의 러프한 마감과의 균형을 통해 공장 같은 공간과 정리된 공간이 섞인 분위기를 지향했다. (촬영 : 三嶋一路)

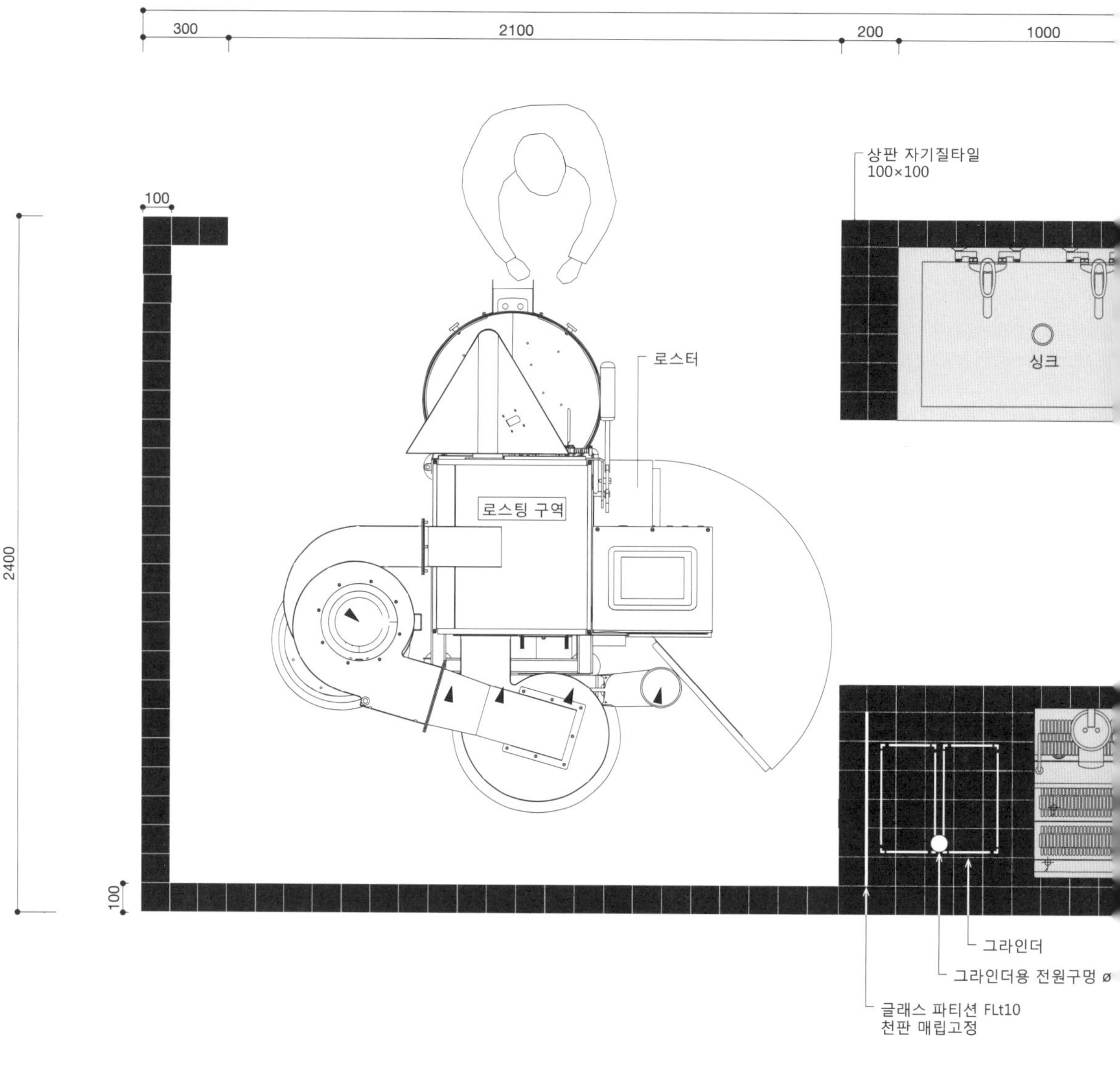

카운터 상세평면도 S=1/25

배경이 되는 검은 타일과 상부로부터의 따뜻한 색의 조명에 의해 시각적으로 빵의 매력을 돋보이게 한다. (촬영 : 三嶋一路)

1 따뜻한 색으로 통일된 따뜻한 공간이 빛날 수 있도록, 큰 면적을 차지하는 카페 카운터에는 무채색의 검은 타일을 채용. 다양한 반사가 중첩되는 효과에 의해, 그 존재감을 돋보이게 하고 있다.

3 튀어 오르는 식의 카운터를 여러 군데에 설치했다. 카운터의 심플한 볼륨을 무너뜨리지 않고 스톡이나 설거지가 증가했을 때 등 상황에 따라 이용 면적을 확대시킬 수 있는 장치가 되고 있다.

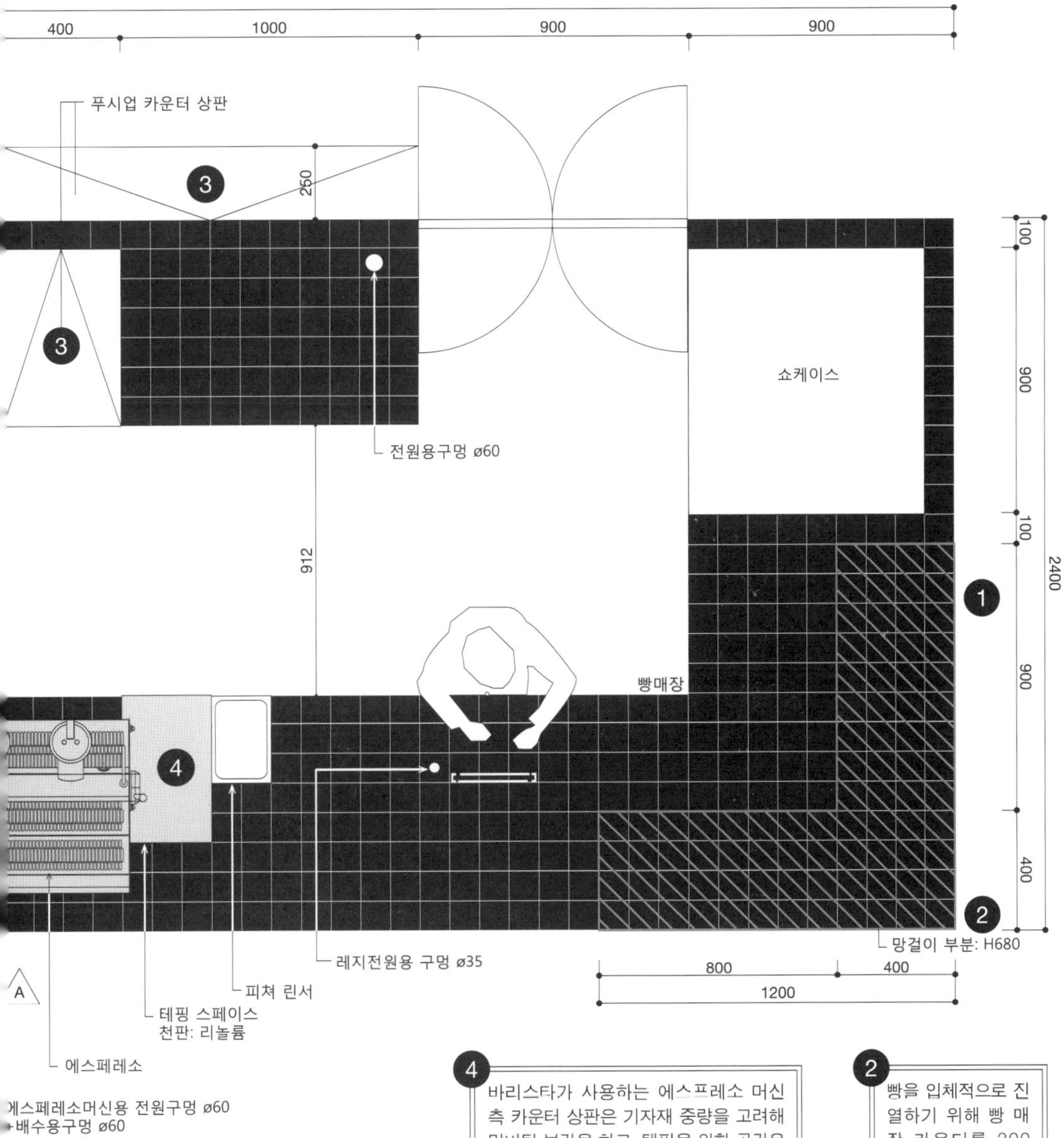

4 바리스타가 사용하는 에스프레소 머신 측 카운터 상판은 기자재 중량을 고려해 밑바탕 보강을 하고, 탬핑을 위한 공간은 리놀륨 마감으로 해 강도와 편의성을 고려하고 있다.

2 빵을 입체적으로 진열하기 위해 빵 매장 카운터를 200 mm 내리고 단차를 뒀다.

벽면은 화이트보드 도장으로 하여 메뉴를 쓸 수 있다. (촬영 : 三嶋一路)

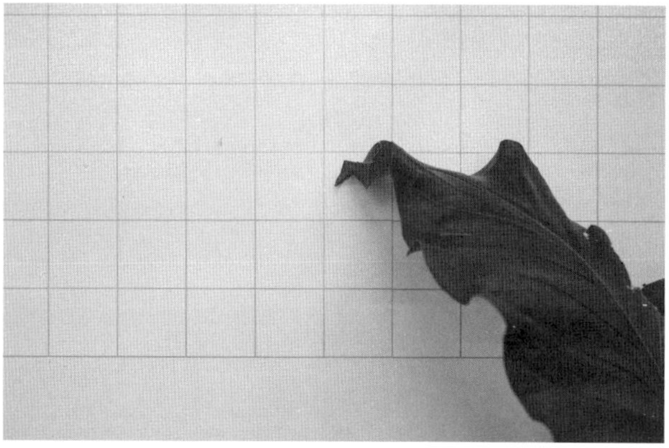

실크 스크린 인쇄로 실버(선폭 1mm)의 그리드를 실시하고 있다. (촬영 : 三嶋一路)

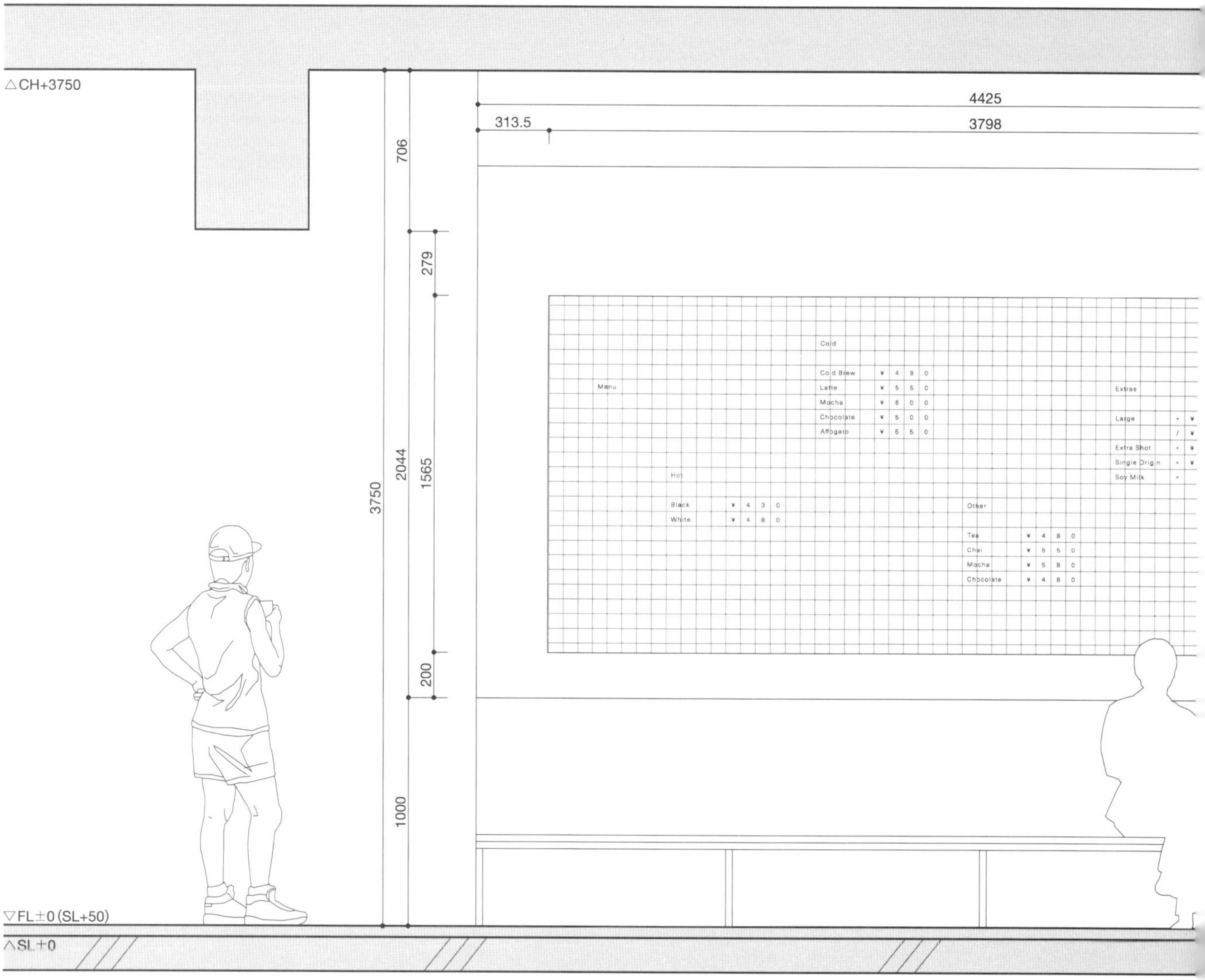

벽면사인 상세전개도 S=1/30

벽면과 카운터의 그리드에 의해서 공간에 일체감이 생긴다. (촬영 : 三嶋一路)

광택이 나는 검은 타일을 채택했기 때문에 이 공간에서 일어나는 다양한 풍경이 카운터에 비친다. (촬영 : 三嶋一路)

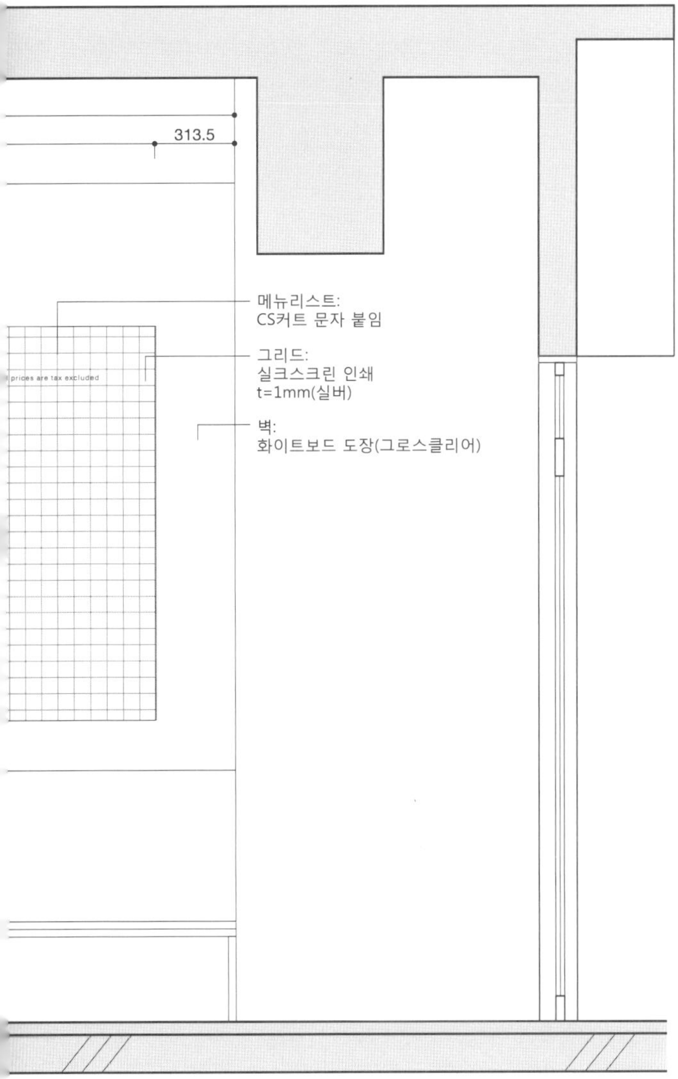

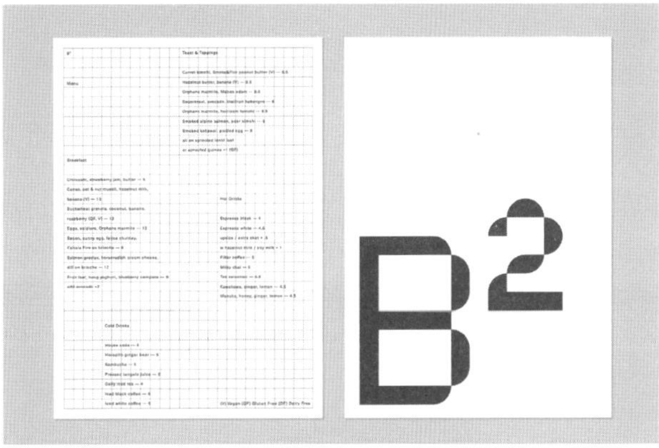

카운터의 검은 타일에 의한 그리드는, 점포의 브랜드 아이덴티티로서의 아이코닉한 표현으로서 제안했다. 진열된 빵이나 장인들의 모습 · 도구를 돋보이게 하는 역할에 덧붙여 메뉴표나 상품의 패키지, 로고 등, 브랜딩에 전개하는 등, 빵장으로서의 인더스트리얼한 점포를 상징하는 중요한 도형으로서 기능하고 있다. (촬영: 상 · 三嶋一路, 중 · 하 · Extended Whanau: Tyrone Ohia & Rob Lewis)

10 최적의 걸음 수로 설계된 회유할 수 있는 ㄷ자형 카운터

Marked (도쿄도 스미다구)—CHAB DESIGN

촬영: 長谷川健太

도쿄도 스미다구에 있는 이 가게는 근처에서 일하는 사람이나 거주민이 일상적으로 왕래하는 거리에 있다. 「단지 상품을 파는 것만이 아니라 상품을 본질로부터 파악해 전하는 것」이라고 하는 점포의 방침 아래, 일상적인 쇼핑을 하는 사람 뿐만이 아니라 엄선된 상품을 찾는 사람들도 방문하는 가게 만들기를 목표로 해 이 장소가 선택되었다. 예전에는 장난감 도매, 초콜릿 공장으로 역사를 쌓은 건물을 요지부동 같은 작은 시장으로 단장했다. 필요한 것은 카페뿐만 아니라 다양한 식료품 판매 공간, 아이스크림, 베이커리, 입식 공간 등의 요소를 한 공간에 넣는 것이었다. 그것들을 수용할 충분한 공간은 없었기 때문에, 밖으로 확장하거나 좁게 느끼지 않게 하는 궁리가 이루어지고 있다.

문을 연 지 반년이 지났을 무렵 베이커리를 2층으로 이전해 객석을 증설했다. 그러한 대담한 갱신을 허용하는 「마무리 짓지 않는」 빠지는 정도가 이 공간의 특징이라고 생각하고 있다.

※ 사진은 기본 오픈 당초의 것

용도지역	근린상업지역
컨텍스트	스미다가와 · 주상혼재지역
구조종별(면적)	RC조 3층 건물, 우리 매장은 1층 (68.04㎡)
카운터 형식	ㅣ형2열(2㎡+2.6㎡)
카운터 용도	회계 · 제공 · 물건판매
객석의 다양성	옥내/카운터+체어: 3석, 테이블체어+체어 · 벤치: 12석 옥외/벤치: 6석, 테이블+체어: 2석
오퍼레이션	잇트인+테이크아웃
스텝수	평일: 2인 휴일: 3인
로스팅기	없음

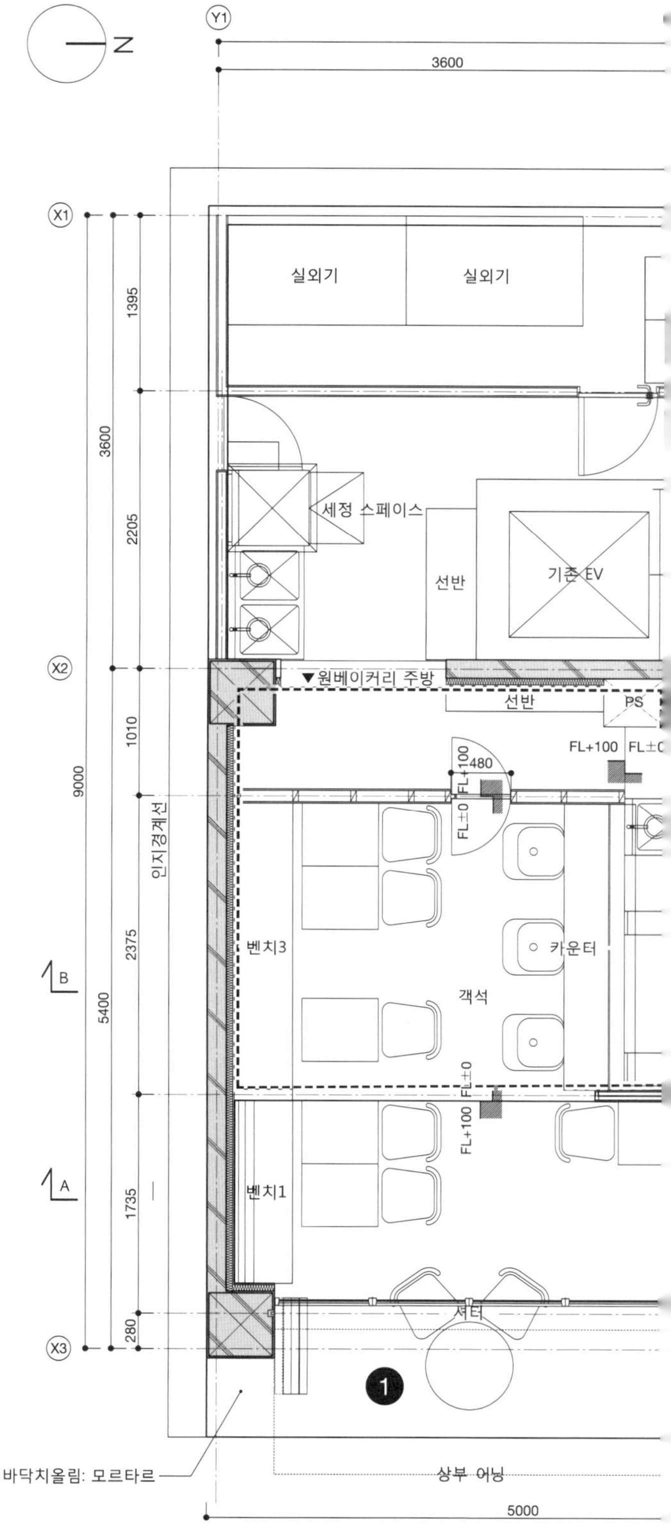

1 4단 접는 문으로 활짝 열 수 있도록 함으로써 실내외를 지나도록 객석을 배치하고 작은 공간을 테라스석처럼 사용할 수 있도록 했다.

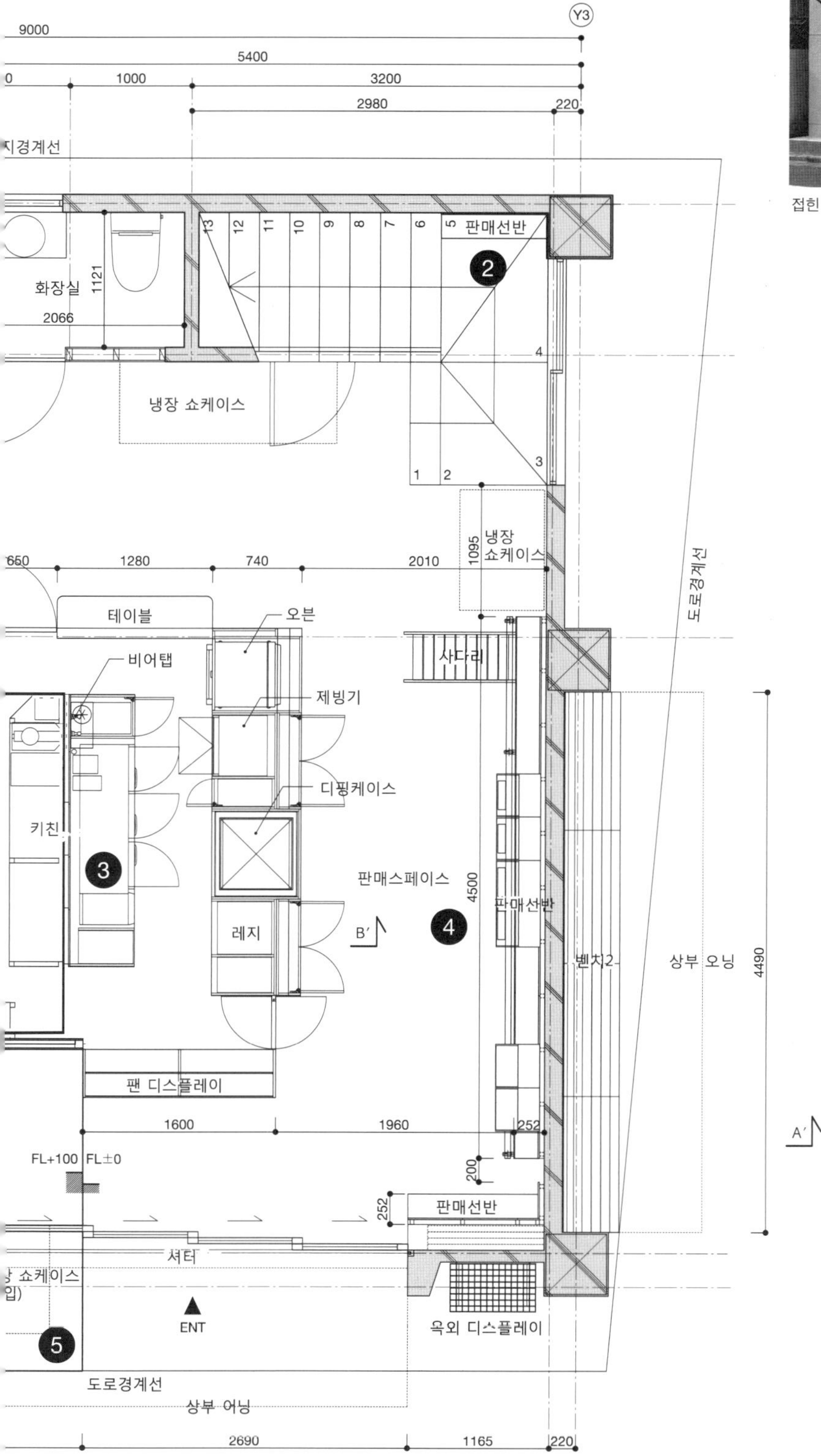

평면도 S=1/60(객석증설후)

접힌 문을 활짝 연 모습. (촬영 : 長谷川健太)

2 계단의 도중에 선반을 마련해 입구로부터의 시선을 안쪽으로도 이끌어, 가게의 깊이를 풍부하게 느낄 수 있도록 했다.

판매용이 아니라 가게의 컨셉(재이용, 자원순환 등)에 관련된 서적을 디스플레이. 고객의 손에 잡히는 위치로 만들어, 서적을 소개하거나 회화의 계기 만들기의 하나. (촬영: 長谷川健太)

3 가게의 중심에 주방을 마련해 스탭 동선에 회유성을 갖게 했다. 스탭이 움직이기 쉬운 것으로, 그 동작이 가게의 활기를 불어넣고 있다.

4 벽면 가득 상품이 늘어선 선반을 마련하는 것으로 가게에 들어갔을 때의 고양감을 높이고 싶다고 생각했다. 손이 닿지 않는 높이의 상품은 직원에게 말하고 사다리를 올라가 손에 쥔다. 소통의 계기가 되기도 한다고 생각했다.

5 모르타르로 만든 바닥을 입구 쪽, 외부로도 확장함으로써 분할된 공간을 큰 묶음으로 잡을 수 있도록 했다.

거리에서 가게 안을 해방적으로, 착석하면 적당히 시선을 가리는 1200mm의 굽벽. (촬영: 長谷川健太)

벽 밑바탕을 그대로 마감하였다. (촬영: 長谷川健太)

1 오픈시에는 있던 칸막이를 5분의 3 분리해 객석을 확장했다. 원래 벽바탕을 마감재처럼 겉으로 보이는 형태로 만들었기 때문에 칸막이 일부 없어져도 자연스러운 형태로 허용할 수 있다.

3 펜던트 라이트의 높이 · 종류를 바꾸는 것으로 가게 내에 율동을 주어 너무 정돈되지 않은 효과를 노렸다.

4 기존 어닝은 원단을 교체하고 그 아래에 야외 벤치석을 마련했다.

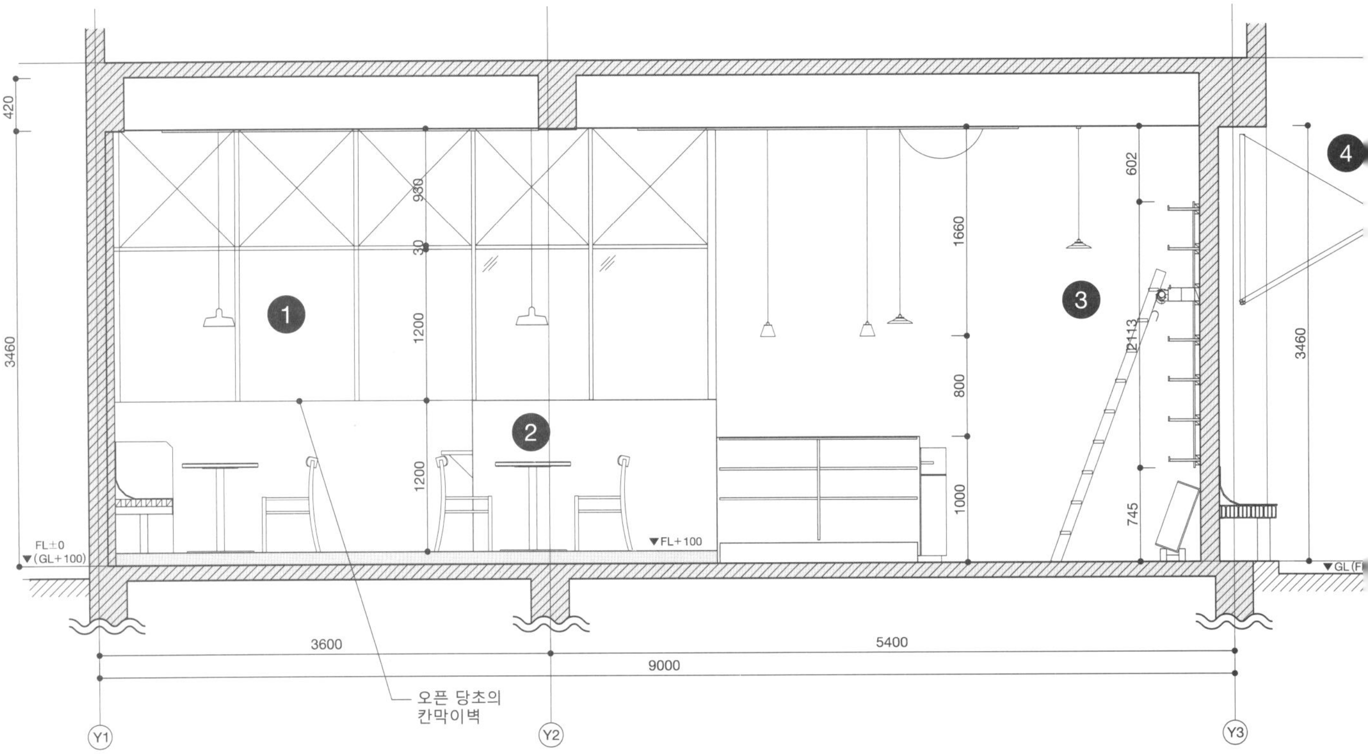

A-A′

단면도 S=1/60

2 칸막이 벽의 높이를 1200mm로 하여 주방과 객석 사이의 시선을 끊으면서, 전체적으로는 개방적으로 시야가 트인 가게 안이 되도록 했다.

오픈 당초에는 객석과 주방이 이웃하고 있었다. (촬영: 長谷川健太)

야외 벤치, 매장 내 벤치와 같은 디자인이다.
(촬영: 長谷川健太)

개수된 매장 내부 공간. 주방이 2층으로 이동했을 때 확장되었다.
(촬영 : CHAB DESIGN)

6 카운터석에서 스탭의 모습이 보이지 않도록 측벽의 높이를 조정하고 있다.

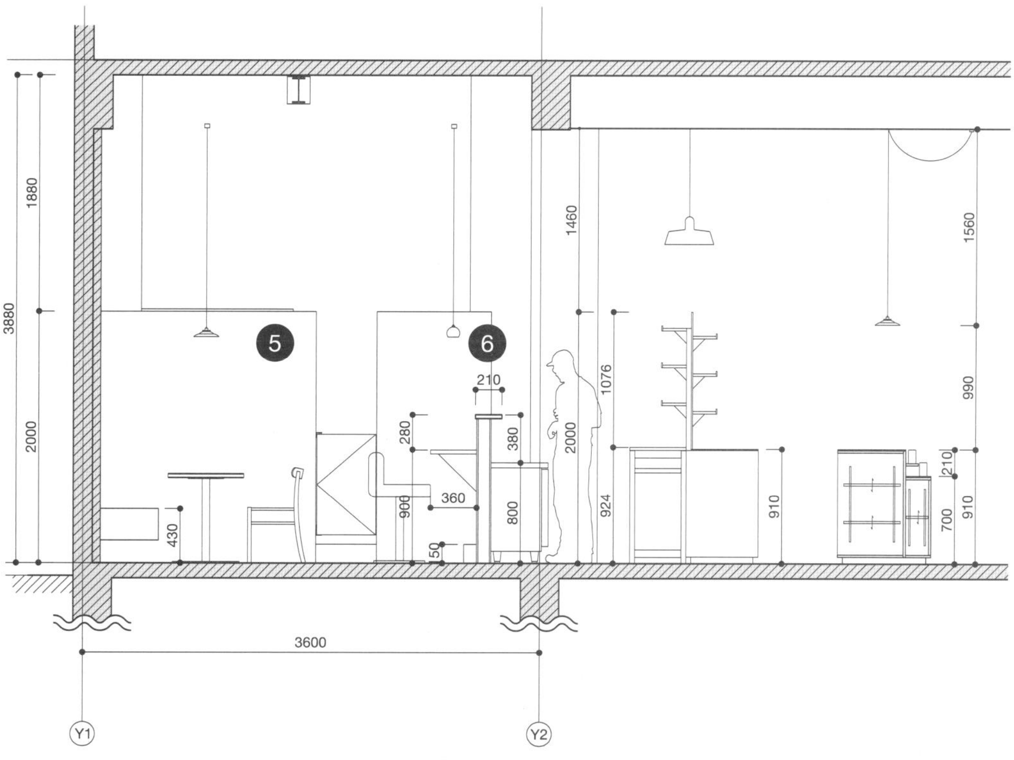

B-B′

5 객석과 백야드를 구분하는 벽, 주방 중잉 벽면 선반의 높이는 2m로 통일했고, 칸막이하면서 연결된 느낌도 남겨 공간을 좁게 보이지 않도록 했다.

개수된 주방. (촬영 : CHAB DESIGN)

카운터 정면. 천장 부근은 객석까지 벽이 없어 개방적으로 보인다. (촬영: 長谷川健太)

가게 안쪽에서 카운터를 보다. (촬영: 長谷川健太)

1 스태프 동선을 확보하기 위해
상판을 비스듬히 잘랐다.

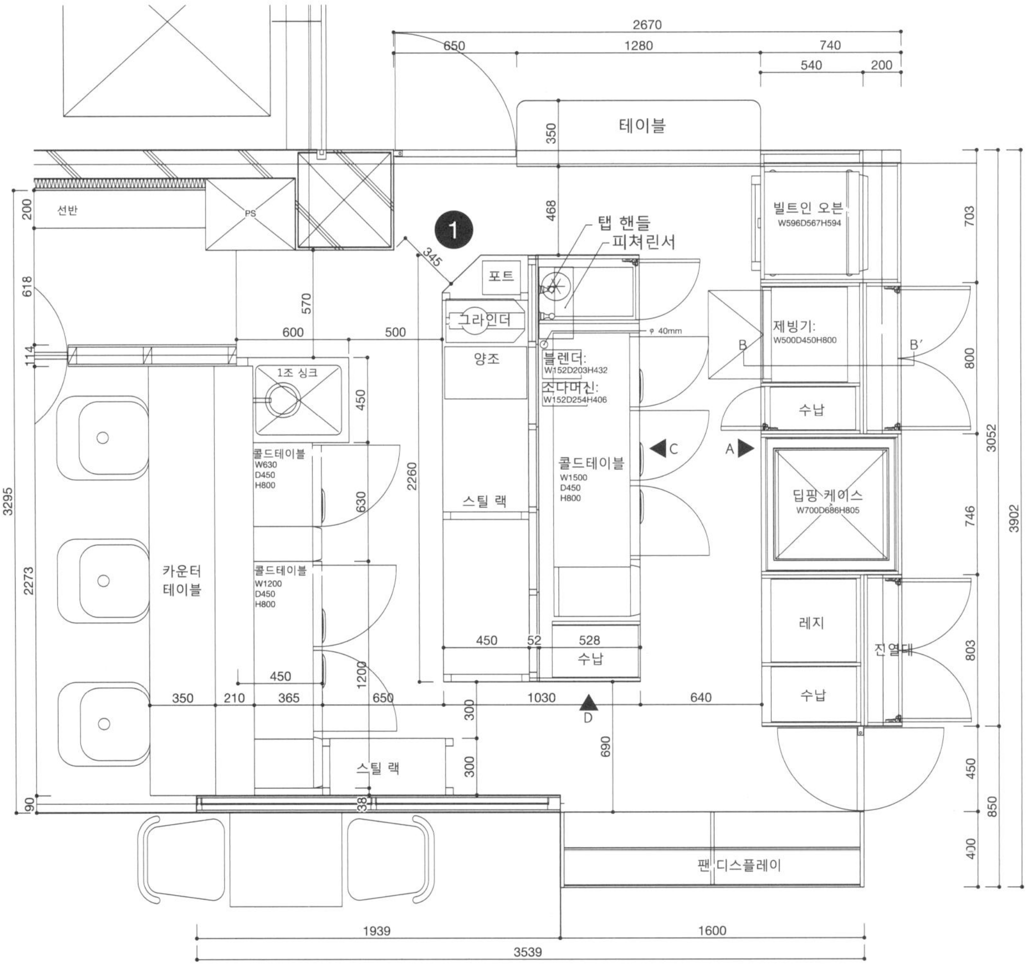

카운터 평면도 S=1/40

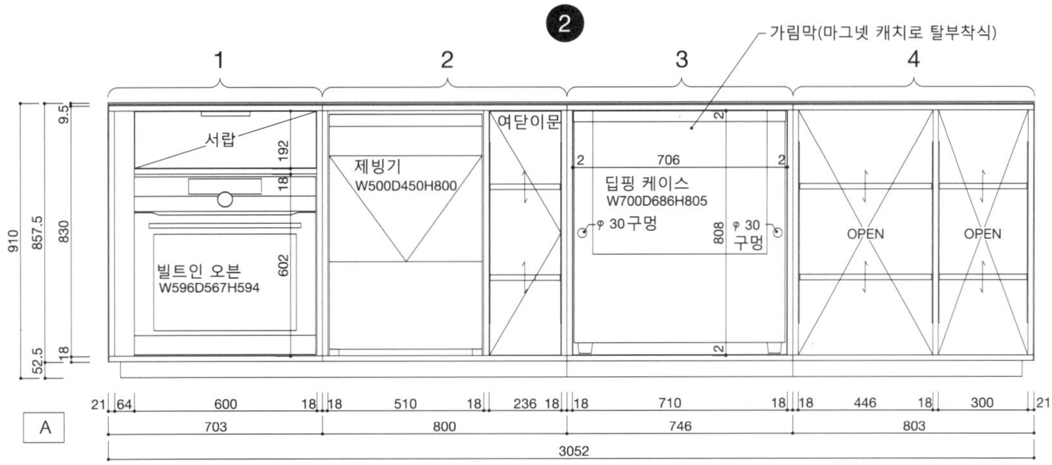

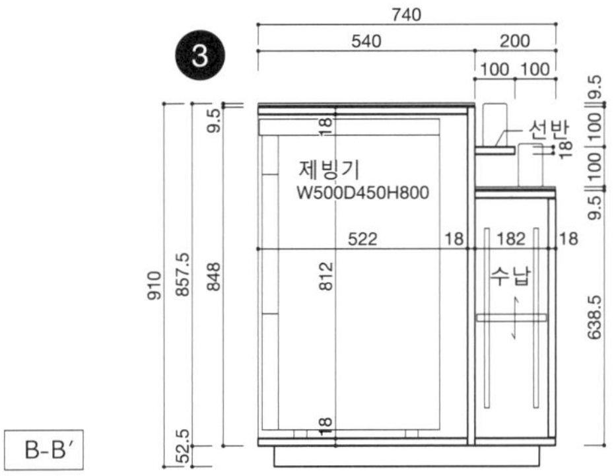

2 공기가 정해 있었기 때문에 카운터를 단기간에 효율적으로 제작할 수 있도록 4개의 박스로 나눴다.

3 딥핑 케이스에 맞춘 740mm의 깊이를 군더더기 없이 사용할 수 있도록 주방과 판매 공간 측면 양면에서 사용할 수 있도록 했다.

자원의 순환을 배려한다는 가게의 방침으로부터, 싫증이 나지 않는 소재인 대나무를 사용. 염색해 채도를 떨어트리는 조정을 하고 있다. (촬영: 長谷川健太)

4 후면 선반은 합판의 치수 규격(910×1820mm)에 들어가는 사이즈로 제작하여 재료를 효율적으로 사용하였다.

5 상품의 낙하를 방지하는 흘림 방지 장치를 설치해, 그것을 가격표 공간으로 삼았다.

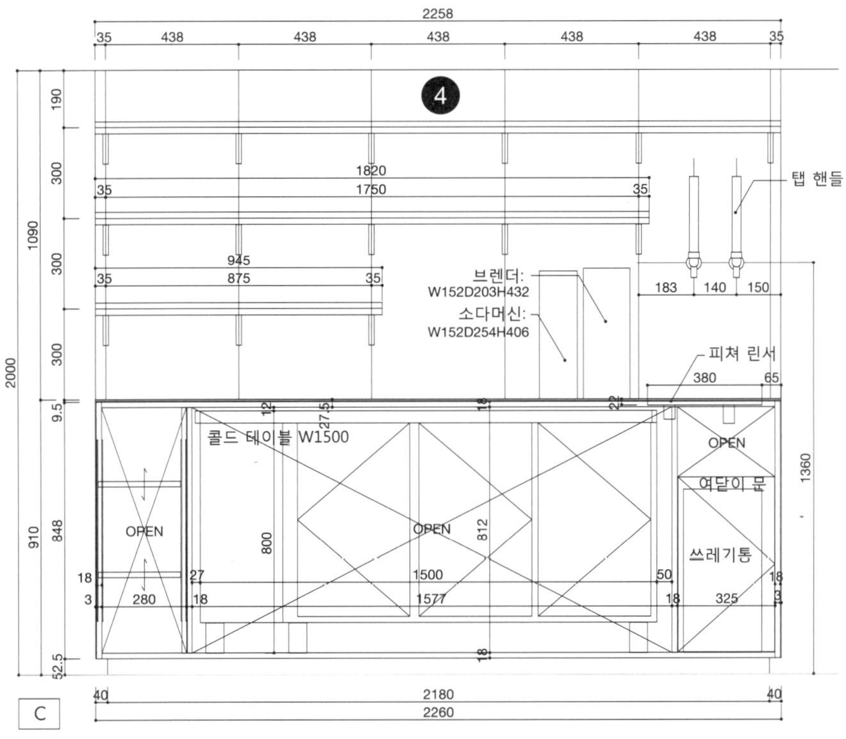

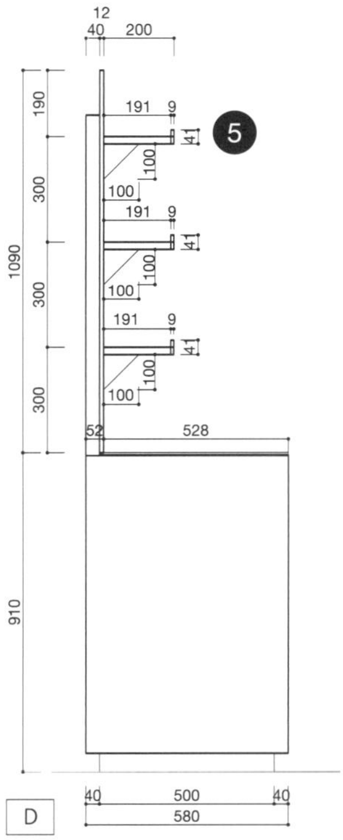

후면 선반 카운터 상세도 S=1/25

1

식자재 손실 방지, 자원의 재이용 촉진이라는 가게의 방침에 따라 간벌재와 플라스틱 폐재로 이루어진 인공목재로 벤치를 제작했다.

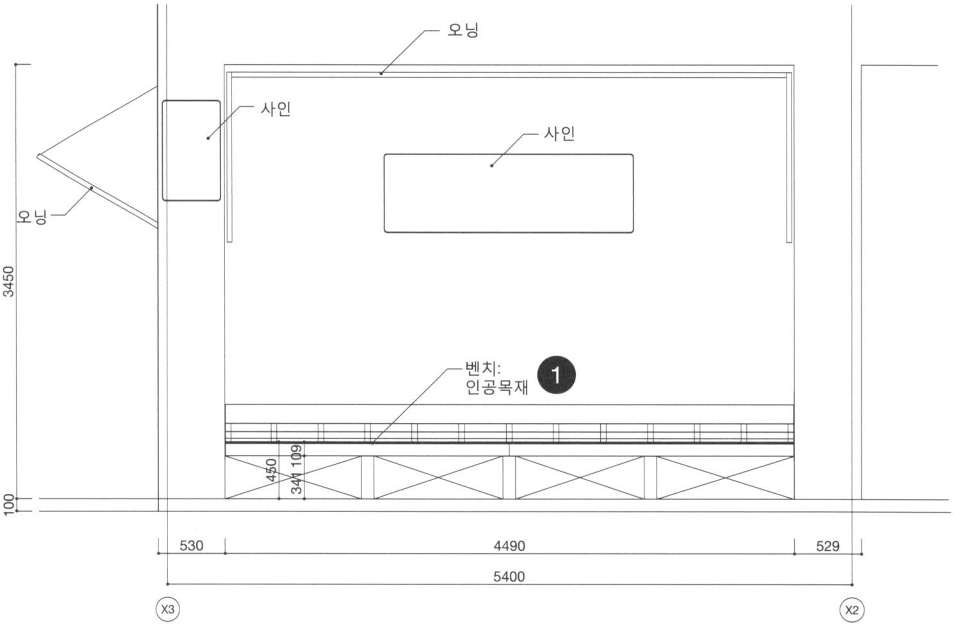

북측외관입면도 S=1/60

2

재료는 다르지만 실내와 야외 디자인에 공통적인 디테일을 사용해 전체적인 느낌을 갖췄다.

3

재사용이라고 하는 컨셉으로부터, 시공주가 타점에서 사용하고 있던 테이블과 필자가 별건으로 단재로서 남아 있던 버치 내수합판을 조합해 이 가게의 디자인으로 조정했다.

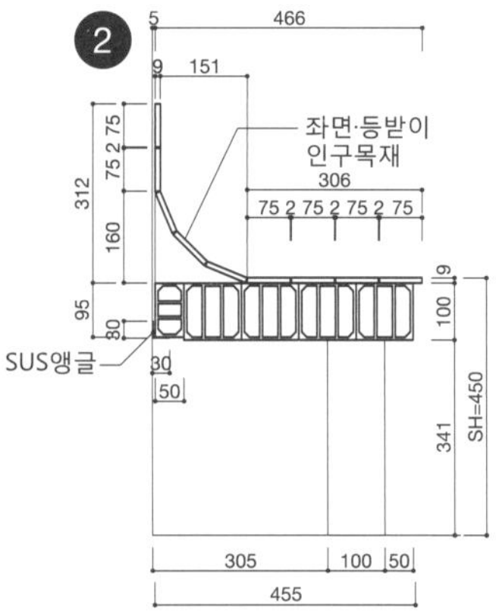

벤치2(옥외)단면도 S=1/20

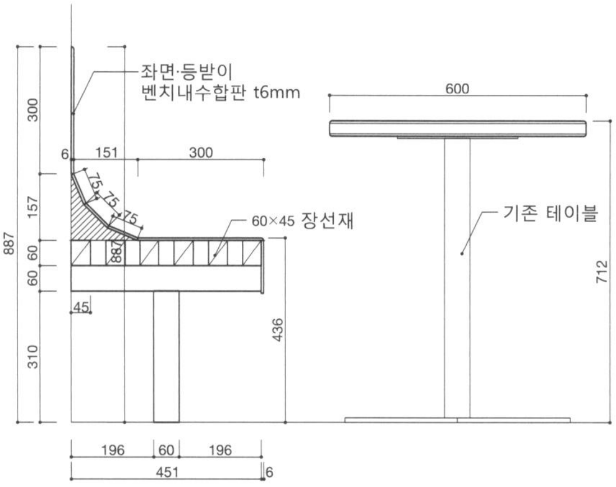

벤치1(옥내)단면도 S=1/20

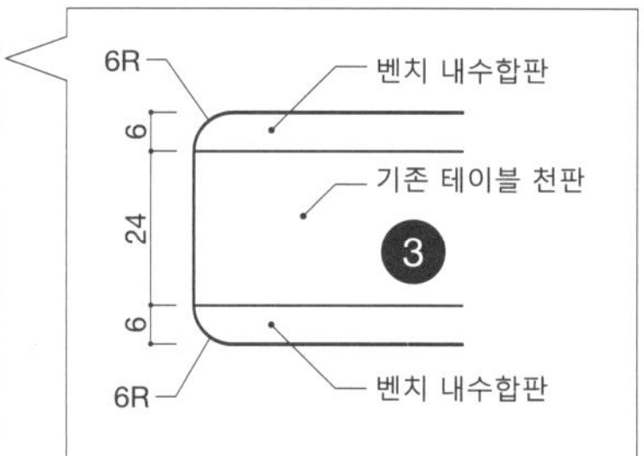

상세도 S=1/2

옥외 벤치. (촬영: 長谷川健太)

실내 벤치 (촬영: 長谷川健太)

실내의 식음 공간. 오픈 당초는 안쪽이 주방이었기 때문에, 칸막이 벽이 보인다.(촬영 : 長谷川健太)

자작나무 내수합판 설치 전 시주 제공 테이블. (촬영 : CHAB DESIGN)

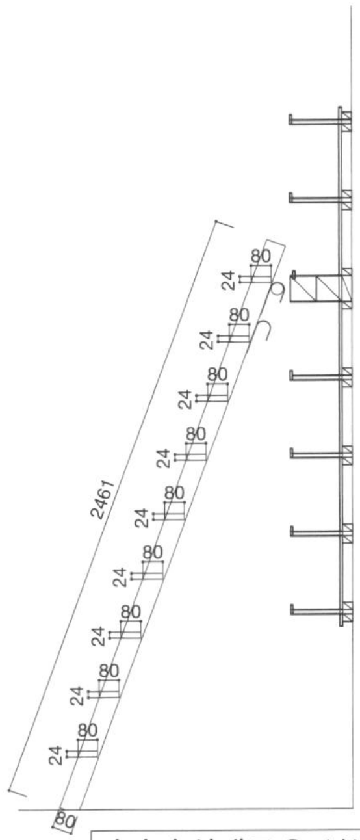

사다리 상세도 S=1/40

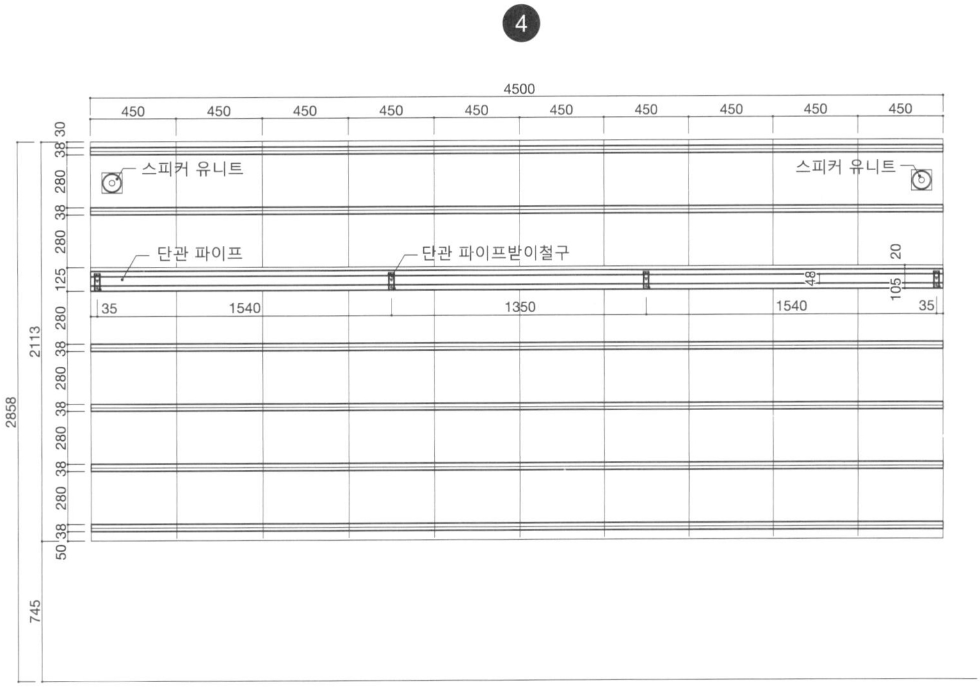

벽면측 입면도 S=1/40

4 목재의 규격 치수(910×1820mm)를 우선하여 재료 낭비를 줄이는 디자인으로 했다.

5 바탕재의 틈새를 이용하여 스피커 유닛을 매립하였다.

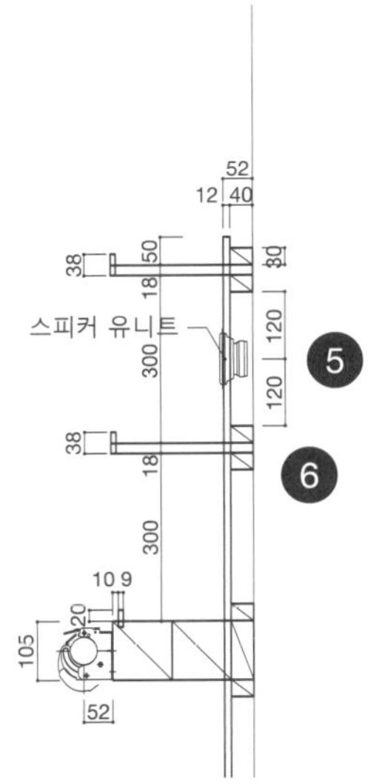

벽면선반부분상세도 S=1/20

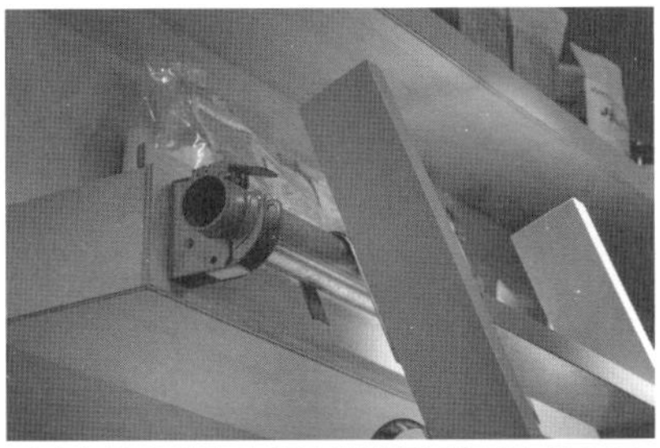

사다리 받침은 단관 파이프로 간단하게 만들었다. (촬영: 長谷川健太)

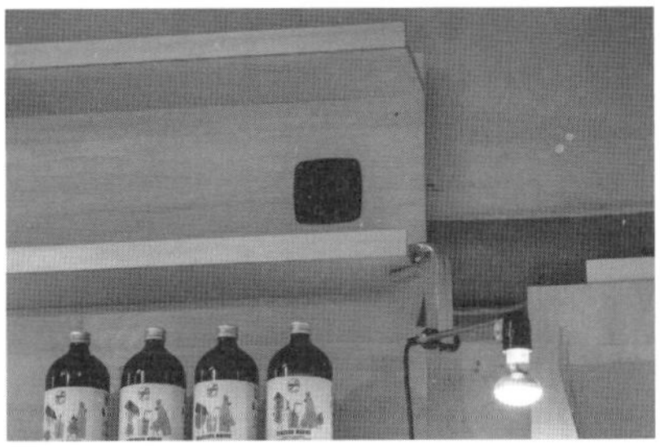

선반에 내장된 스피커. (촬영: 長谷川健太)

6 큰 선반의 만들기 쉬움을 생각해, 각재를 벽에 고정하고 선반판을 끼워 만드는 방법으로 위에 쌓아 가도록 했다.

선반은 약간의 깊이이지만 벽을 가득 채움으로써 다양한 상품의 진열 공간을 확보. 전단 사용이 가능하도록 사다리와 함께 설계하였다. (촬영: 長谷川健太)

교과서대로의 설계 사고로는 도출할 수 없을 것이다, 객석의 아이디어.
「카페」나 「음식」에 대한 철학이 멋지게 디자인된 유일무이한 두 사례다.

첫 번째는 바리스타라는 커피 마이스터를 중심으로 곁들여 커피라는 콘텐츠를 몇 시간에 걸쳐 즐겁게 하는 극장형 카페. 바리스타의 동작을 매혹시키기 위한 조닝과 동선 계획에 설계의 진수를 엿볼 수 있다.

두 번째는 상업용 건물의 중간층에 있는 음식을 테마로 한 플로어의 회전을 촉진하는 카페. 실내라고는 생각되지 않는 큼직하고 천장고가 있는 플로어에 배치한 카운터와 오리지널리티 넘치는 머물수 있는 곳이 된다.

두 사례 모두 치밀하게 계획되어 불필요한 장식을 도려낸 미니멈한 디자인으로 고객이 얻는 카페 공간의 체험을 특별하게 높이고 있다.

사진: 神宮巨樹

11 큐브에 카운터 안쪽에 숨겨진 바리스타 무대장치

KOFFEE MAMEYA Kakeru(도쿄도 고토구)—14sd / Fourteen stones design

촬영: 神宮巨樹

「KOFFEE MAMEYA-Kakeru-」는, 바리스타 쿠니토모 에이이치씨에 의한 「KOFFEE MAMEYA」의 새로운 업태이다. 장소는 일찍이 수상운공의 거점이었던 키요스미 시라카와에 많이 볼 수 있는 낡은 창고 물건이다. 설계를 시작하면서 이곳만의 독특한 모습을 남기는 창고 외관은 가능한 한 그대로, 새롭게 계획한 서비스 목적의 큐브형 카운터를 내포한 직육면체만을 건물에 삽입한 것과 같은 공간 구성으로 꾸몄다. 정면의 카운터는 원두를 판매하거나 테이크 아웃에 대응하는 공간이다. 그 안쪽으로 좌우 두 줄의 동선이 이어져 중앙 작업대에서 일하는 바리스타를 둘러싸는 듯한 ㄷ자형 카운터석을 마련했다. 그것은 말하자면 바리스타가 기술을 마음껏 발휘하는 무대 장치이다. 이곳에서는 한팀에 한 명의 숙련된 바리스타가 붙어 기술과 행위, 접객을 마음껏 즐길 수 있다. 또한 국내외의 셰프나 파티쉐를 매장으로 맞이하여 다양한 커피와의 곁들임(kakeru)을 제안함으로써, 커피의 잠재력을 최대한 끌어내는, 지금까지 없었던 새로운 커피 체험을 할 수 있는 장소이다.

용도지역	준공업지역
컨텍스트	센다이호리카와 · 유보도 · 주택가 · 창고
구조종별(면적)	목조 2층 건물 (149.71㎡, 카페테리아 120.11㎡)
카운터 형식	I 형2열(2㎡+2.6㎡)
카운터 용도	물건판매 · 회계 · 제공
객석의 다양성	옥내/카운터+의자:24석&하이스툴: 4석
오퍼레이션	잇트인+테이크아웃
스텝수	6인
로스팅기	없음

① 창고의 셔터 부분을 유리면으로 변경. 개구부에서 새롭게 계획한 프레임형 직사각형의 볼륨을 삽입한 것과 같은 플랜

② 외부의 사인은 최소한의 것으로 하고, 카운터의 디자인이 외부에 대한 사인의 기능도 하고 있다.

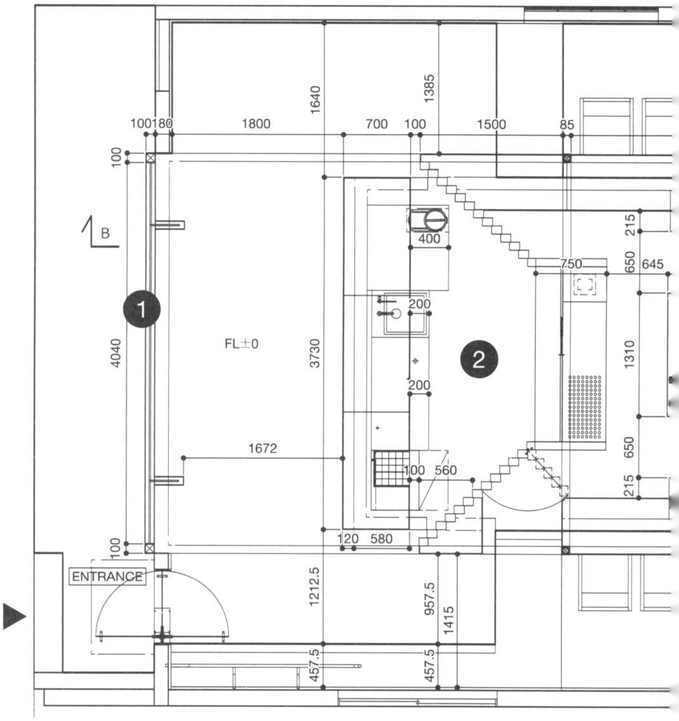

평면도 S=1/80

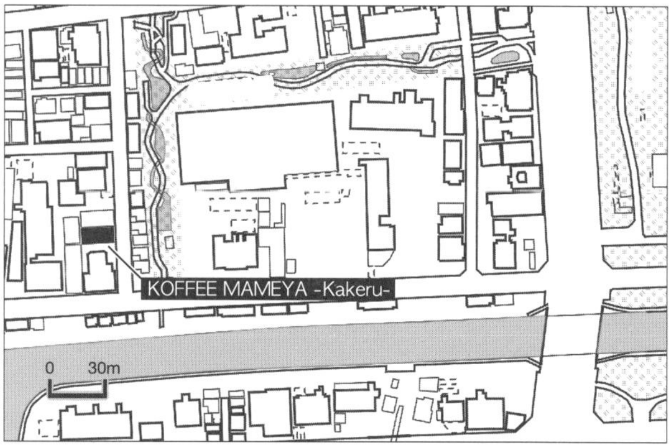

매장에 들어가면 반겨주는 상징적인 카운터 디자인. (촬영: 神宮巨樹)

매장 접수처로 콩 판매 공간이기도 하다. (촬영: 神宮巨樹)

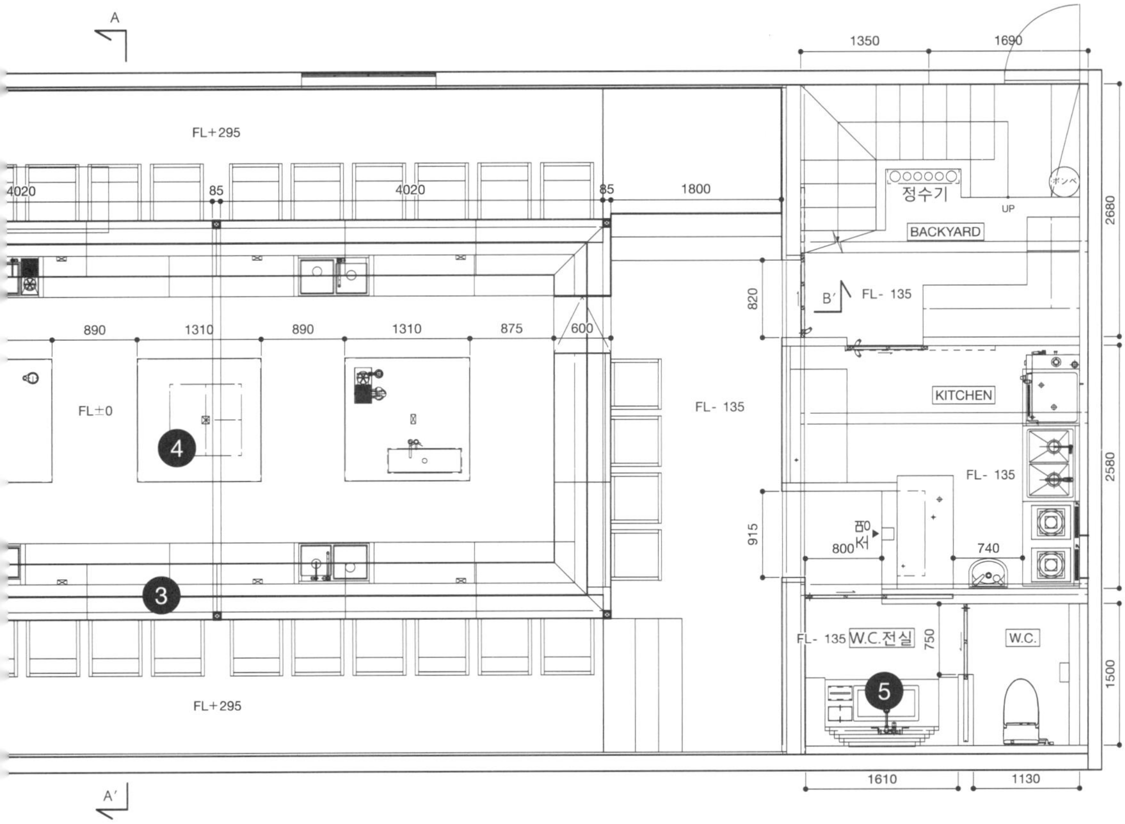

3 객석 카운터는 ㄷ자형이고 객석은 28석. 그 중 4석이 하이 스툴의 구성.

4 ㄷ자 카운터에 둘러싸인 중심에는 3대의 작업대가 있다. 이곳은 바리스타가 일하는 공간이자 바리스타를 위한 무대장치. 중앙에서 바리스타 카운터의 모든 좌석으로 접근할 수 있다.

카운터에서 바리스타 공간을 본다. (촬영: 神宮巨樹)

계단식 디자인을 이용한 거울. (촬영: 神宮巨樹)

5 화장실의 화장실 공간. 접수대의 계단 형태의 카운터의 의장을 여기에도 이용하고 있다.

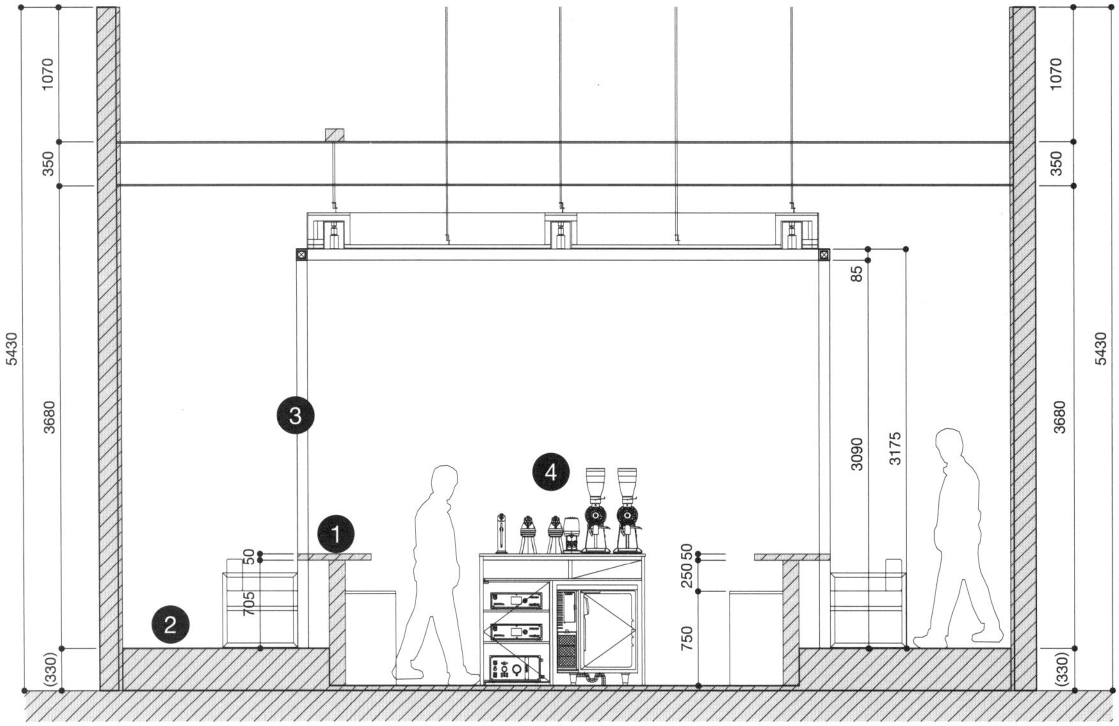

AA' 단면도 S=1/60

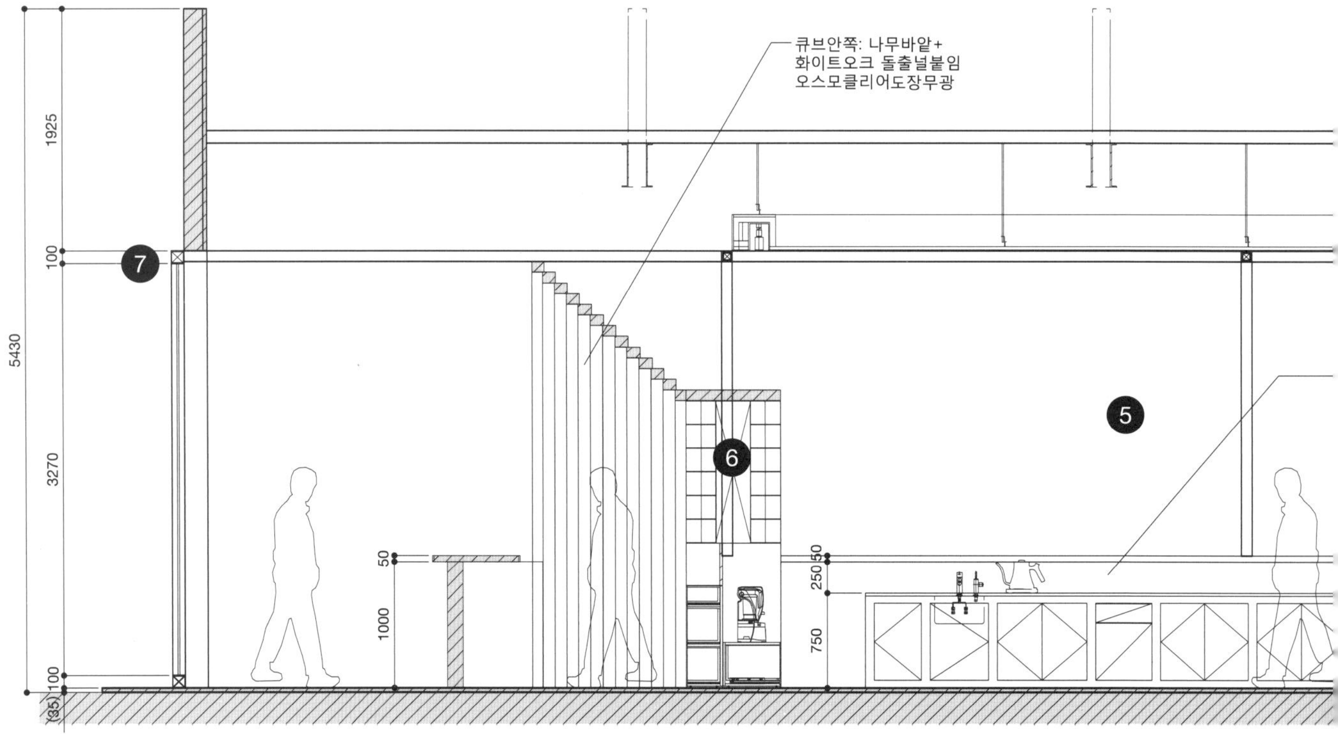

BB' 단면도 S=1/60

7 파사드의 유리 스크린 프레임이 매장 내 원목 프레임과 연속돼 있다.

5 고객의 의식이 자연스럽게 프레임 내에 집중하기 쉽도록 고안해, 점내의 벽은 주장하지 않고, 배경에 철저하게 하는 최소한의 처리로서 뿜칠도장 뿐, 의장적인 것은 아무것도 하고 있지 않다. 공간 내에서 봐야 할 것은 바리스타의 모습이고, 초점을 맞춰야 할 것은 프레임 내 공간이 되도록 설계했다.

차분한 색감의 매장 내 검은 바리스타의 작업 공간이 돋보인다. (촬영: 神宮巨樹)

맨 안쪽 자리에서 가게 안을 바라보다. (촬영: 神宮巨樹)

1

카운터 너머로 바리스타와의 대화, 동작과 행동을 즐길 수 있다. 커피 지식과 바리스타의 기술을 제대로 느낄 수 있는 공간 조성이 이 집에서 하고 싶었던 일이다.

2

좌석의 개념으로서 커피 요리와 같은 시간을 들여 제공하는 커피의 메뉴도 상정하고 있었기 때문에, 천천히 보낼 수 있도록 긴 쪽의 좌석 쪽은 마루를 들어 올리고, 하이스툴이 아니라, 일반 의자의 높이로 하고 있다.

3

프레임의 굵기는 가늘지도 않고 굵지도 않은 치수를 검토해 85mm로 했다.

4

바리스타 일을 하는 작업대에는 많은 장비가 들어 있다.

- mod bar module
- 스마트 보일러
- 그라인더
- 린서 등

카운터석. 시야를 방해하지 않는 적당한 프레임의 존재감. (촬영: 神宮巨樹)

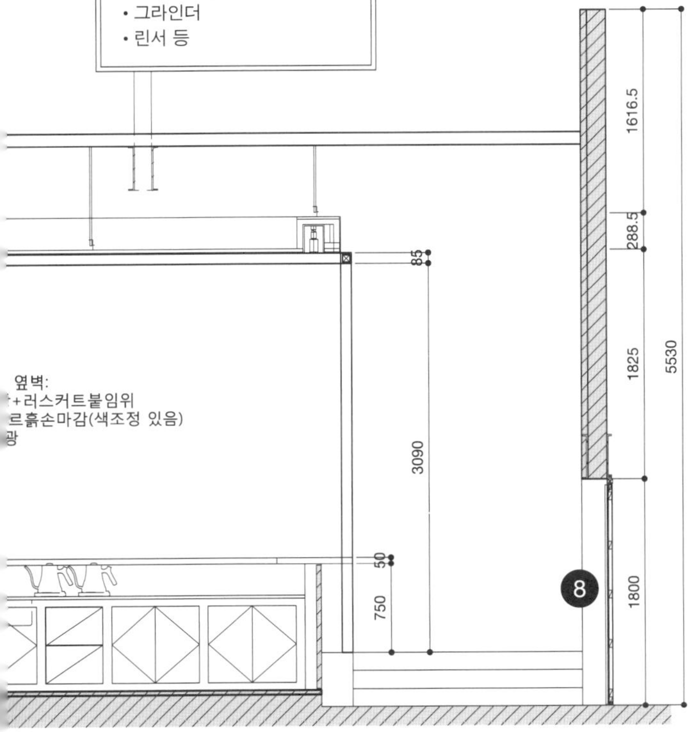

6

「KOFFEE MAMEYA」(2017)의 다음 전개의 신업태라고 하는 것으로 카운터의 디자인을 계승하면서 새로운 디자인으로 할 필요가 있었다. 그러한 형상의 검토 속에서 이 디자인이 생겨났다. 접수대 카운터는 앞면 뒷면 양쪽에 같은 의장을 두고 있으며, 뒷면에는 원두를 진열한 백선반이 있다.

접수 카운터의 뒷면(가게 안쪽) (촬영: 神宮巨樹)

8

점내에서 백 스페이스로의 문은, 벽내에 지나는 구조보의 높이가 낮기 때문에, 높이를 억제한 문이 되고 있다. 그 때문에 바닥을 올리지 못하고, 앞의 통로에 배치되어 있는 의자만 하이스툴로 되어 있다.

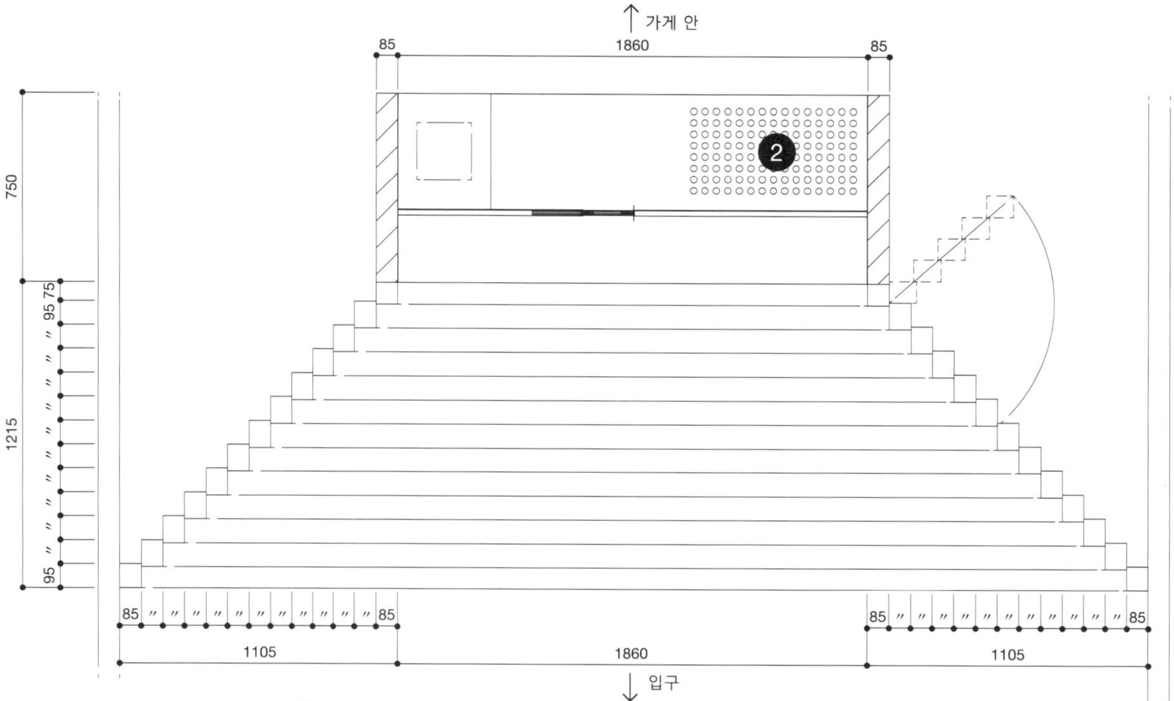

접수카운터 평면도 S=1/30

1 계단모양의 디자인 카운터. 기능으로서 원두 판매 공간과 안쪽의 객석 공간을 구분하고 있다. 각각의 손님들이 서로 신경 쓰지 않도록 시선을 조절하고 있다.

2 시험관을 넣은 공간. 시험관에는 한 그릇 분량의 원두가 종류별로 들어 있다.

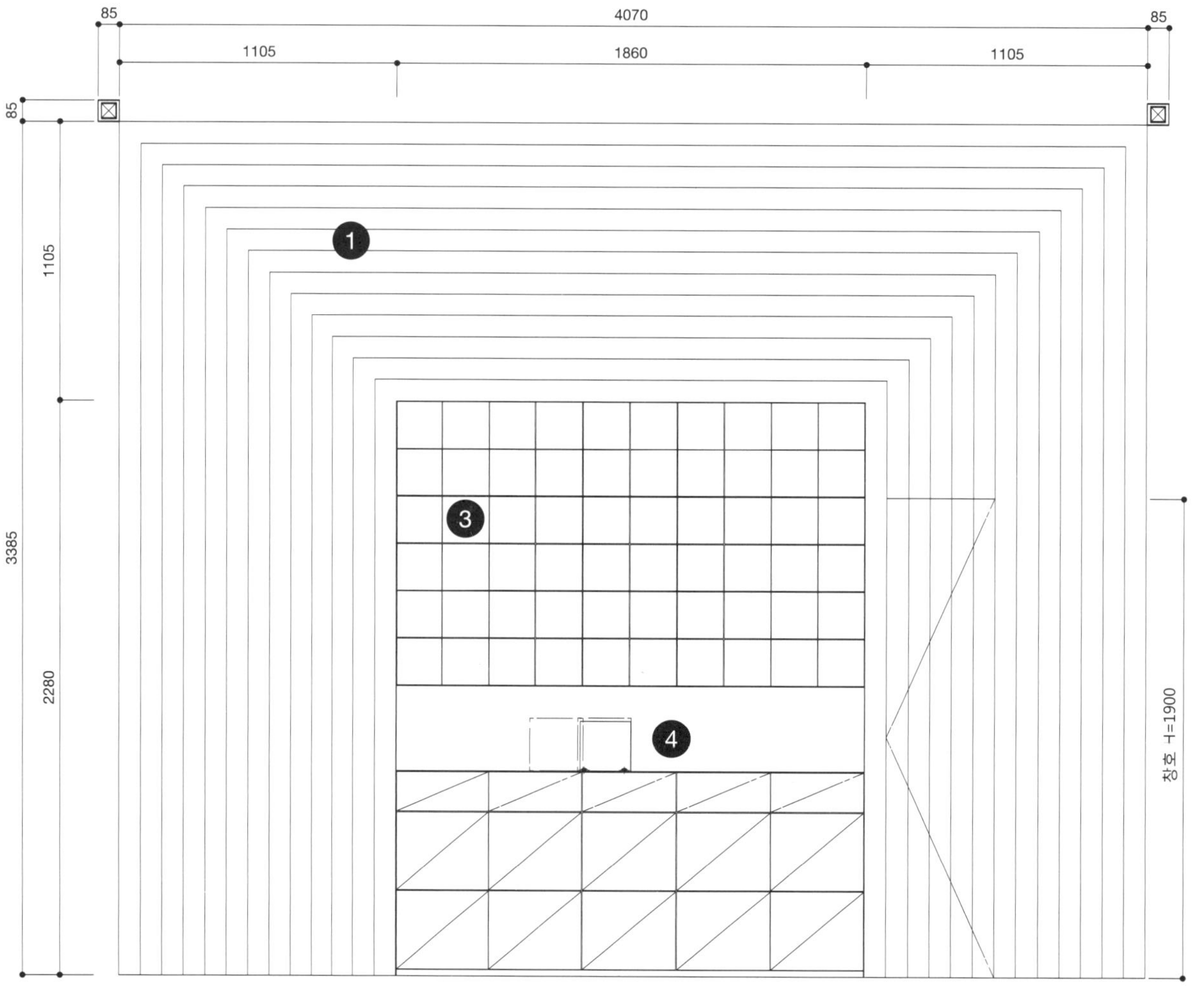

접수카운터입구측 입면도 S=1/30

3

뒷선반에는 판매하는 원두가 있다. 패키지는 로스팅도에 맞추어 몇 종류 있고, 나열하면 그라데이션 모양이 된다. 그 선반은 콩 포장 크기에서 나온 182mm 정도의 그릿을 얇은 철판으로 만들어 그라데이션을 아름답게 하고 있다.

4

커피를 주고 받을 수 있도록 마련한 객석 쪽과 연결된 작은 창문

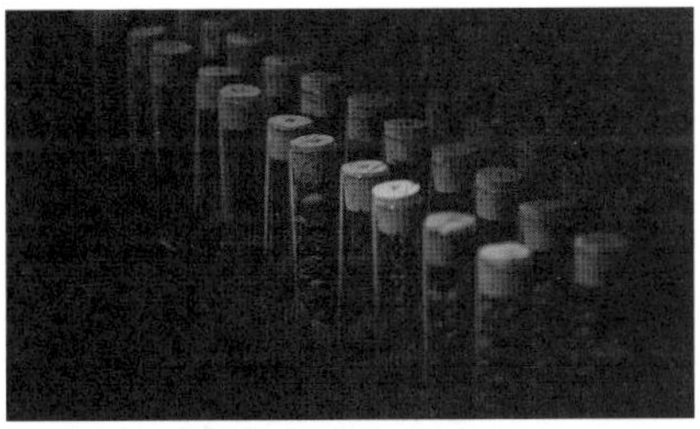

종류별로 1잔 분량의 콩이 들어간 시험관이 있다. (촬영: 神宮巨樹)

원두 쇼케이스. 셀렉트된 콩이 즐비하다. (촬영: 神宮巨樹)

천으로 된 봉투에 든 판매용 콩이 늘어선 계산대 선반. (촬영: 神宮巨樹)

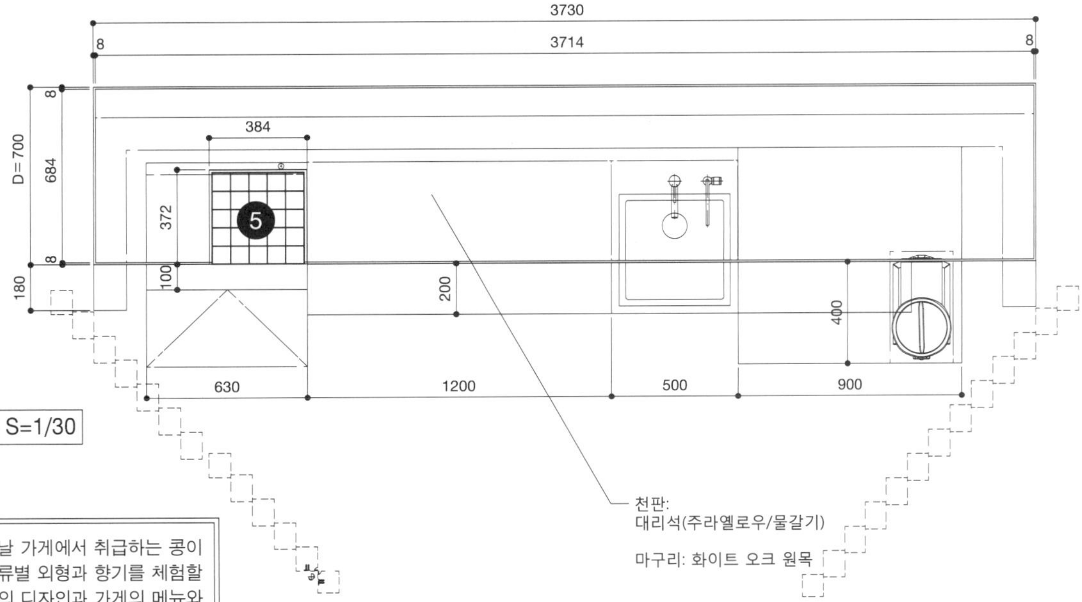

평면도 S=1/30

5

원두 쇼케이스. 그날 가게에서 취급하는 콩이 진열되어 있다. 종류별 외형과 향기를 체험할 수 있다. 쇼케이스의 디자인과 가게의 메뉴와는 같은 포맷으로 하여 연동시키고 있다.

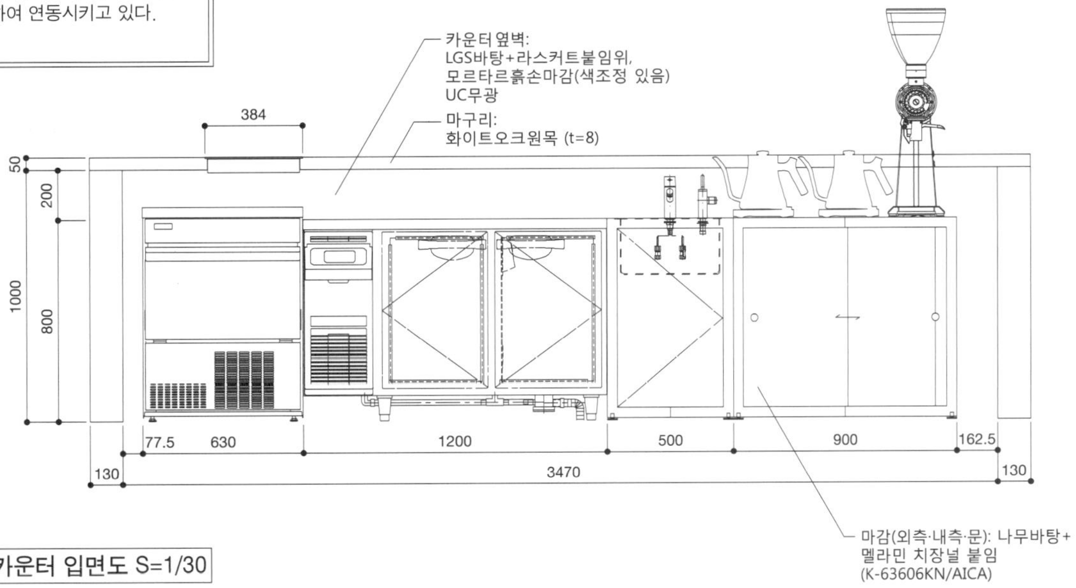

점내측 카운터 입면도 S=1/30

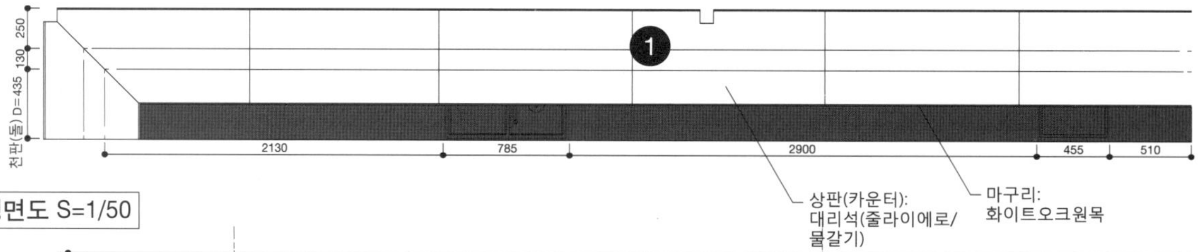

상판평면도 S=1/50

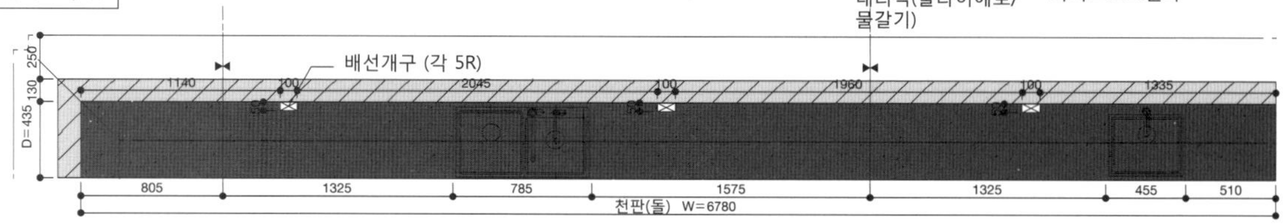

평단면도A S=1/50

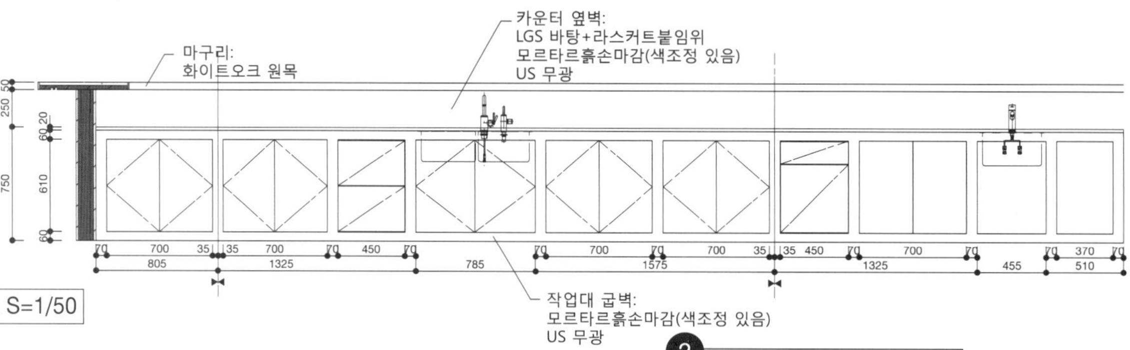

정면도 S=1/50

1 카운터는, 객석과 바리스타의 작업대에 각각 천연석을 사용하고 있다(객석 카운터: 제라 옐로, 작업대: 흑 화강암). ㄷ자형으로 카운터 내부도 객석으로부터 모두 보이므로, 마감재에 대해서도 공간의 톤이나 질감과 맞춘 디자인에 유의했다.

2 쿠니토모씨의 리퀘스트로 바리스타의 무대인 작업대와 객석 카운터의 높이를 맞추고 있다. 바리스타로서는 조금 높은 작업대지만 이런 연출이 객석에서 잘 보이고 바리스타가 아름다운 자세로 일할 수 있다.

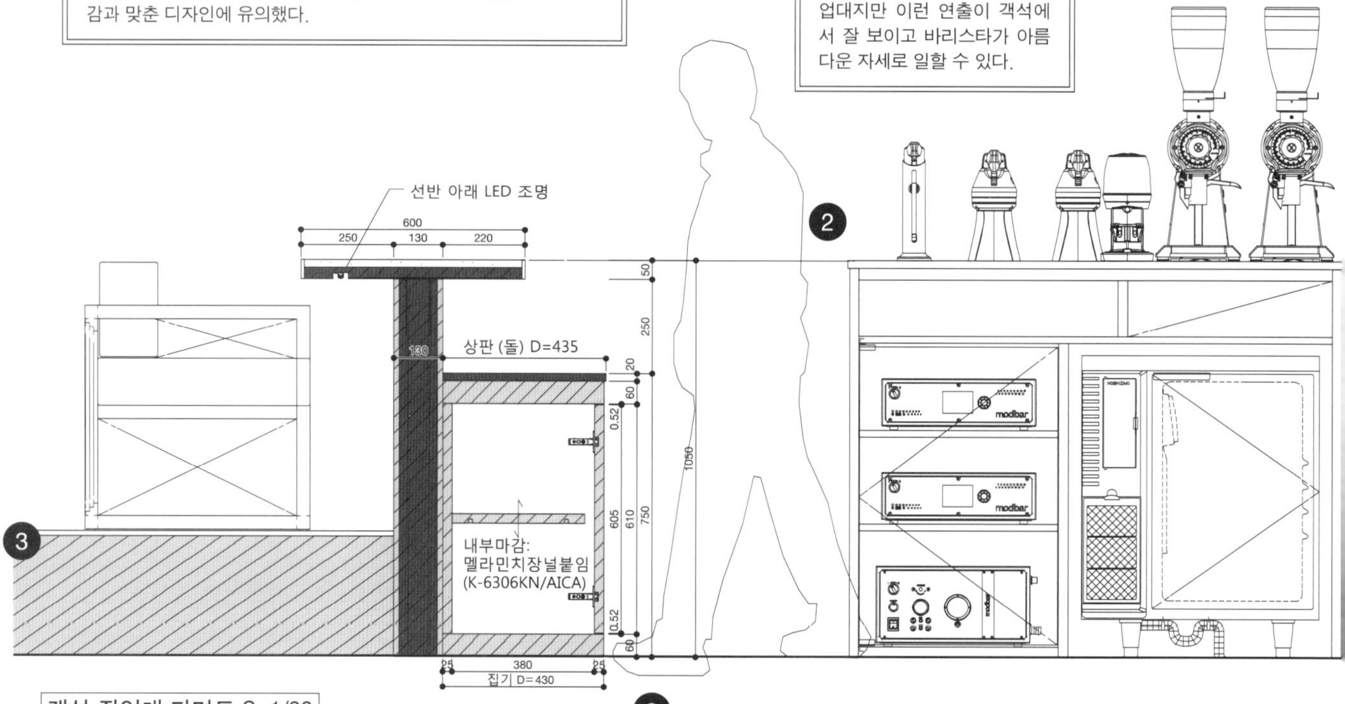

객석-작업대 단면도 S=1/20

3 객석 쪽의 앉는 바닥은 카펫을 깔고 있다. 장시간 머물기 때문에 사람이 닿는 부분에는 천연 소재나 원목재, 석회석 등 질감을 느끼는 재료를 채택했다.

4 가구도 오리지널로 디자인했다. 의자와 1인용 소파 사이처럼 컴팩트한 사이즈이면서도 오랜 시간 여유롭게 앉을 수 있는 것을 목표로 했다. 패브릭은 원두 패키지와 합친 3종의 색상의 원단을 사용한 그라데이션으로 하고 있다.

프레임 : 화이트 오크 원목
마감 : 오일 마감(클리어 무광)
좌면 : 우레탄+패브릭
등 : 우레탄+패브릭

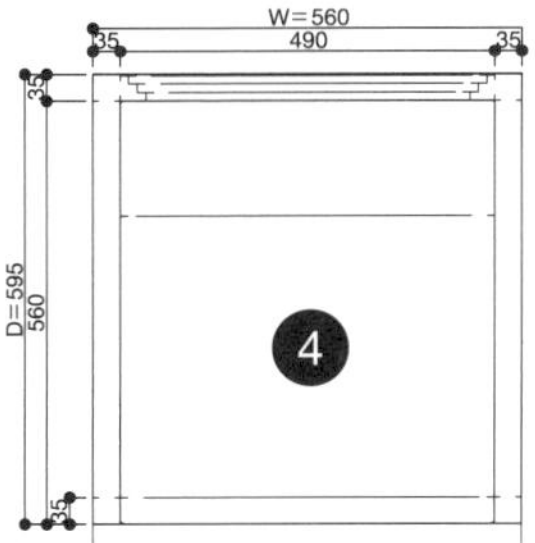

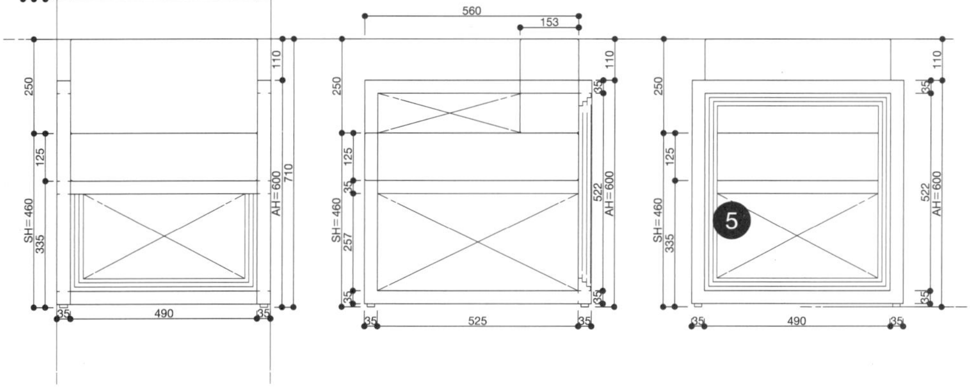

의자상세도 S=1/20

6 가장 안쪽 객석만 등 뒤의 백스페이스 문과의 관계로 마루를 올리기 어려워 하이스툴 디자인이 필요했다. 높이는 물론 이 4석은 매장과 바리스타를 정면에서 볼 수 있는 특등석이다.

5 의자 후면에는 정면 카운터와 같은 계단 모양의 디테일을 적용했다.

프레임 : 화이트 오크 원목
마감 : 오일 마감(클리어 무광)
좌면 : 우레탄+패브릭

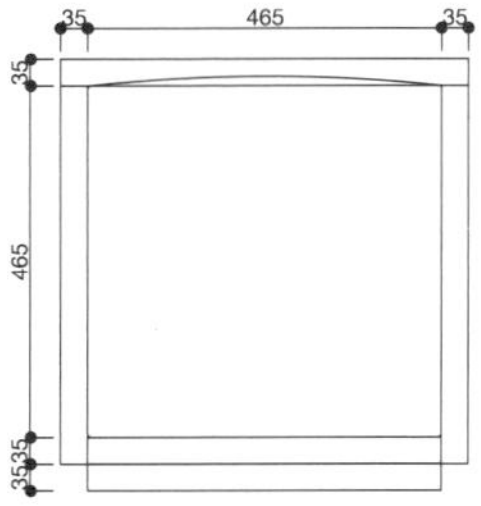

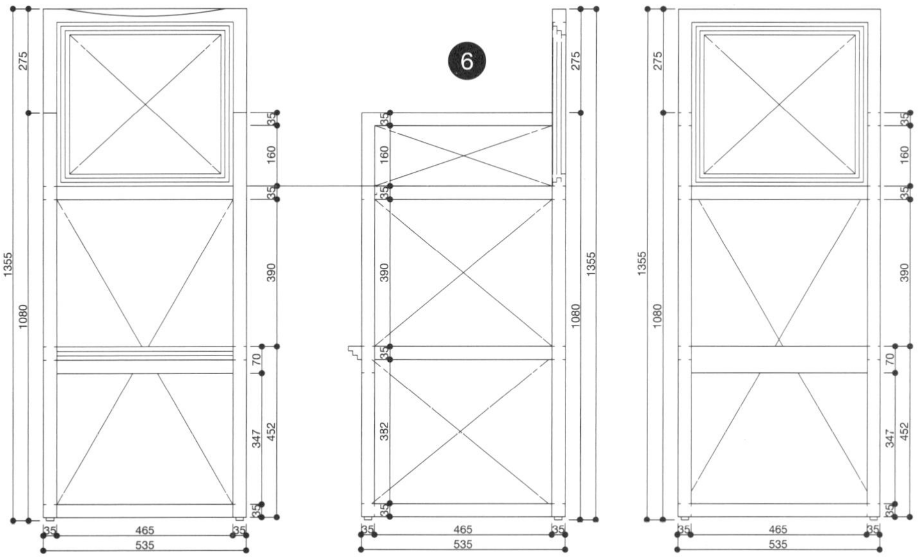

하이스툴상세도 S=1/20

의자의 배면. (촬영: 神宮巨樹)

하이스툴. 이쪽은 발걸이 부분에도 계단 모양의 디테일을 입혔다. (촬영: 神宮巨樹)

오리지널로 제작한 의자와 하이스툴. (촬영: 神宮巨樹)

12 흙과 녹색이 빚어내는 순환형 미래 먹거리 공간

uni(GYRE.FOOD)(도쿄도 시부야구)—ATTA - Atelier Tsuyoshi Tane Architects

촬영: Daici Ano

GYRE FOOD.는 「SHOP&THINK」를 컨셉으로 시대의 최첨단인 패션, 라이프스타일, 아트가 겹쳐지는 복합건물 「GYRE」의 4층 레스토랑 플로어에 있으며, 두 레스토랑, 샵, 카페 델리&바, 에디블 가든, 테라스, 이벤트 공간이 일체가 된 공간이다. 여기서는 21세기의 음식문화, 그리고 미래의 음식문화에 대해 생각하며 「흙」이 발상의 원점이 되었다. 모든 것은 흙에서 태어나 흙으로 돌아간다. 바닥도 벽도 흙으로 뒤덮인 푸드 플로어는 흙 속에 파묻힌 고대 유적을 떠올리는 듯한 밀림 속의 동굴, 열대화된 도시의 정글과도 같은 다양화를 낳는 앞으로의 시대의 음식문화를 체험할 수 있는 장소가 되었다. 음식을 즐기면서 지구 환경의 미래를 느끼는 레스토랑 층으로서 도쿄의 음식 문화의 미래를 만드는 장소가 생겼으면 좋겠다.

용도지역	상업지역
컨텍스트	표참조
구조종별(면적)	S조+RC조지하2층, 지상5층, 우리 점포는 4층 (약 1085㎡, 플로어 전체)
카운터 형식	ㅁ자형(55㎡)
카운터 용도	회계 · 제공 · 음식
객석의 다양성	옥내/카운터: 12석, 단상 벤치: 약 150석
오퍼레이션	잇트인+테이크아웃
스텝수	6인
로스팅기	없음

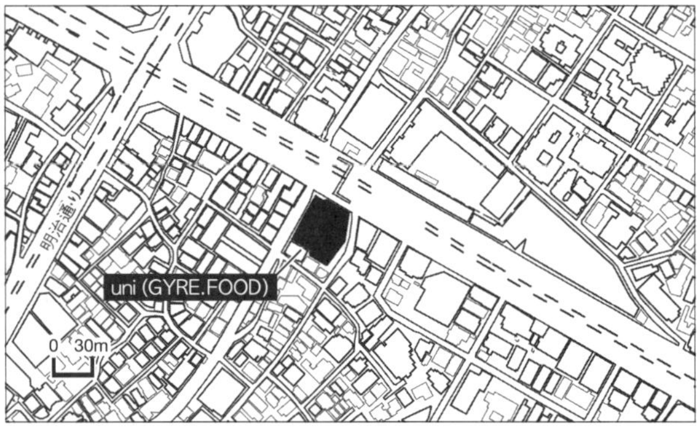

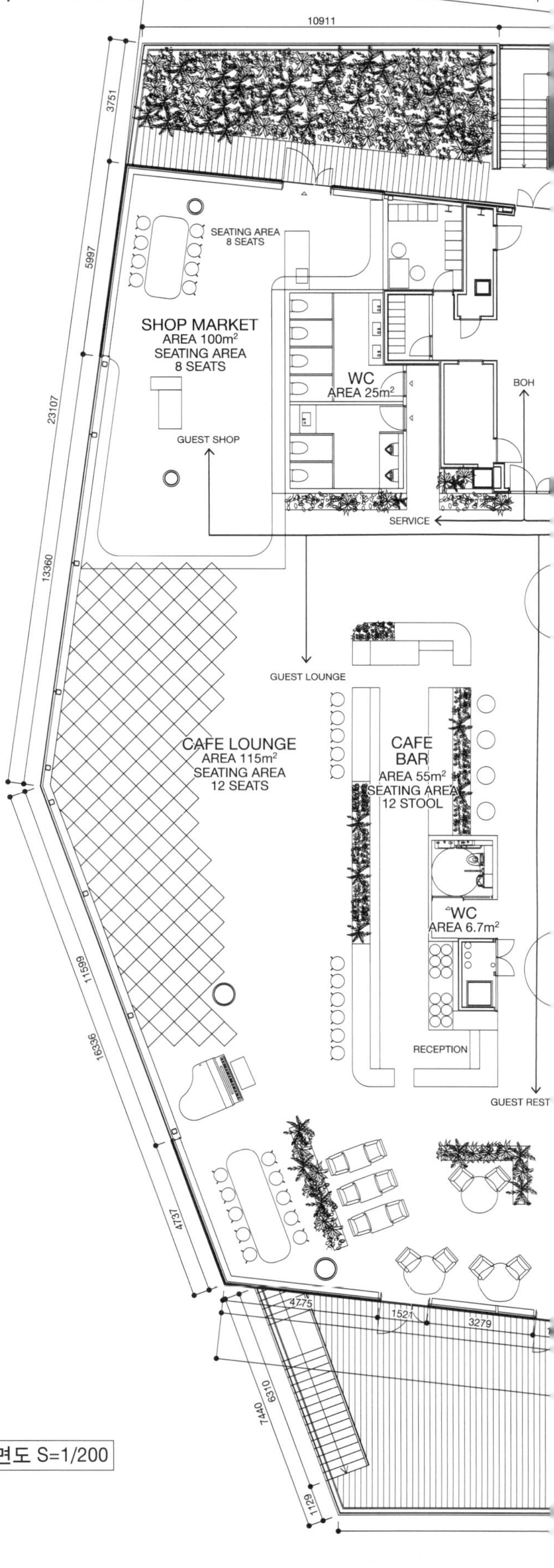

평면도 S=1/200

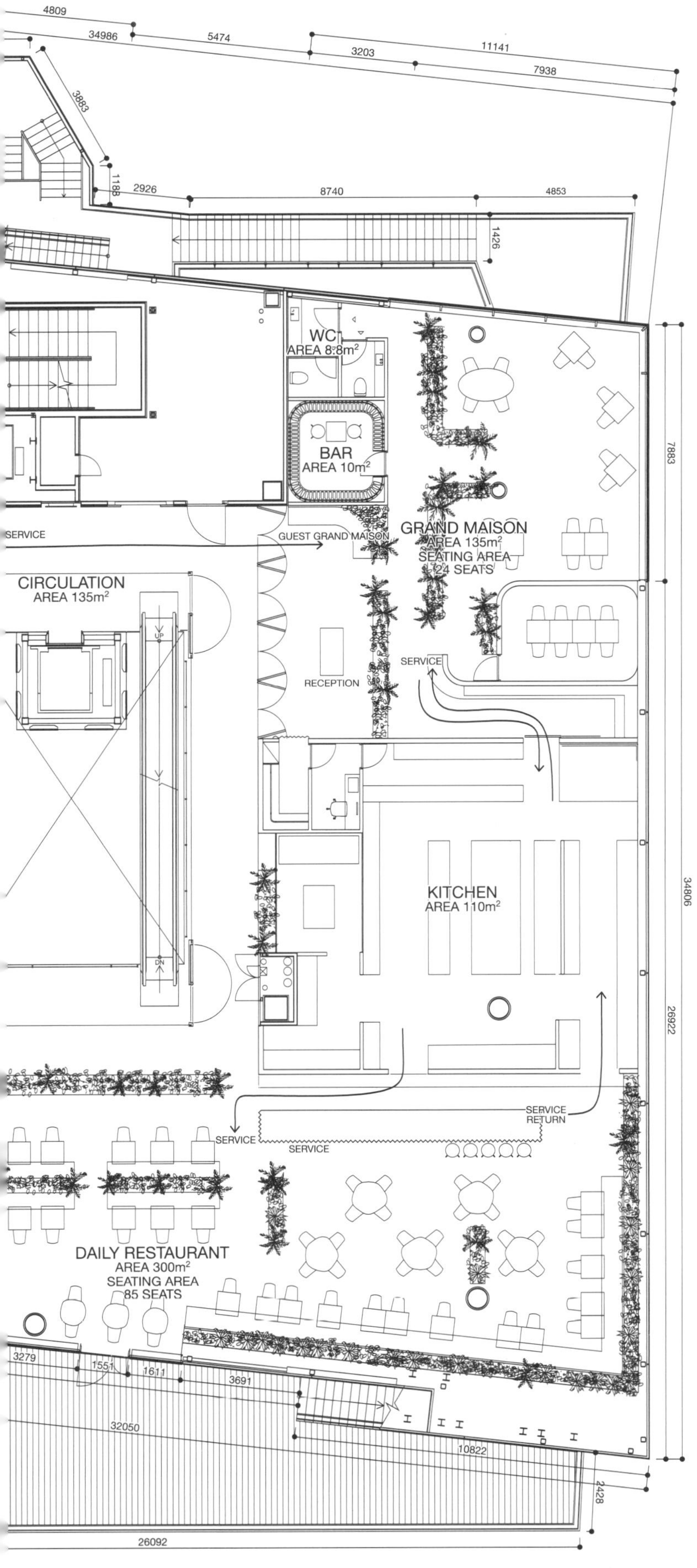

그로서리숍 'eatrip soil' 에서 이어지는 테라스에는 텃밭과 콩포스트도. (촬영: Daici Ano)

자연광이 들어와 밝은 공간으로 에버프레시 등 빛을 좋아하는 양수를 선정. (촬영: Daici Ano)

레스토랑 「l'elan」의 개인실은 고급스러운 분위기를 중시했다. (촬영: Daici Ano)

높이 1m의 플랜터에 심어진 아레카야자, 아로카리아 등이 우거진다. (촬영: Daici Ano)

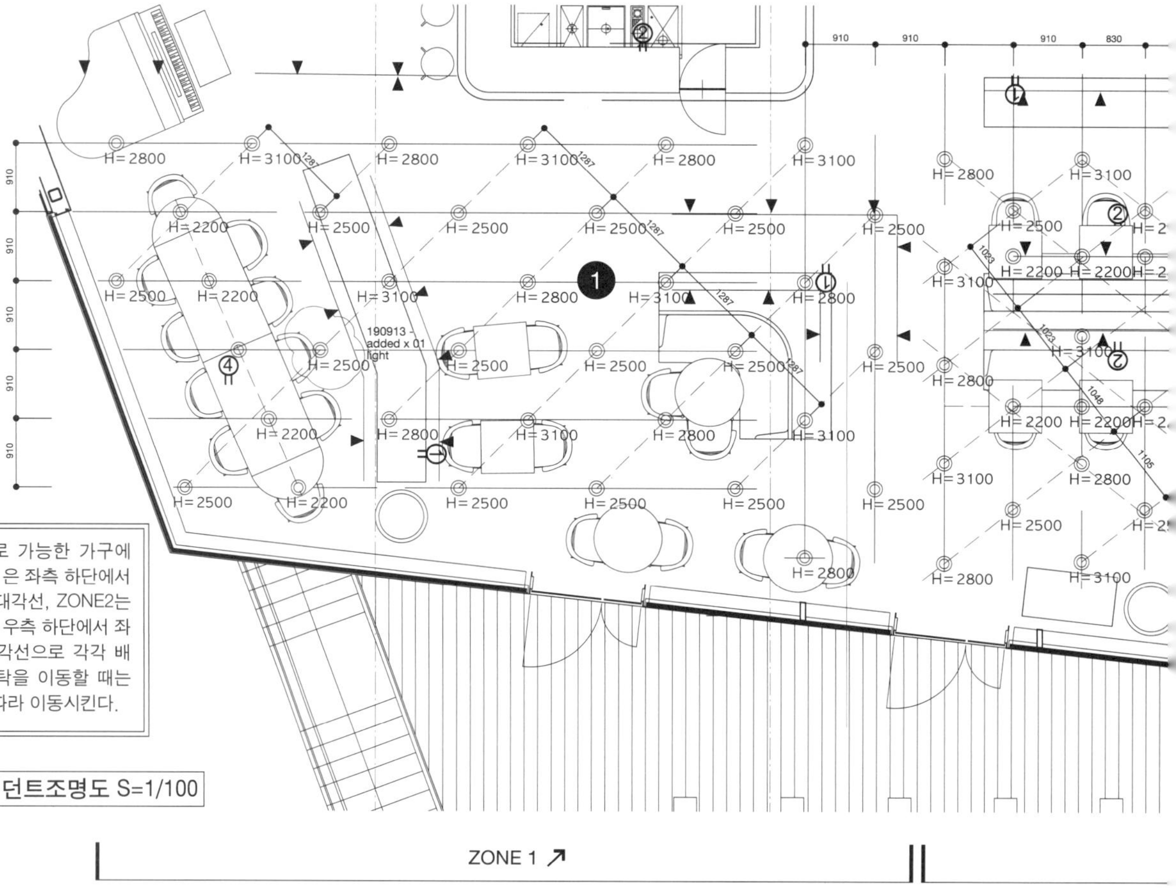

1 조명은 ZONE별로 가능한 가구에 맞게 배치. ZONE1은 좌측 하단에서 우측 상단으로의 대각선, ZONE2는 크로스, ZONE3는 우측 하단에서 좌측 상단으로의 대각선으로 각각 배치. ZONE3의 원탁을 이동할 때는 조명의 그리드를 따라 이동시킨다.

음식스페이스펜던트조명도 S=1/100

2 오리지널 디자인의 플랜트 박스 벤치. 흙 모르타르 마감의 플랜트 박스와 벤치를 일체화하여 공간에 통일감을 주었다. 플랜트와 벤치를 융합시킴으로써 식물과 사람의 거리를 좁히고 쌍방으로 접점을 갖게 한 환경을 창출하고 있다.

3 식재를 1m 높이로 배치하여 시각적, 공간적으로 생동감을 강조. 공간을 구분하는 파티션으로서의 역할도 있어 기능성과 디자인성을 겸비한다.

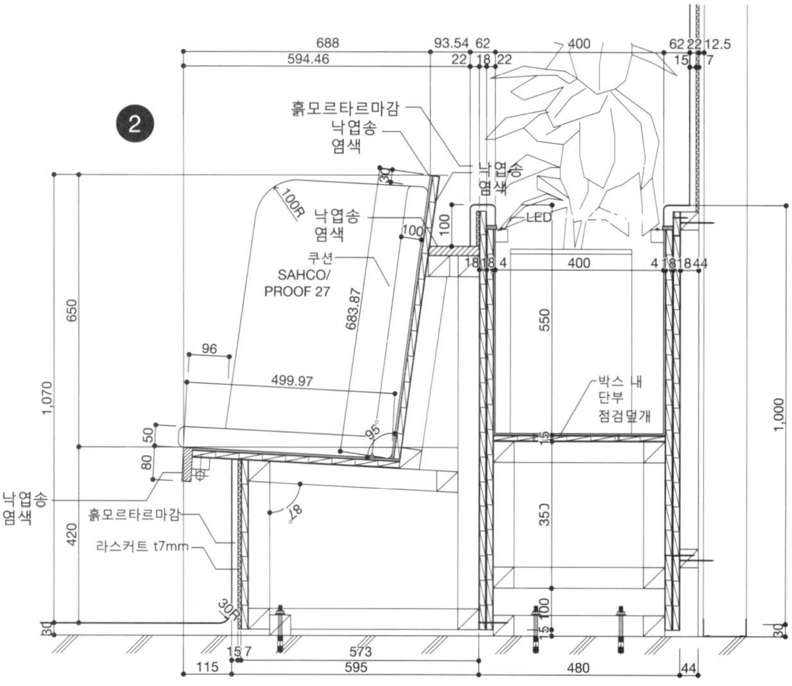

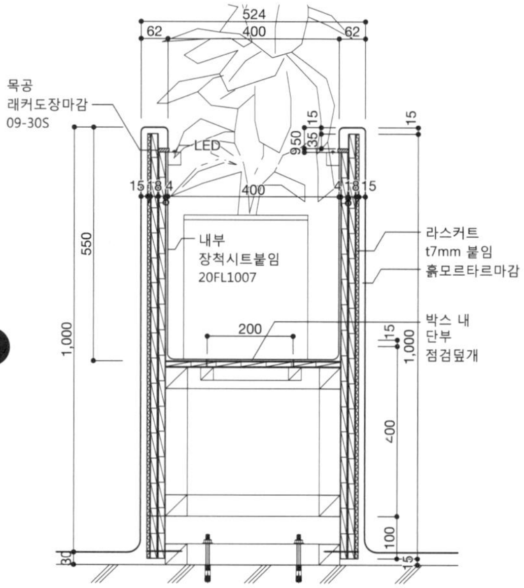

플랜터박스 · 벤치상세도 S=1/18

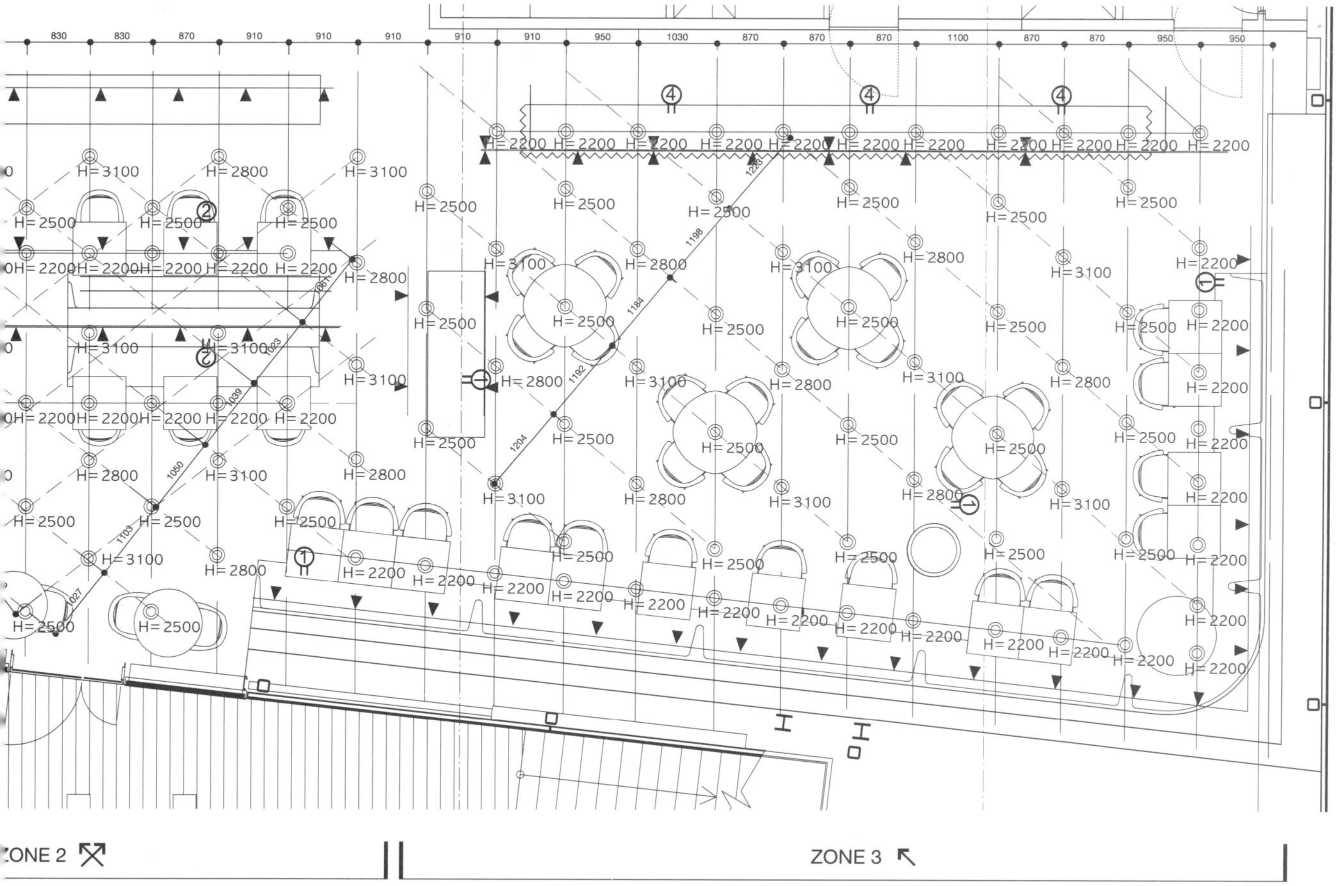

ZONE3의 객석에서 서비스 카운터를 본 모습(왼쪽), 입구에서 본 객석의 모습(오른쪽). (촬영: Daici Ano)

ZONE1의 「uni」 부근. 입구 부근은, 다이나믹한 움직임과 깊이를 느끼게 하는 식재를 배치. (촬영 : Daici Ano)

입구에서부터 카페 델리&바 「uni」로 이어지는 통로는 사람들의 머리 위를 감싸도록 식물을 경사지게 심어 놓았다. (촬영: Daici Ano)

카운터의 둘레는 잎의 색과 모양에 특징이 있는 식물을 이용하여 손질된 자연스러운 정원과 같은 환경을 지향하였다. (촬영: Daici Ano)

「uni」는 바닥, 벽을 흙 모르타르로 마감하고 탁자도 흙 미장으로 제작했다. (촬영: Daici Ano)

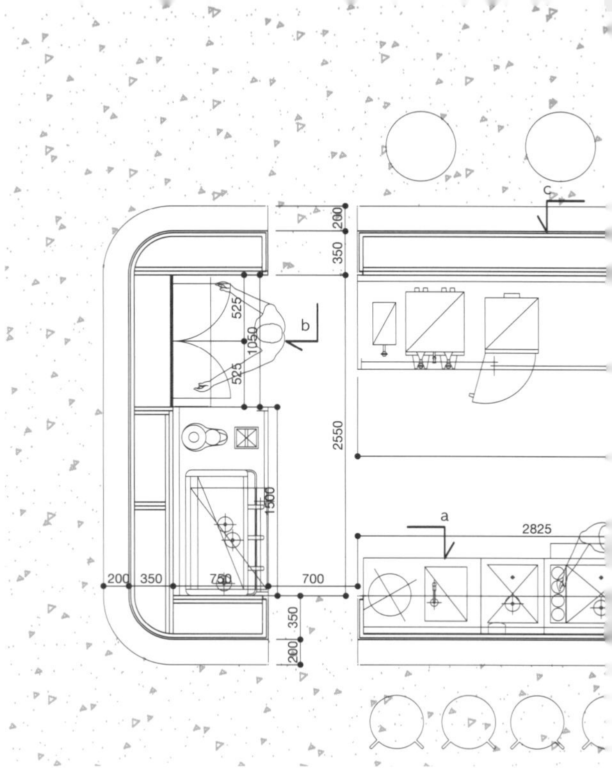

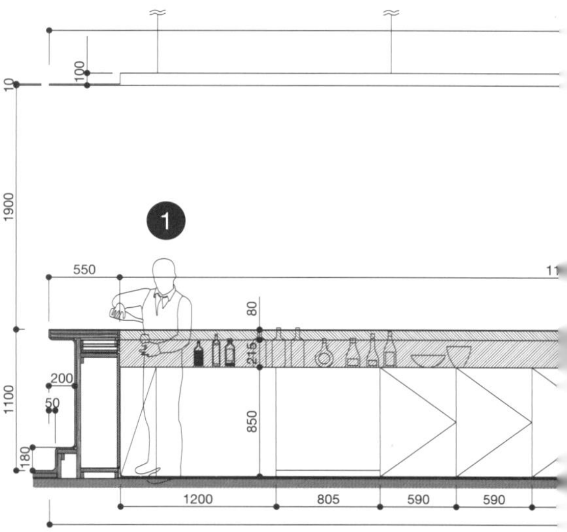

1

카운터는, 하나의 무대이므로, 일하는 사람의 움직임이나 동작이 연기자가 되는 것을 생각했다. 또한 동시에 카운터는 접수처이자 대화의 장이자 식물이 자라는 장소이며 친밀성, 쾌적성, 편의성 등 복합적으로 고려되고 있다.

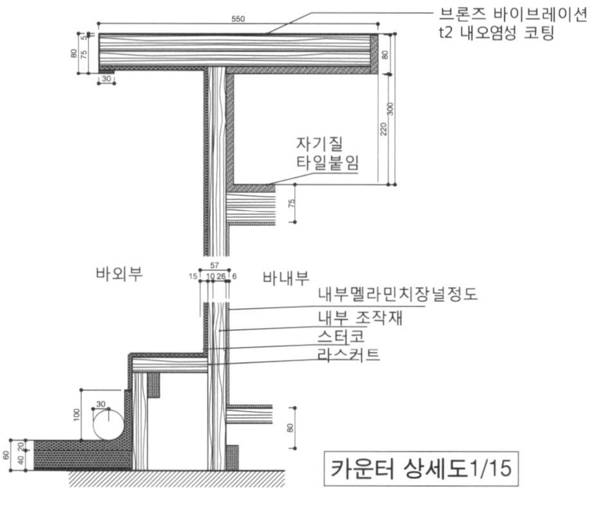

카운터 상세도1/15

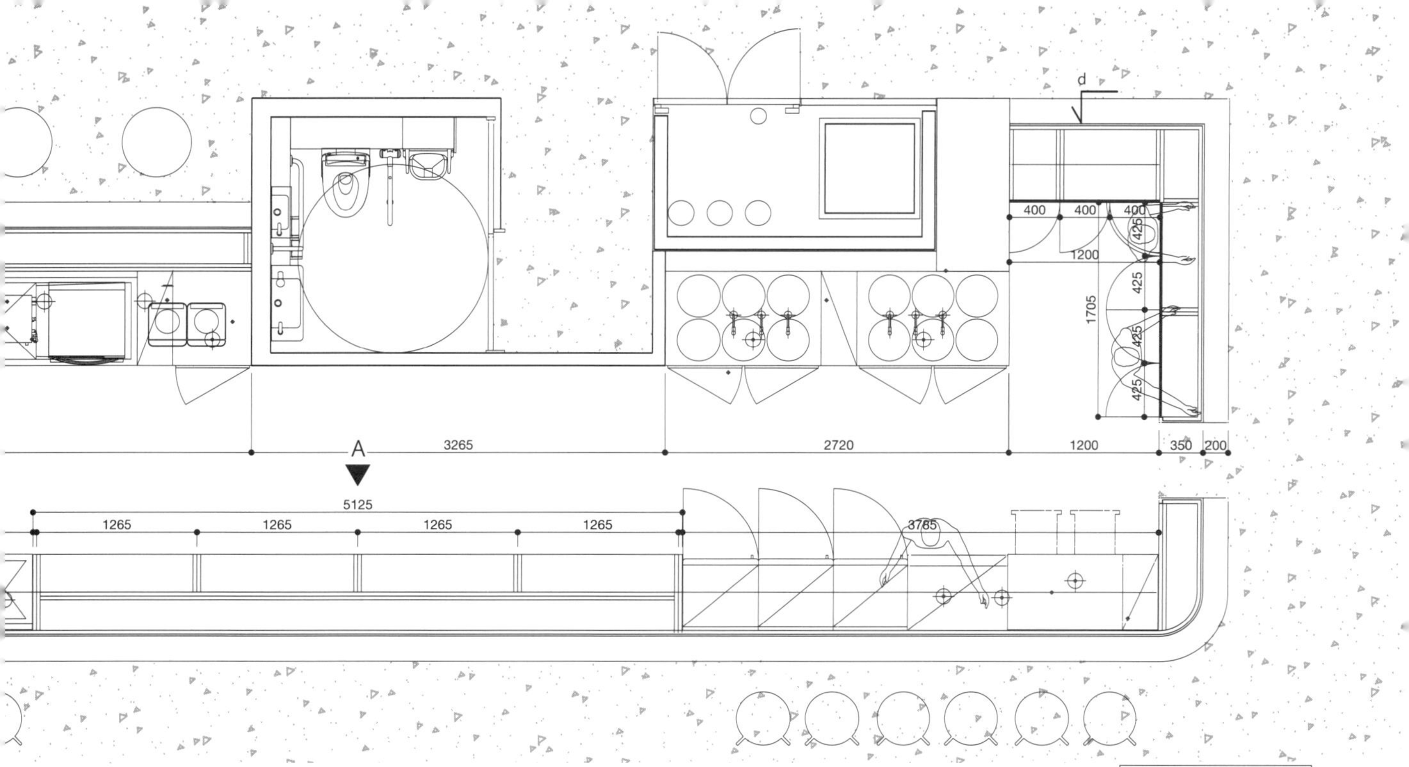

카운터 평면도1/60

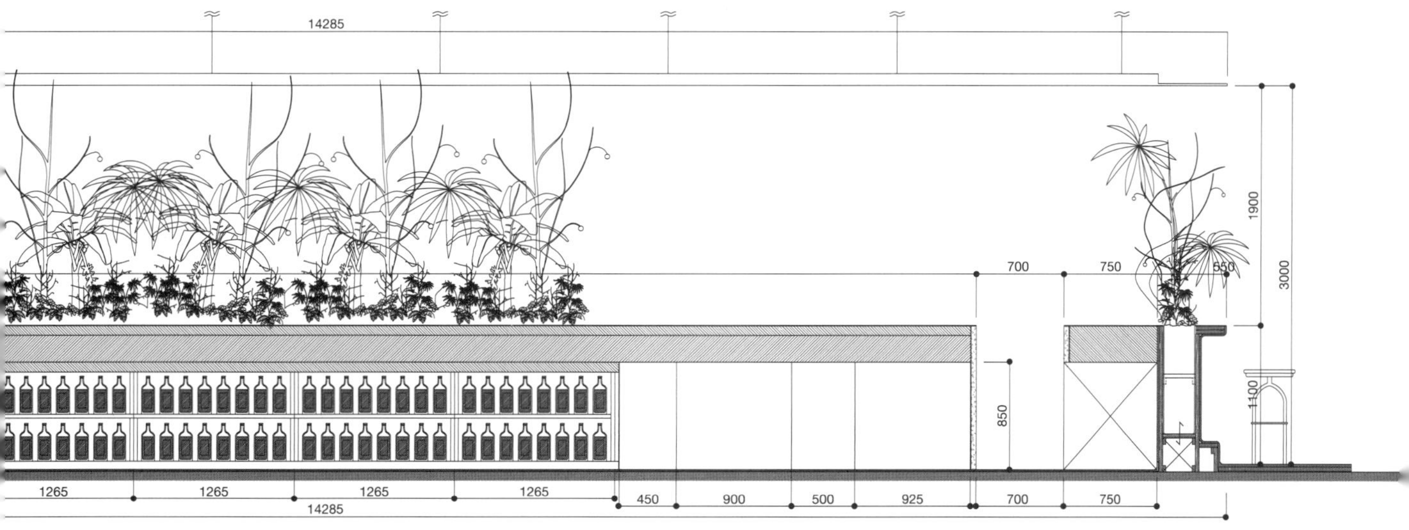

카운터A 입단면도1/60

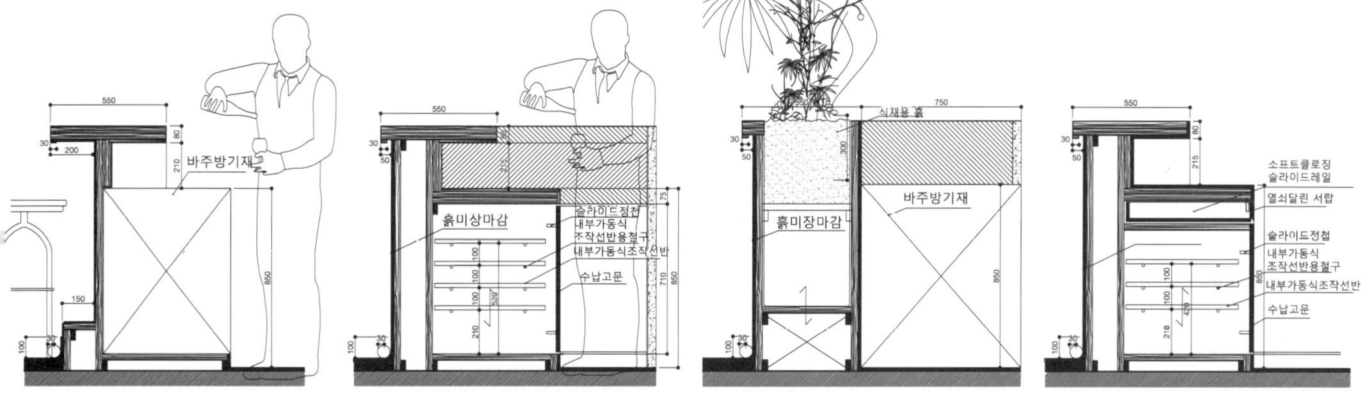

카운터 단면도1/35

카운터 뒤에는 천장까지 올라가는 나무 피라미드 같은 계단 모양의 입체적인 객석. 원목을 묶은 주사위 모양의 나무 덩어리를 쌓아 올려, 단차를 이용해, 어디에라도 앉거나, 혹은 테이블로 만들 수 있다. (촬영: Daici Ano)

1 피라미드 형태로 단계적으로 배치된 객석은 공간의 역동성을 창출하고 전체적으로 순환하는 자연의 힘을 상징한다.

2 나무의 단은 가구이자 광장이고 객석도 된다. 그것들이 흙에서 입체적으로 일어나도록 옹이가 없는 솔송나무(栂) 판을 각목에 집적시켰다. 정면 왼쪽에서는 계단으로서 높이를 설정하고, 정면 오른쪽에서는 앉는 느낌이 좋은 높이로 설정하고 있어, 그들의 어긋남이 보다 자연의 입체적인 환경을 만들어 내고 있다.

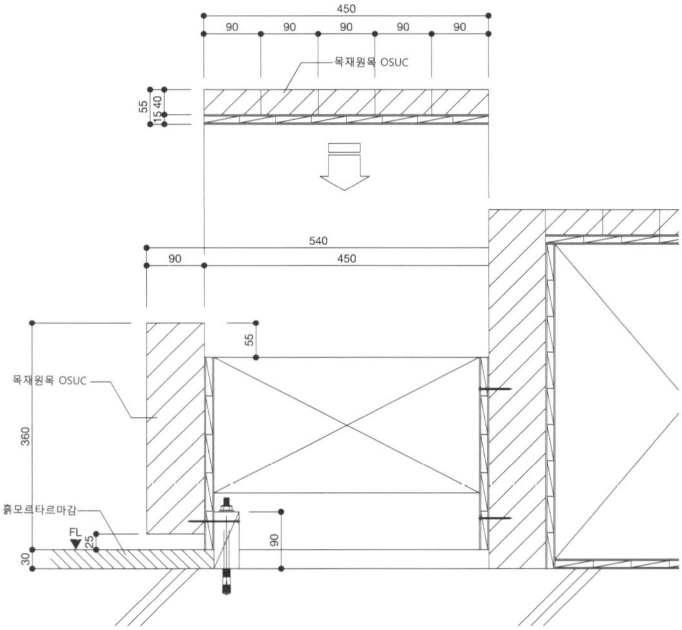

부분상세도S=1/12

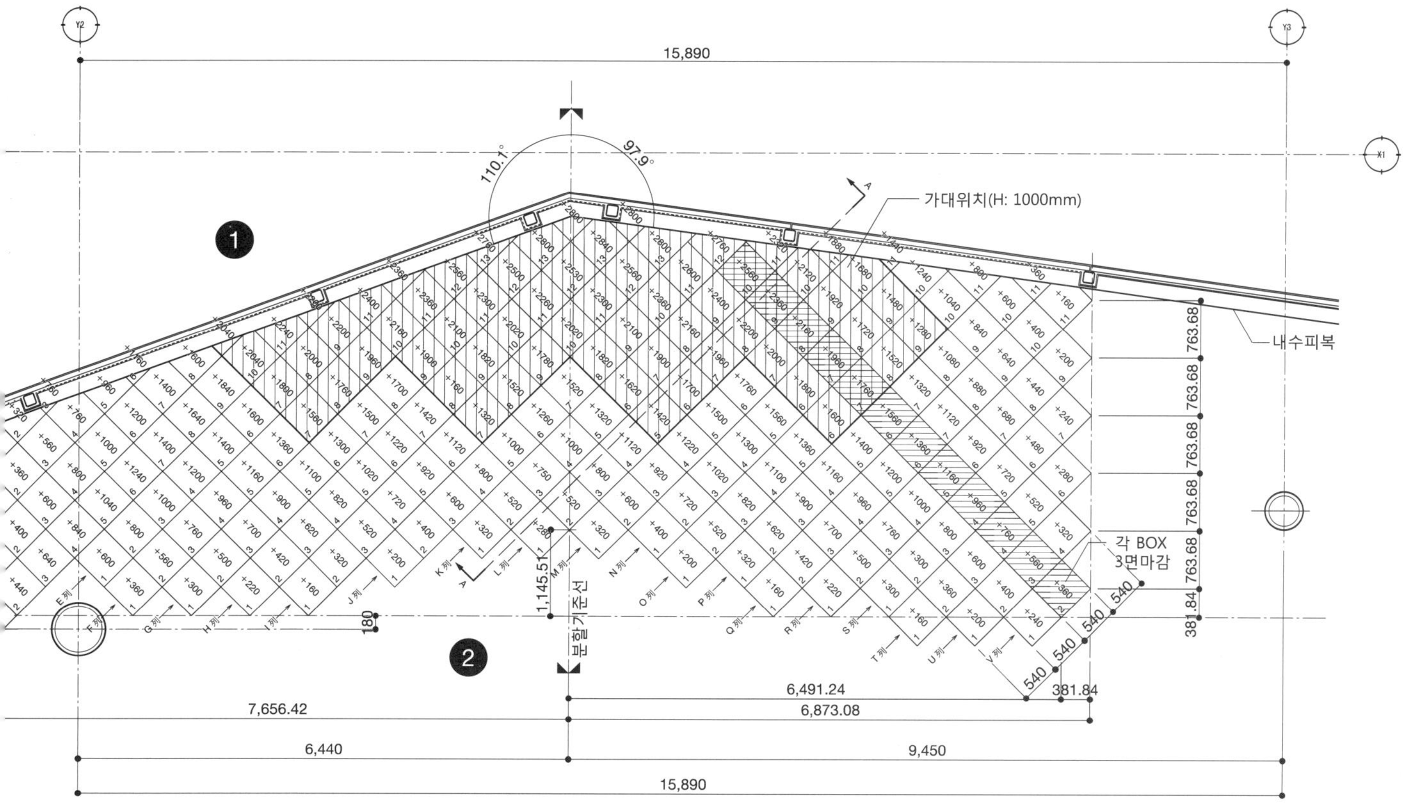

상객석 상세도S=1/100

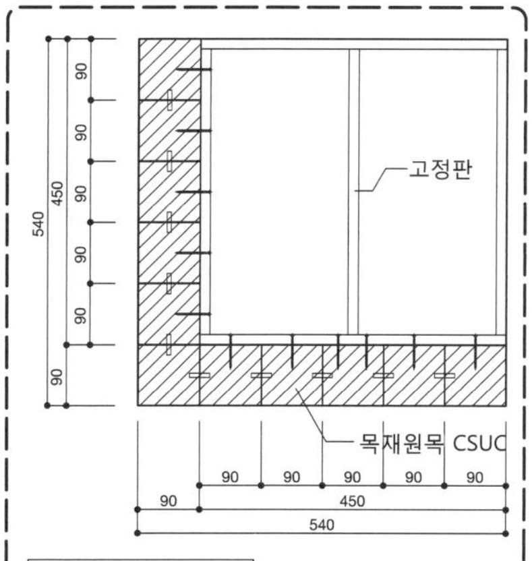

a상세도 S=1/15

❸ 높이의 좌석은 시선을 넓히고 공간 전체를 조망할 수 있어 개방감과 일체감을 느낄 수 있도록 설계했다.

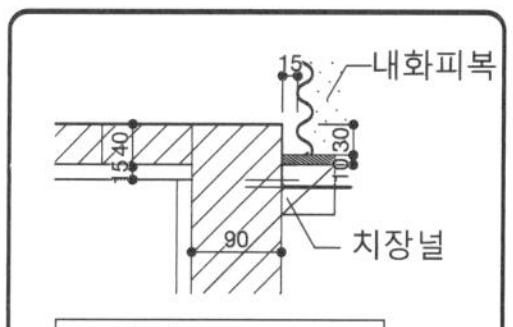

B상세도 S=1/15

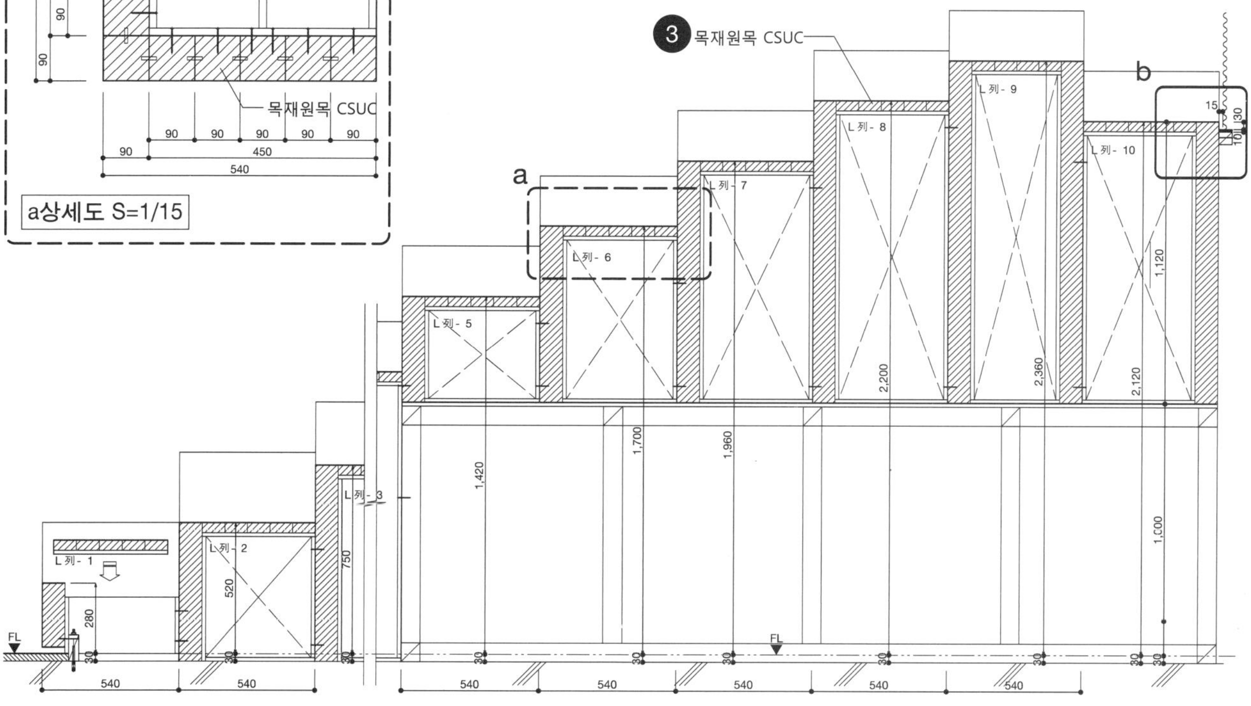

A부분 단면상세도S=1/30

BEAN-TO-BAR
DANDELION CHOCOLATE

의도한 것은 아니지만, 4장의 3가지 사례는 모두 미국 샌프란시스코에서 탄성하여 일본에서 진화를 이룬 브랜드가 되었다. 200㎡가 넘는 도시의 "공원적" 카페 사례를 들 수 있다(하나는 PARK-PFI에 의해 진정으로 공원 안에 있고, 하나는 공원에 마주보고 서 있다. 그리고 또 하나는 부지 밖과 물리적으로나 의식적으로나 평평하게 느껴지는 사례).

세 건 모두 스몰, 미디엄, 라지 각 장에서 언급한 요소들을 내포하고, 투명도 높은 파사드로 인해 인테리어가 거리 쪽으로 열려있는 것이 개성적이다.

상징적이고 심플한 카페 카운터와 고급스러운 배치와 다양한 좌석과 높은 천장의 협업으로 개방적인 공간 경험을 제공하고 있다. 필로티나 안뜰 같은 중간 영역에서 지낼 수 있는 것도 이 규모만의 사치라고 할 수 있다.

동시에, 이러한 세계관을 만들어 내기 위한 불필요한 노이즈의 처리나 치밀한 백 스페이스 계획을 도면으로부터 읽어 주었으면 한다.

사진: 太田拓實

13 잘라낸 듯한 교마치(京町)가교테라조마루와 카운터가 만들어내는 균형미

블루 보틀커피 교토 카페(교토부 교토시)—나가사키 츠네/스키마 건축 계획

촬영: 太田拓實

남선사 참배길에 들어선 전형적인 토의 전통건물 경관을 지키면서 블루 보틀 커피라는 미국 서해안의 문화를 접목시킬 때 역시 여기서도 플랫한 관계를 중시했다. 그 결과, 일본 건축의 특징이기도 한 50cm 정도의 단차를 없애 평평하게 하고, 경관상 깔아 놓은 자갈을 옥외에만 머물지 않고 실내에도 연결될 수 있도록, 옥외에서 사용되고 있는 자갈을 넣은 테라조를 옥내의 바닥에 사용했다. 그 바닥은 당연히 카운터 안, 즉 주방까지도 플랫하게 만들어, 우리가 일관되게 이 블루 보틀 커피의 점포 만들기에 있어서 고집하고 있는, 접객하는 측과 접객하는 측의 시선의 위치가 일치하는 플랫한 관계를 실현시키고, 또한 일본과 미국의 문화의 융합을 이루고 있다. 그 바닥은 바닥에만 머무르지 않고 곳곳에서 융기하여 카운터나 벤치 등으로 되어 있다. 일련의 하얀 바닥 위에 불필요한 것이 벗겨져, 오두막집이나 흙벽 등이 드러나, 100년의 변천을 대중소의 공간, 그리고 2동의 구성으로 느낄 수 있다. 안쪽 동의 2층은 오피스 기능이 들어가, 불필요한 벽을 벗겨내 유리로 덮는 것으로, 상하로 서로 의식하는 관계가 생겨나고 있다.

용도지역	제2종 중고층 주거전용지역
컨텍스트	남선사 참배길, 역사지구
구조종별(면적)	목조 2층 건물(324.38㎡: 2동의 바닥면적)+중정
카운터 형식	L자형(6.835㎡)
카운터 용도	회계 · 제공 · 조리
객석의 다양성	옥내/벤치×1, 테이블+체어: 2석×7, 테이블+소파 · 체어: 2석×5, 큰테이블+스툴: 8석×2 옥외/벤치×5, 테이블+체어(2석)×4 ※2층 「Blue Bottle Studio-Kyoto」/카운터+체어: 5석
오퍼레이션	잇트인+테이크아웃
스텝수	약 8인(피크시 20인 전후)
로스팅기	없음

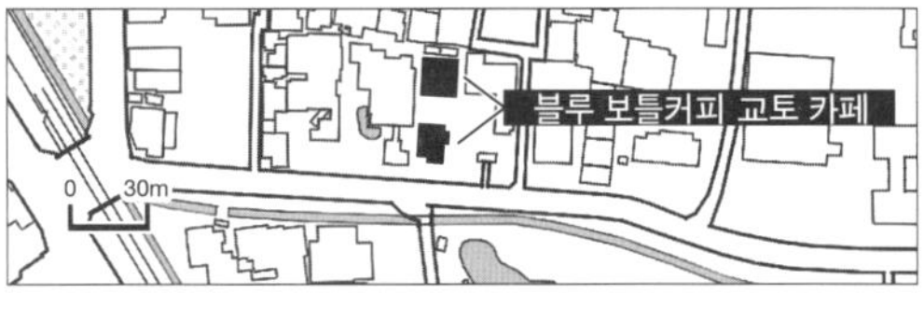

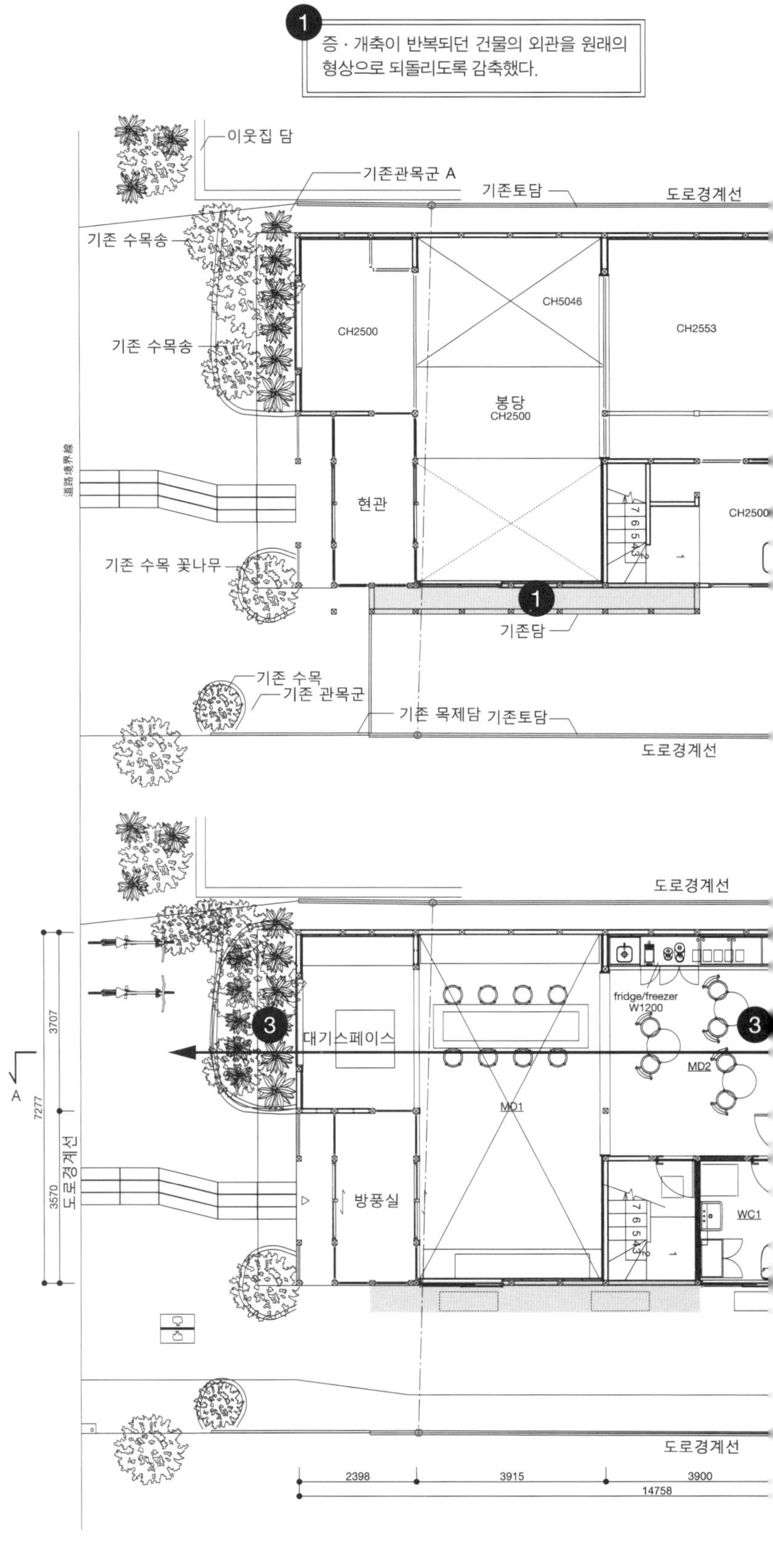

개수 전의 상가(현재의 카페동 입구 부근). 증・개축이 반복되고 있었다. (촬영 : 스키마 건축계획)

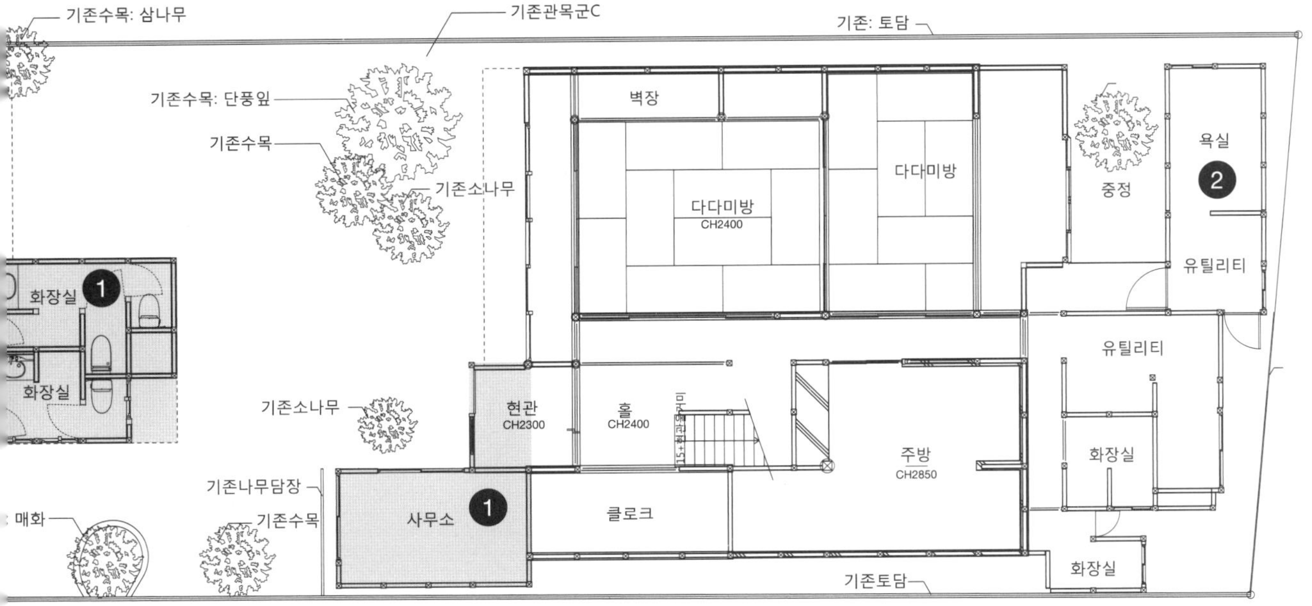

2 원래는 별채(곳간)였던 흔적에서 그 구성을 살려 평정을 부활시켜 안정된 지역이 되도록 다듬었다.

1층 배치도 겸 평면도 [기존] S=1/150

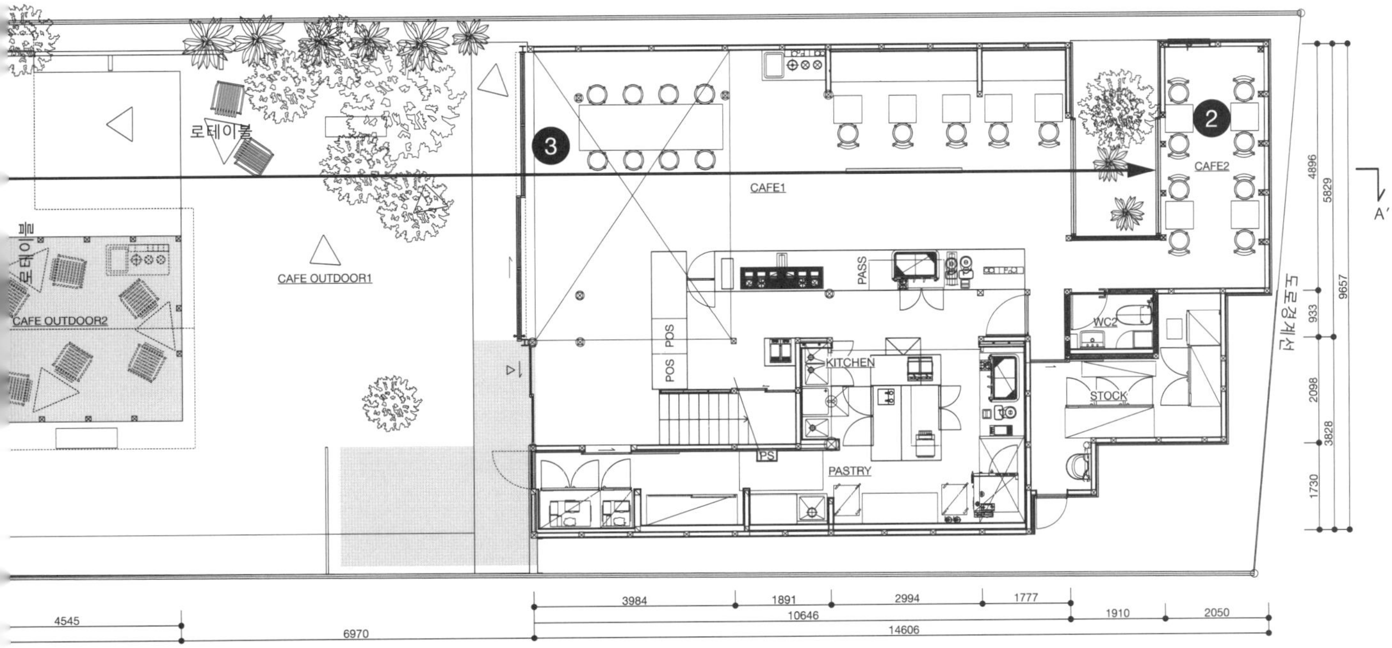

3 참배길에서 바로 들어가는 '별동(별채)' 와 안뜰을 지나 접근하는 안쪽 동과의 거리를 고려하여 참배길에서 가장 안쪽에 있는 CAFE2 까지의 사이에 유리 개구를 마련하여 시각적으로 안쪽까지 연결되도록 하였다.

1층 배치도 겸 평면도 [신규] S=1/150

1 남선사 참배길 쪽 '별동(별채)' 의 파사드는 기존 건물에 거의 손을 대지 않고 역사적 경관을 따르도록 하고 있다.

참배길 쪽. 창호를 유리로 만들어 안쪽까지 시선이 빠져나가도록 하고 있다. (촬영 : 太田拓實)

1

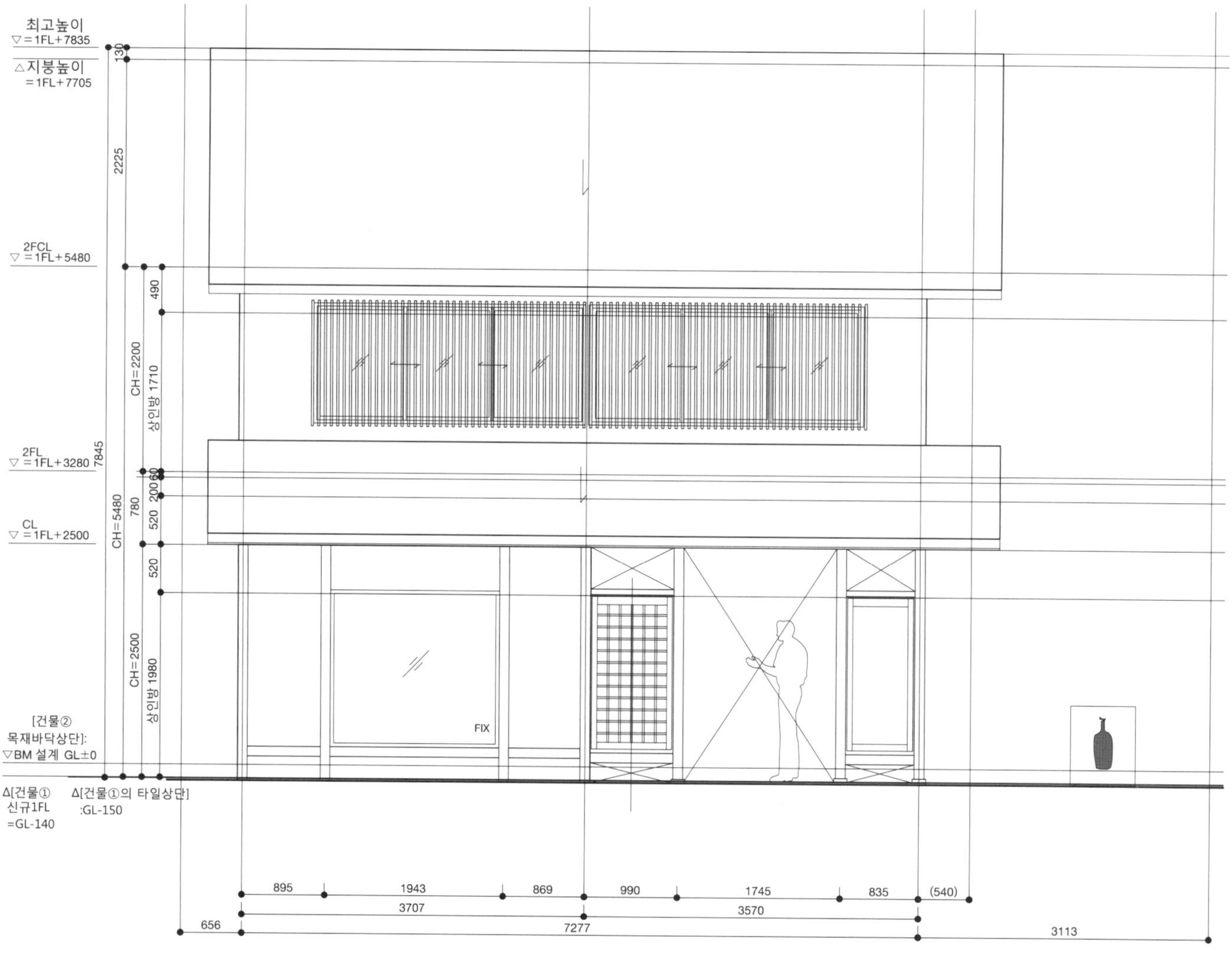

참배길 쪽「별채」입면도 S=1/75

앞채 옆을 지나 안쪽 카페로 향한다. (촬영 : 太田拓實)

2

한편으로 안뜰을 사이에 두고 안쪽에 있는 동은, 블루 보틀 커피의 개방감 있는 공간과 교토 전통가옥의 전통을 융합하고 있다. 구체적으로는, 큰 스틸 유리 샤시면과 교토다운 격자 창호지나 동이기 지붕을 동일면에 설치해도 위화감이 생기지 않도록 형상의 조정을 실시하고 있다.

2

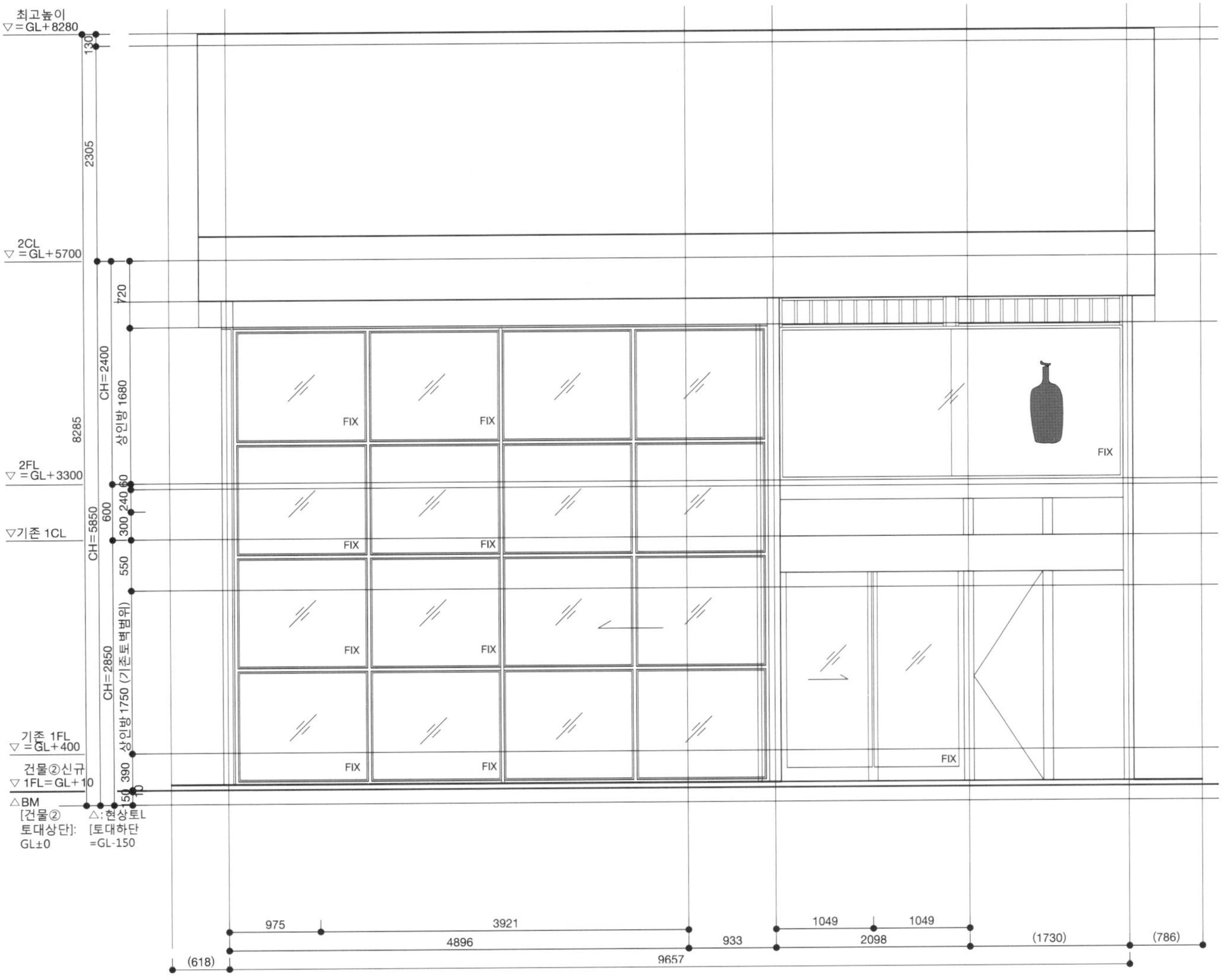

중정측 입면도 S=1/75

안뜰에 면하는 유리의 큰 개구. (촬영 : 太田拓實)

유리의 큰 개구에 면한 카페1의 대기적
(촬영 : 太田拓實)

1 메인 입구의 대기적과 외부를 큰 개구로 연결해 안뜰의 외부 카페 구역까지 공간적인 일체감을 낸다.

2 안뜰 쪽은 큰 공간이 되고 있는 한편, 안쪽을 향해 작은 공간이 되어 간다.

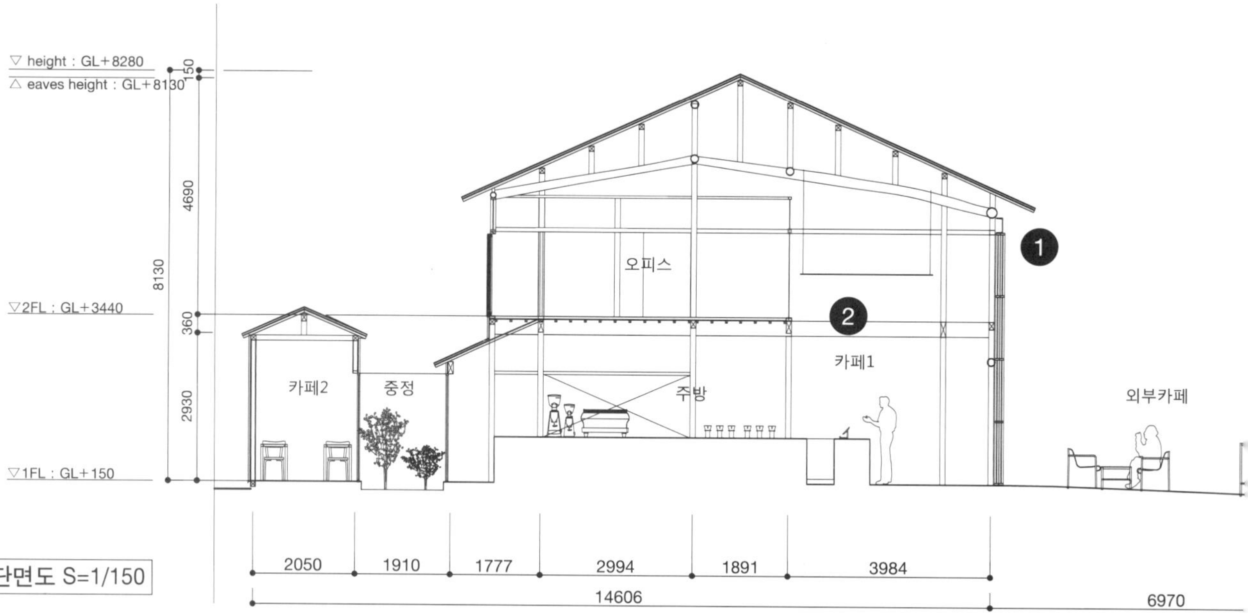

AA' 단면도 S=1/150

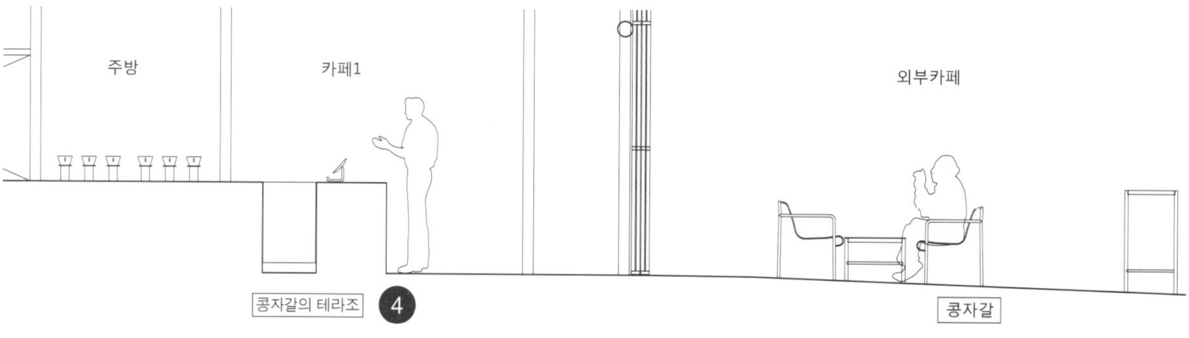

카페 단면도 S=1/75

3

'별동(별채)' 2층 부분에 안뜰과 건축을 한눈에 볼 수 있는 특별한 공간으로 예약제인 '블루 보틀 스튜디오-교토-'를 설치하고 있다. 신발을 벗고 개인 공간에 들어가는 듯한 느낌이 드는 2층으로의 계단을 올라간 후에 큰 개구가 눈에 들어온다.

4

참배길에 사용되는 굵은 자갈을 이미지화하여 어프로치나 외부 카페에 굵은 자갈을 깔고, 나아가 그 굵은 자갈을 이용한 테라조를 실내 바닥 마감으로 하여 내외부를 일체적으로 이용할 수 있도록 하면서 교토다움을 느낄 수 있도록 했다.

건물과 안뜰을 한눈에 볼 수 있는 「Blue Bottle Studio - Kyoto -」. 다다미 공간에서 교토의 상가를 느끼며 개방감과 함께 코스메뉴를 즐길 수 있다. (촬영: Yusuke Oishi)

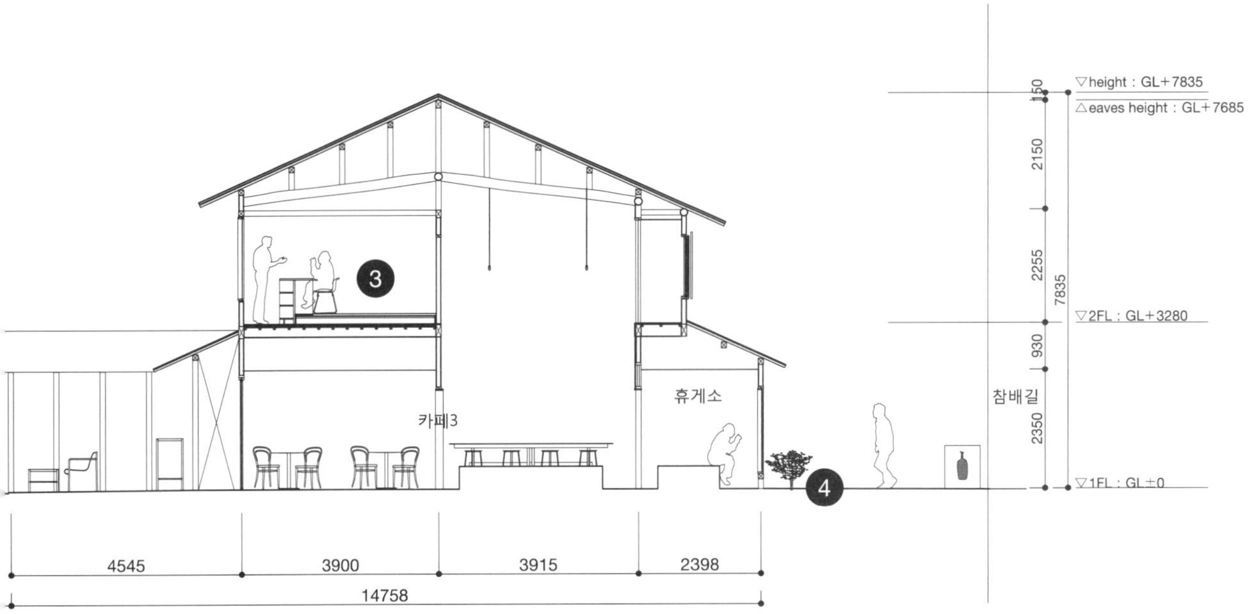

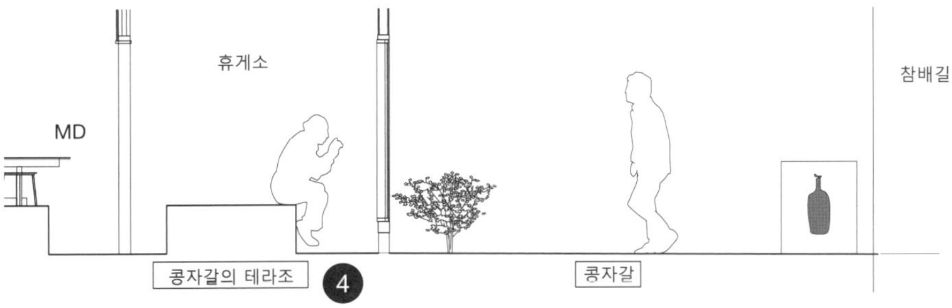

휴게소 단면도 S=1/75

콩자갈을 이용한 테라조. (촬영 : 스키마 건축계획)

삼각형 테이블. (촬영 : 太田拓實)

바 벤치에서 커피를 기다리는 손님들과 뒷자리를 나누고 있다. (촬영 : 太田拓實)

1 자갈이 깔린 외부에서도 안정적으로 사용할 수 있는 3개 다리의 삼각형 테이블을 설치했다. 로우테이블과 하이테이블 2종이 있어 사용법에 맞게 어디에나 둘 수 있도록 하고 있다.

2 제공구 앞은 기다리는 사람과 카페 내를 이동하는 사람과의 동선이 엇갈려 혼잡하기 쉬우며, 그 배면에 있는 좌석의 불편함으로 연결되어 버린다. 그래서 동선과 객석을 명확하게 나누면서도 대기 중인 손님이 앉을 수 있는 벤치로 바를 설치했다. 또한 동선을 정리함으로써 커피를 기다리거나 음식을 먹는 체험을 천천히 즐길 수 있도록 되어 있다.

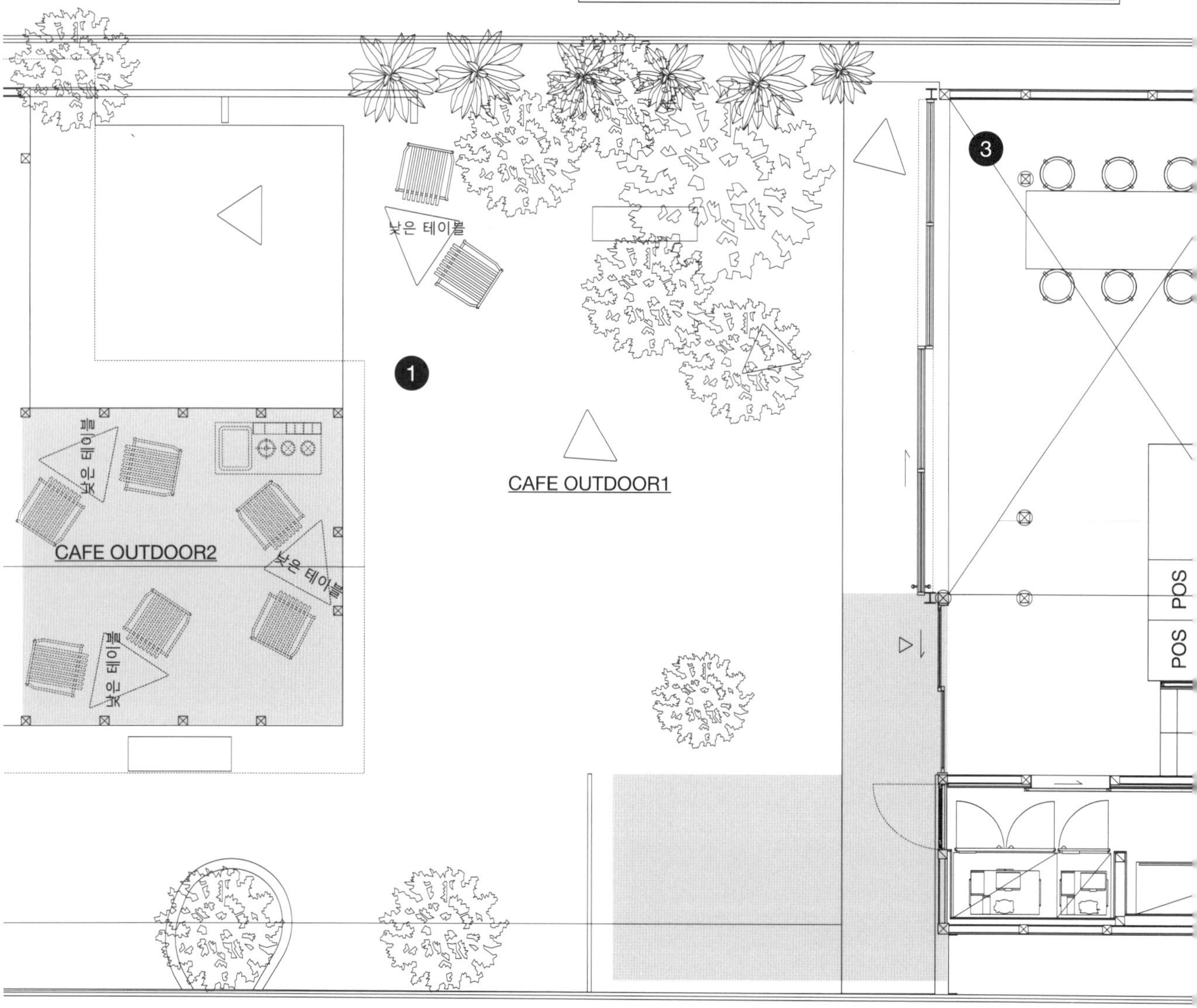

평원 너머로 CAFE2를 본다. (촬영 : 太田拓實)

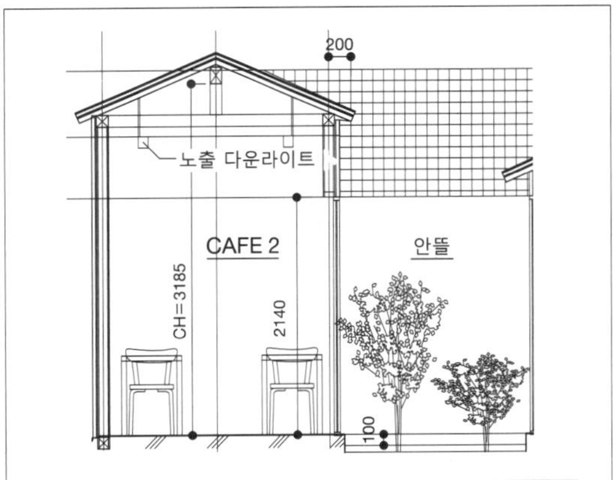

포켓정원 단면도 S=1/80

3

들어가면 바로 POS 카운터가 있어 여기서 계산을 마칠 수 있다. 이 입구로부터 POS 카운터까지는 주택 스케일이기 때문에, 픽업하는 곳까지의 동선상에서 이웃하는 대공간과 대치했을 때의 손님의 놀라움은 보다 커진다. 이처럼 동선을 정리함으로써 취식 시뿐만 아니라 커피를 기다리는 시간조차도 천천히 즐길 수 있게 됐다.

4 부활시킨 평정원

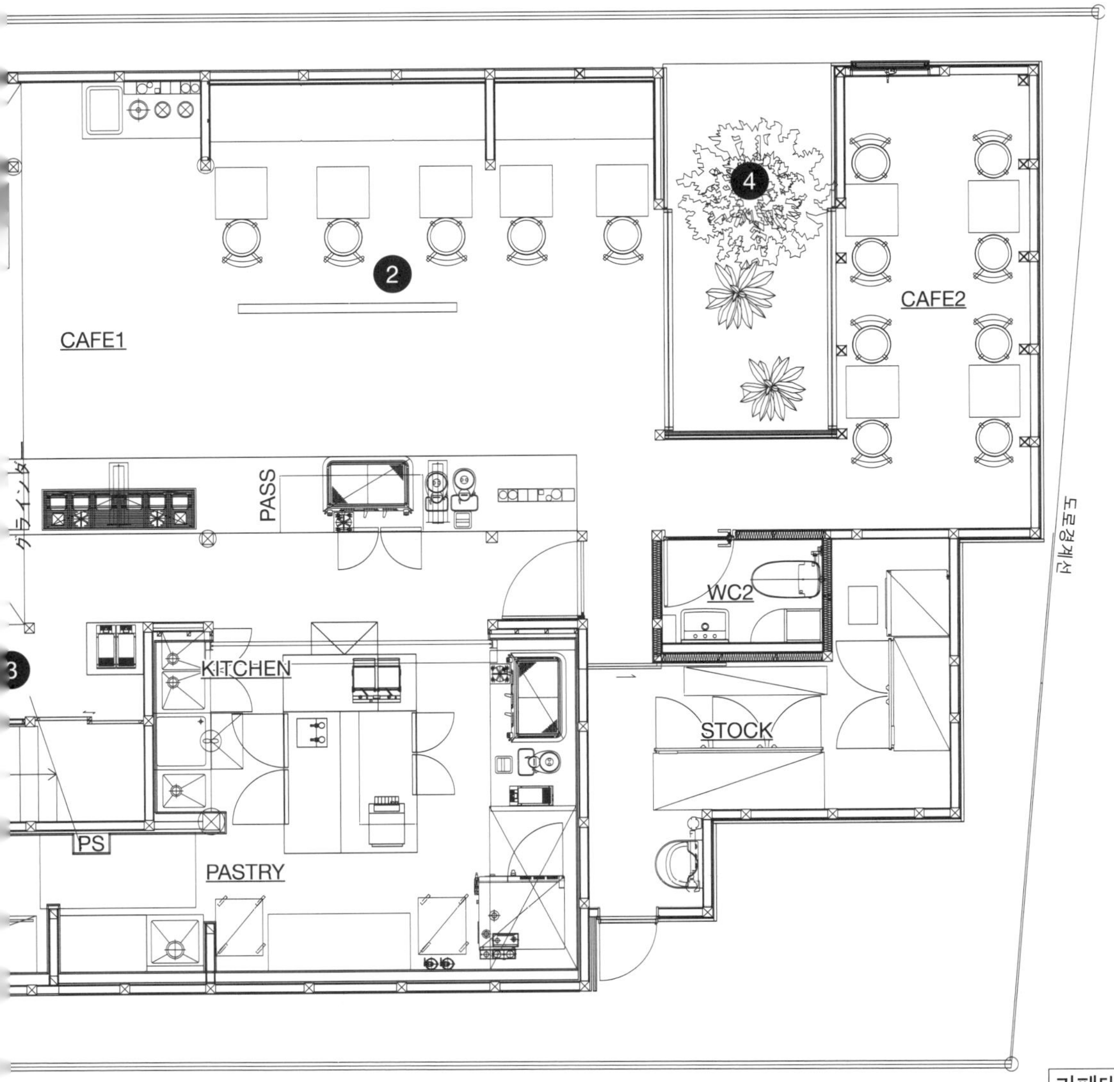

카페테리아 평면도 S=1/80

14 제조공정을 한눈에 볼 수 있고 오감이 자극되는 팩토리 카페

단데라이온 초콜릿 팩토리 & 카페조마에(도쿄도 다이토구) — Puddle+moya design

촬영: 太田拓實

일찍이 완구 도매상으로서 번창한 도쿄 타이토구의 쿠라마에 에리어에 있는, 미국 샌프란시스코에서 태어난 초콜릿 브랜드의 팩토리&카페. 증개축을 반복해 온 목조 2층 건물(일부 S조)의 원창고를 구조 보강하면서, 건축 전체를 개수했다. 본점으로서, 제조 과정이나 일하는 방식의 투명성에 집착하는 브랜드의 컨셉을 표현하면서 현지의 분위기를 답습할 뿐만 아니라, 쿠라마에라고 하는 장소에의 현지화를 시도했다. 브랜드 콘셉인 빈 투 바(카카오 원두부터 초콜릿 바까지 일관성 있게 제조)를 고객이 직관적으로 느낄 수 있는 평면 계획을 바탕으로 주방 입구에 이르기까지 매장 내 바닥과 마감을 통일해 직원과 고객의 눈높이를 맞춤으로써 플랫한 관계성을 느낄 수 있도록 했다. 또 파사드는 일부를 세트백해 주위 건물의 정면과 높이를 갖춘 깊은 덮개가 있는 벤치와 작은 마당을 마련해 맞은편 공원이나 거리에 녹아드는 「경계」의 애매한 공간을 목표로 했다.

용도지역	상업지역
컨텍스트	세이카 공원 · 구 창고거리
구조종별(면적)	목조 2층 건물, 일부 S조 (409.9㎡, 카페테리아 216.54㎡)
카운터 형식	L자형(13.5㎡, 초컬렛 공장 제외)
카운터 용도	물건판매 · 회계 · 제공
객석의 다양성	옥내/하이카운터+스툴:4석, 테이블+소파:2석×6, 테이블+체어:2석×4, 테이블+벤치:3석, 큰테이블+체어:8석 옥외/벤치:4석 ※워크숍영역/큰테이블+스툴:12석, 테이블+소파:4석
오퍼레이션	잇트인+테이크아웃
스텝수	6인~
로스팅기	없음(카카오 로스팅용은 있음)

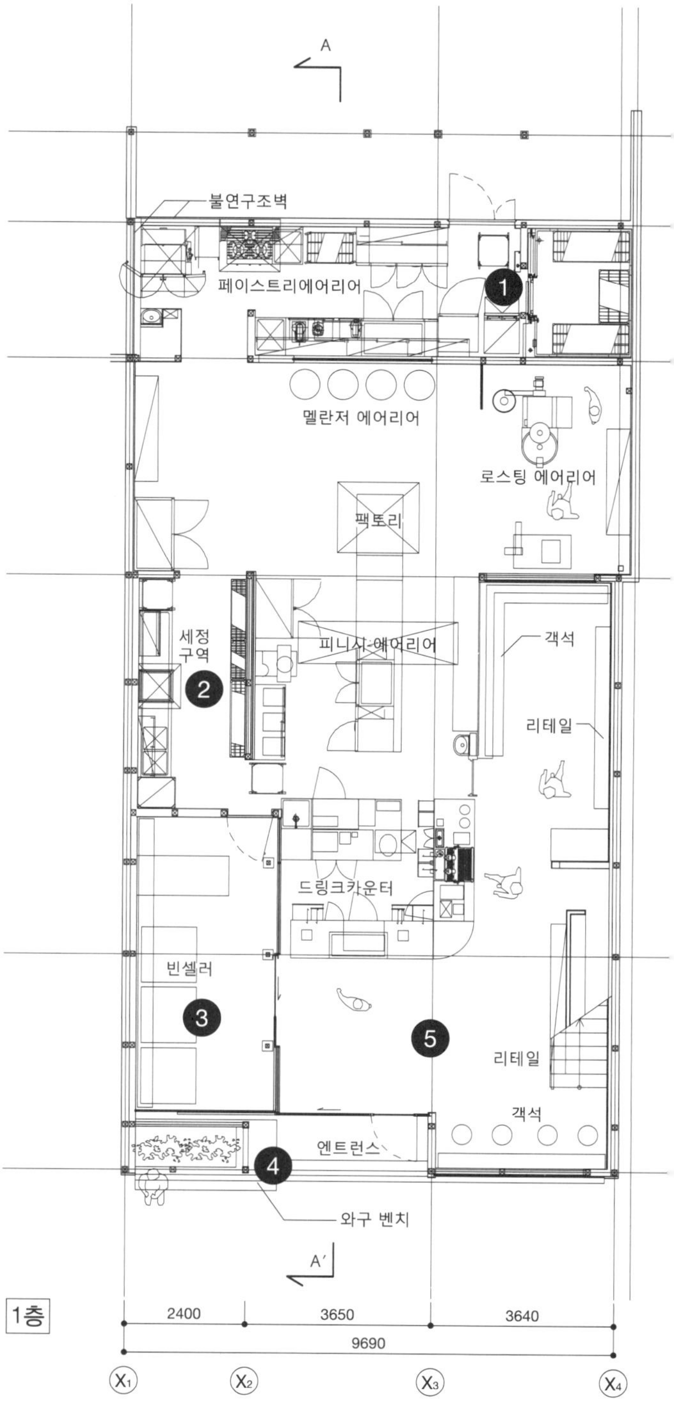

3 빈 셀러(카카오 콩의 스톡)를 거리에 면해 배치해, 유리의 벽으로 둘러싸는 것으로, 오가는 사람의 주의를 끌어, 카카오 콩으로부터 가공하고 있는 공장인 것을 전하려고 하고 있다. 한편, 카카오 원두는 자외선을 피해서 저장할 필요가 있기 때문에, 파사드를 세팅백함과 동시에, 유리에는 자외선 차단의 특수 도장을 실시했다.

1 주방 안쪽에 설치한 페이스트리 키친은 작업 효율을 우선해, 굳이 2명이 세울 수 있는 아슬아슬한 통로폭(900mm)으로 해 상품 제작 등 집중적인 작업이 가능하도록 했다. 또한 팩토리측에 대하여 요벽 상부에 유리를 채용하여 스탭끼리 아이컨택을 할 수 있도록 배려.

9 가장 천장이 높고 사람의 출입도 많은 중앙에는 커뮤널 테이블(캐스터 부착)을 배치하고, 체류시간이 짧아도 이용하기 편리하고 편안하게 지낼 수 있도록 한다.

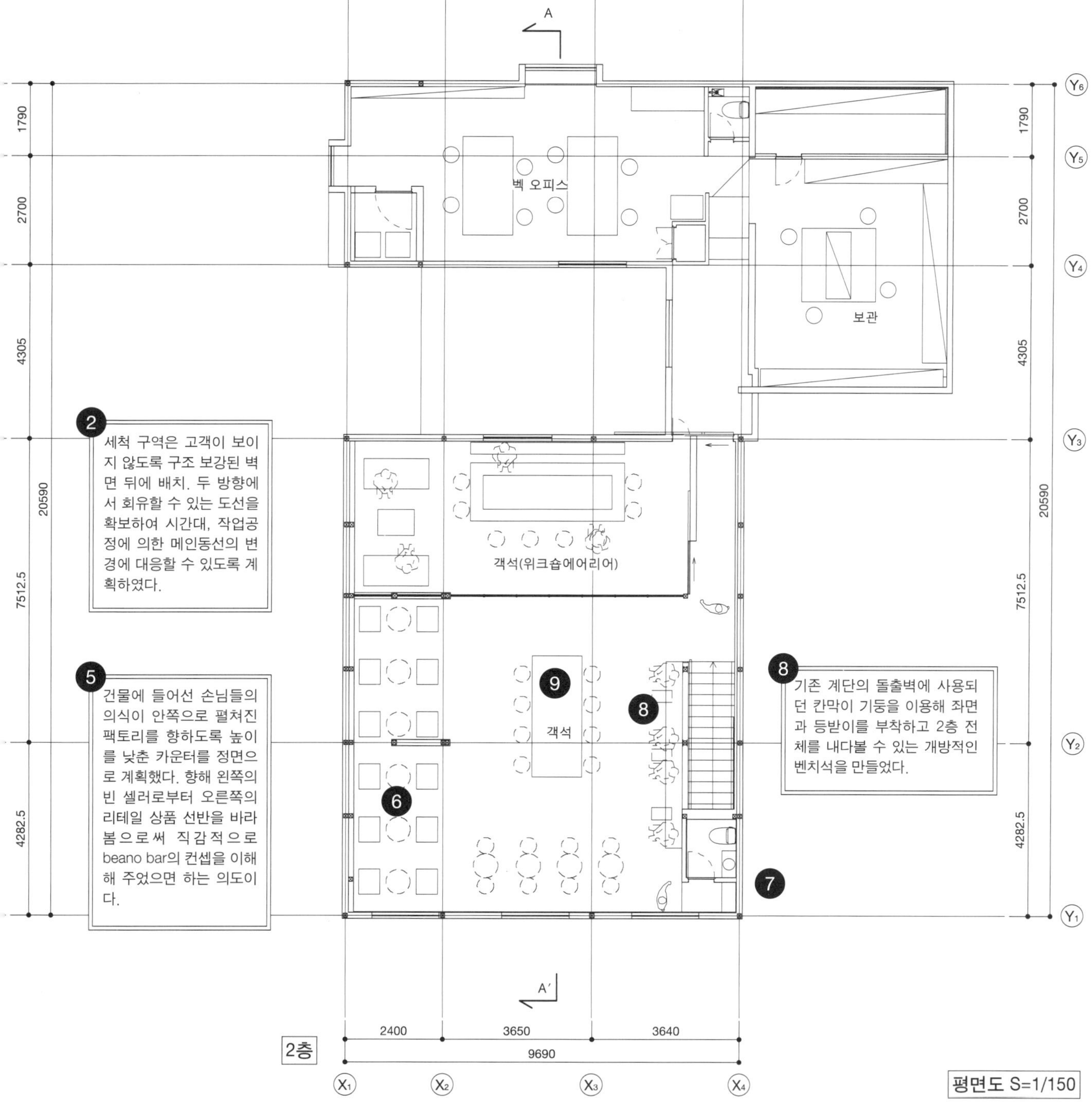

2 세척 구역은 고객이 보이지 않도록 구조 보강된 벽면 뒤에 배치. 두 방향에서 회유할 수 있는 도선을 확보하여 시간대, 작업공정에 의한 메인동선의 변경에 대응할 수 있도록 계획하였다.

5 건물에 들어선 손님들의 의식이 안쪽으로 펼쳐진 팩토리를 향하도록 높이를 낮춘 카운터를 정면으로 계획했다. 향해 왼쪽의 빈 셀러로부터 오른쪽의 리테일 상품 선반을 바라봄으로써 직감적으로 beano bar의 컨셉을 이해해 주었으면 하는 의도이다.

8 기존 계단의 돌출벽에 사용되던 칸막이 기둥을 이용해 좌면과 등받이를 부착하고 2층 전체를 내다볼 수 있는 개방적인 벤치석을 만들었다.

4 빈 셀러에 맞추어 입구 자체를 세트 백하는 것으로, 벤치나 식재를 갖춘 처마 밑 공간을 만들어내, 거리나 거리에 작은 공통 공간을 환원했다.

6 과거 증축되었을 구조가 다른 낮은 천장의 지역은, 한층 더 천장을 내려 (CH2040mm) 긴 체재시간을 상정한 안정되는 소파석으로 했다.

7 기존 건축의 제약상 객석에 가까운 위치에서 화장실 설치를 피할 수 없게 되었다. 전실적 기능을 가진 통로 끝에 내열림문을 마련하여 출입 시 창호의 개폐를 다른 손님들이 의식하지 않도록 배려하였다.

음료 카운터 앞에서 빈셀러 보기. (촬영 : 太田拓實)

보와 보 사이에 설치한 배선 덕트 레일. (촬영 : 太田拓實)

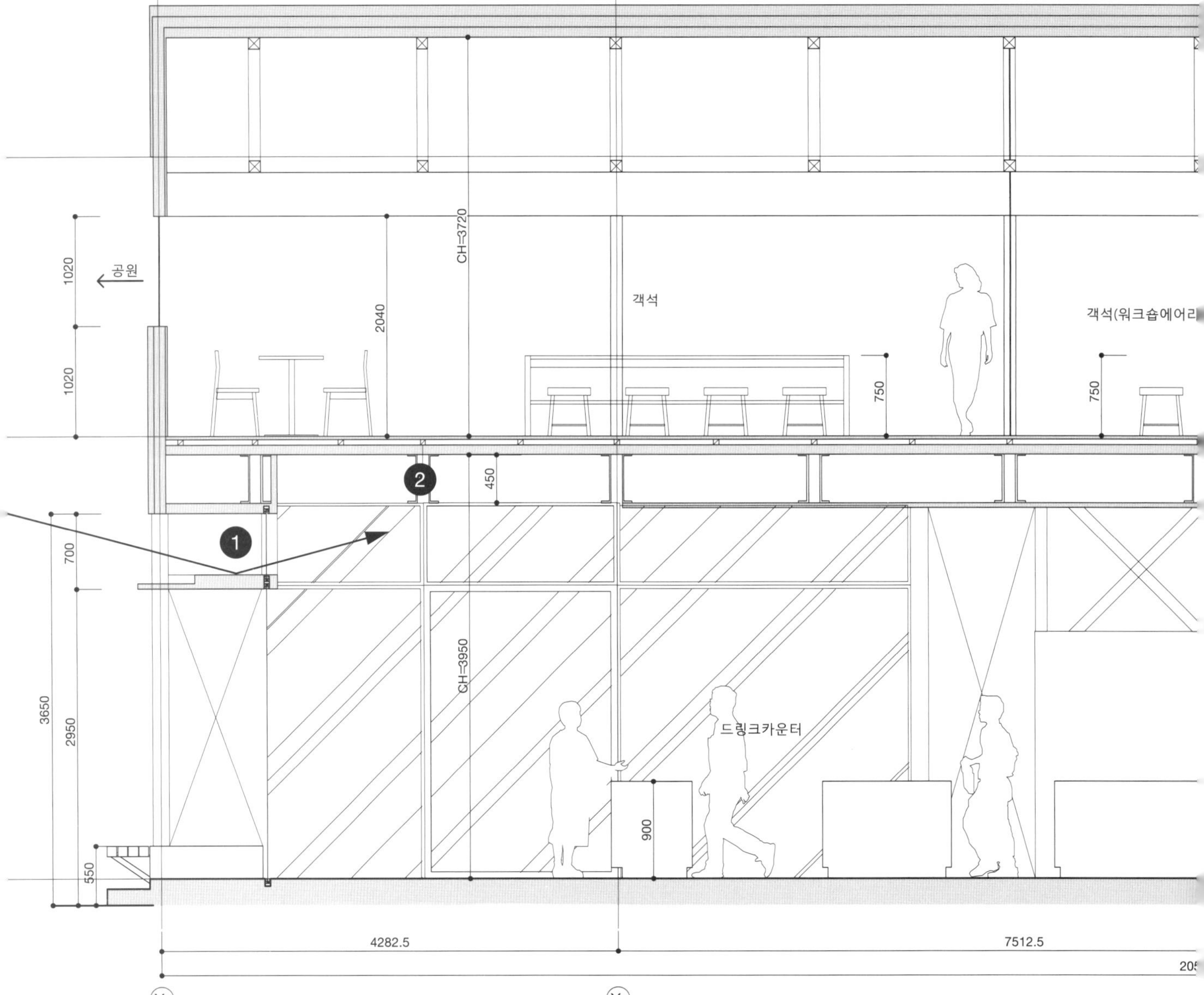

단면도 S=1/60

1 창고 시대부터 남겨져 있던 높이 4m의 셔터를 철거. 인근 건물의 개구에 맞추어 3m의 위치에 덮개를 설치하는 것으로 거리풍경에 녹아드는 파사드를 만들어 냈다. 비의 상부의 난간적 공간에 유리를 끼워, 맞은편의 공원으로부터의 자연광이 공장의 안쪽까지 닿을 계획으로 했다.

2 기존의 S+ 목조 혼합 보의 틈새에 배선 덕트 레일 설치. 스포트라이트 하단과 보 아래 높이를 합쳐 기능적, 의장적 균형을 찾았다.

워크숍 구역에 있는 공장을 들여다볼 수 있는 유리 상판 테이블. (촬영 : 太田拓實)

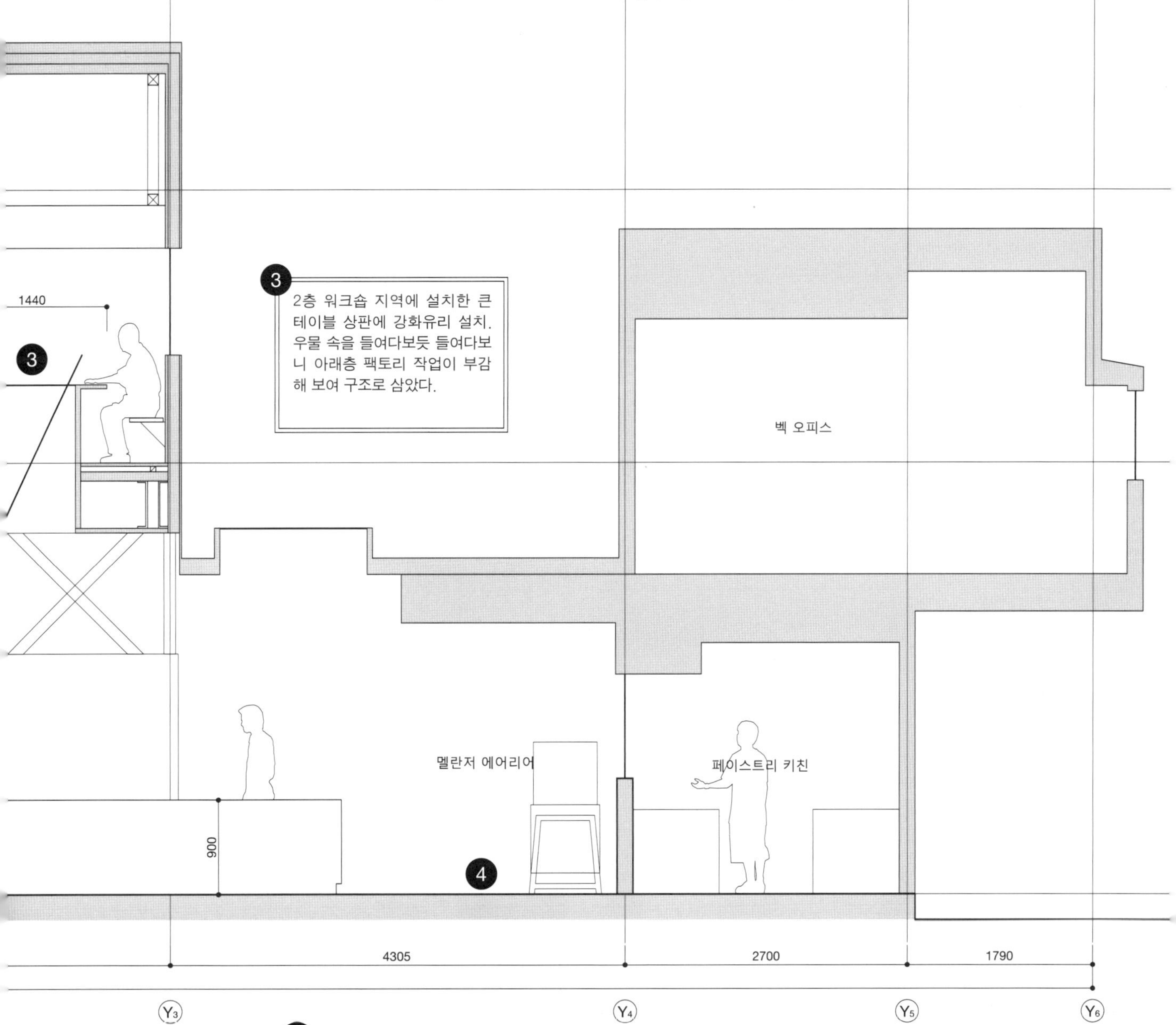

3 2층 워크숍 지역에 설치한 큰 테이블 상판에 강화유리 설치. 우물 속을 들여다보듯 들여다보니 아래층 팩토리 작업이 부감해 보여 구조로 삼았다.

4 주방 및 팩토리 모든 바닥을 구조 보강할 때 배수도 바닥 아래에 숨겨 놓았다. 이를 통해 주방 바닥이 객석과 평평해져 손님과 스태프의 눈높이를 맞추는 것을 실현했다.

1
아일랜드 키친은 전망을 확보하기 위해, 팩토리측, 드링크 카운터측의 3 방향으로부터 사용할 수 있는 깊이 1200 mm의 플랫 테이블로 했다.

2
L형 음료 카운터는 정면은 오더 전용. 오른쪽은 에스프레소 바로 기능을 나눴다. 동 브랜드의 메인 머티리얼인 웨스턴 레드 시더를 굽벽에, 코팅한 동판을 상판면에 사용. 코너의 모르타르 마감부터 상품을 제공하는 운영으로 하였다.

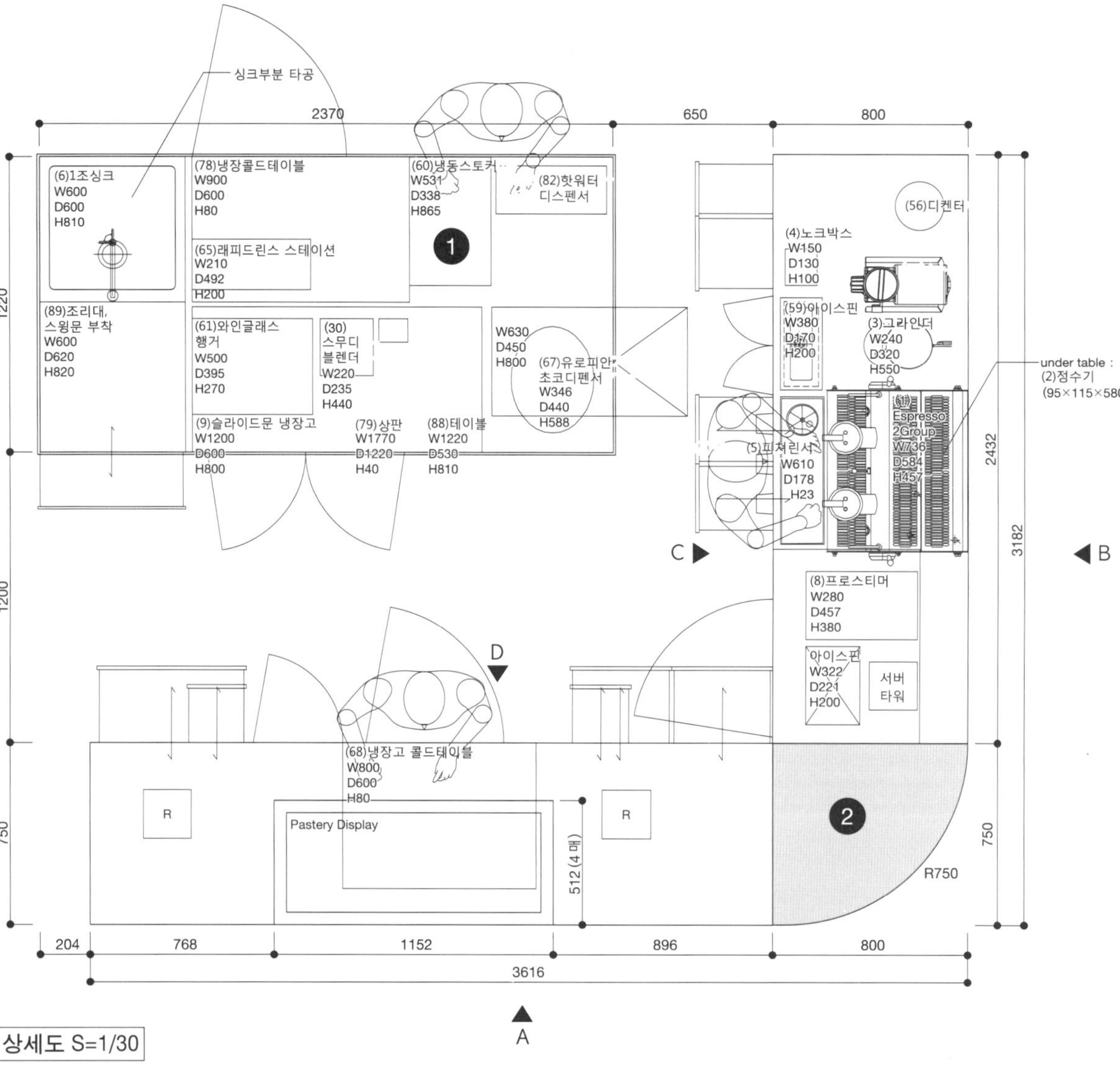

카운터 상세도 S=1/30

카운터 내부도 손님에게서 보이기 때문에 정리하기 쉽도록 집기의 배치 등을 궁리하고 있다.
(촬영 : 太田拓實)

페이스트리 진열 공간은 카운터보다 한 단계 떨어져 있다. (촬영 : 太田拓實)

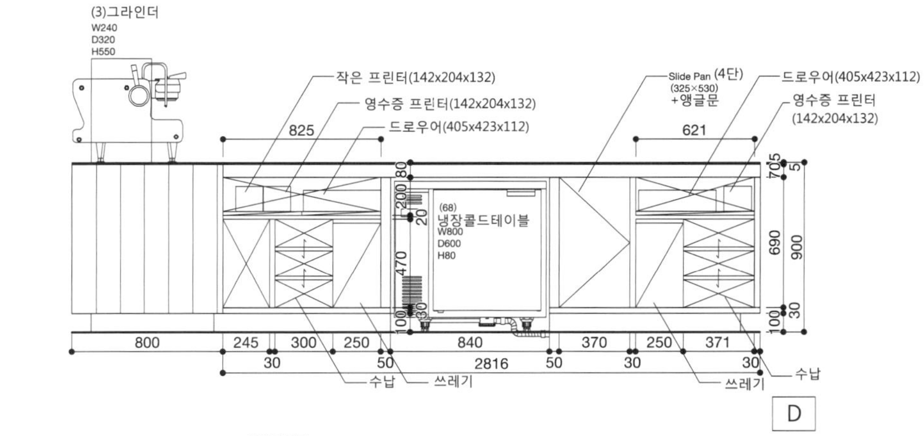

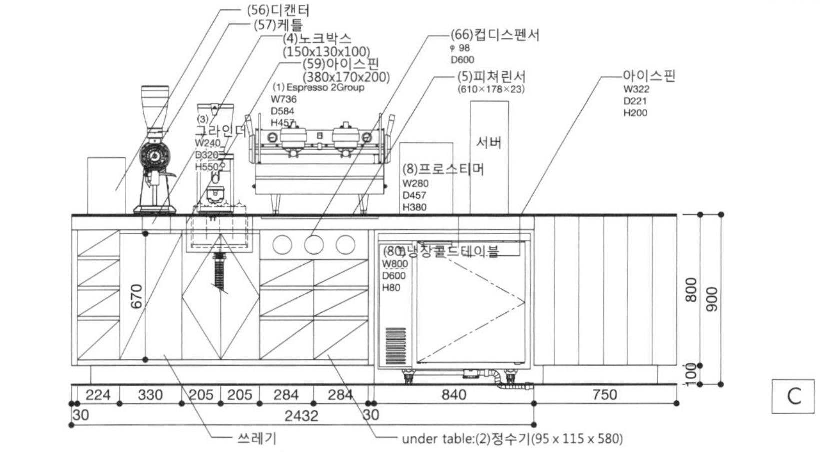

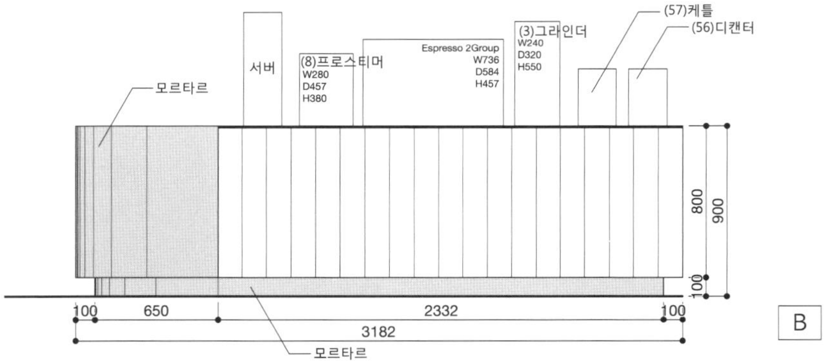

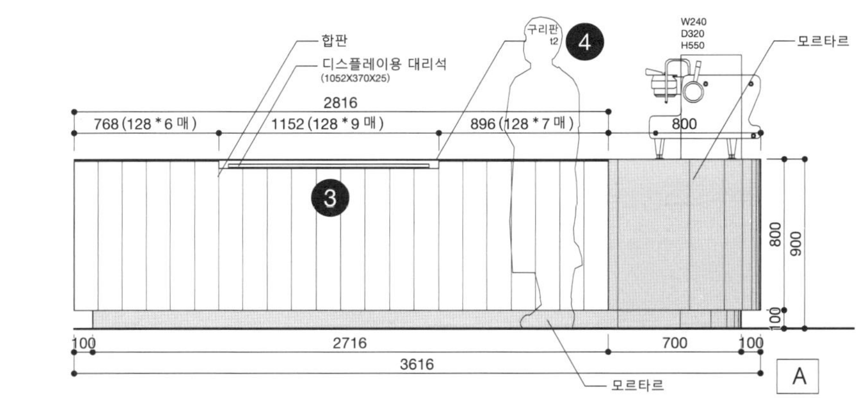

3 높이 900mm의 플랫한 카운터의 일부를 새겨 넣어 설치한 페이스트리(과자) 진열 공간. 유리로 둘러싸지 않음으로써 상품 자체를 직접 볼 수 있다.

4 음료 카운터 상부에는 하부수납을 포함하여 일체의 조작을 설치하지 않으며, 안쪽으로 이어지는 팩토리에 시선이 빠질 수 있도록 배려.

카운터 입면도 S=1/40

음료 카운터 앞에서 리테일 선반을 본다. (촬영 : 太田拓實)

1 기존의 계단실은 돌출벽으로 구분되어 있어 상하의 동선을 알기 어려웠다. 그 벽을 해체하고 바탕의 스틸의 L앵글만은 남긴 다음, 웨스턴 레드 시더(측백나무)의 난간(환봉)과 낙하 방지(폭 300mm)를 설치해 안전성과 시인성을 확보했다.

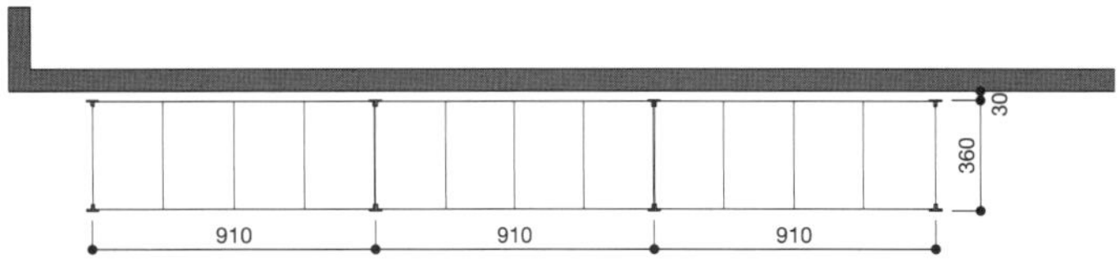

평면도

입면도

계단밑 선반 입면도 S=1/40

레드시더(측백나무) 선반을 조합한 리테일 선반. (촬영 : 加藤匡毅)

2 기존 계단, L앵글, 기존 보 등의 스틸부는 모두 녹 방지 적색(무광)으로 재도장을 했다.

3 계단 밑 공간은 깊이의 1/3을 리테일 선반에. 나머지를 수납으로 했다. 벽면에는 카운터의 옆벽과 동일한 소재의 웨스턴 레드 시더를 채용.

4 재사용한 L 앵글과 동일한 치수의 부재를 중첩시켜 계단 아래까지 연장시킴으로써 리테일 선반의 구조로 활용하였다. 세로 앵글에 따라 카테고리별로 상품을 설치할 수 있도록 했다. 일부 삼각 공간에는 매장 내 음향을 조절하는 특별 주문 진공관 앰프를 배치했다.

5 2층 워크샵 공간에 설치한 조립 테이블 상부에는, 네 바퀴의 웨스턴 레드 시더와 같은 면에서 강화 유리를 고정.

6 유리 상판의 불룩한 테이블과 내벽과의 불과 460mm의 틈을 유효 활용할 수 있도록 다리가 없는 깊이 300mm의 벤치를 벽에서 지지했다.

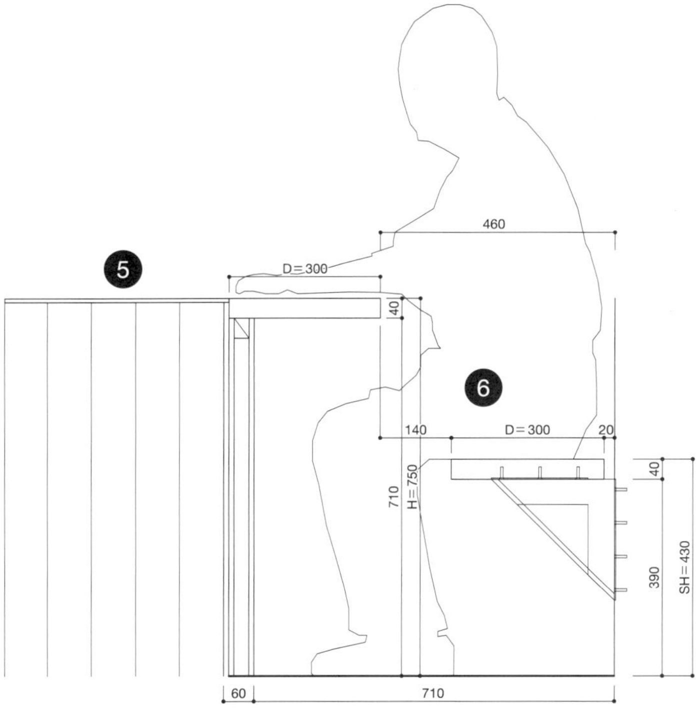

2층 유리 테이블 입면도 S=1/15

팩토리 상부의 불룩한 부분에서 유리 상판을 본다. (촬영 : 加藤匡毅)

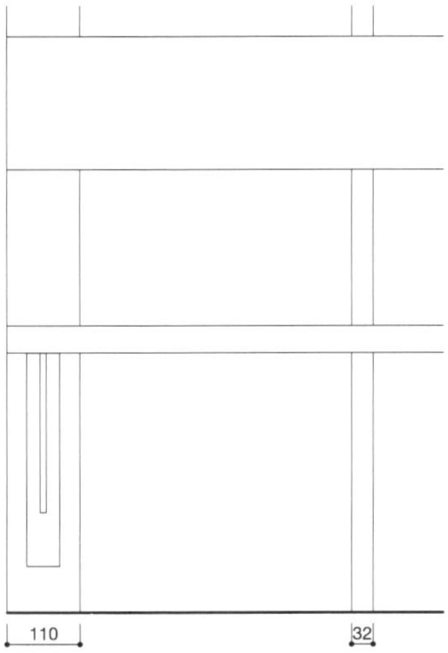

2층 벤치 입면도 S=1/15

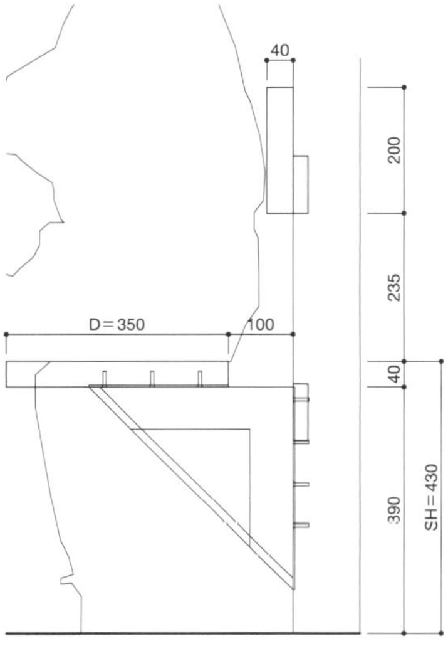

2층 벤치 단면도 S=1/15

해체로 인해 노출된 계단 옆 칸기둥을 구조로 이용한 벤치. (촬영 : 太田拓實)

15 공원과 카페의 시너지를 만드는 화산재 타일의 카운터벽

블루 보틀커피 시부야 카페(도쿄도 시부야구) – 아시자와 게이지 건축설계사무소

촬영: Ben Richards

시부야역에서 요요기 공원을 향해 걷는 공원 거리로부터 한 번 들어간 곳에 시부야구에 속하는 키타다니 공원은, 개보수로 인해 주위에 열린 도시공원다운 공원이 되었다. 1층 좌석은 카운터에서 바리스타가 커피를 내리는 모습이나 바깥 공원을 보면서 머물 수 있도록 하이 카운터와 로우 카운터를 설치. 2층은 커튼으로 구분할 수 있는 바닥의 레벨을 떨어뜨린 소파 에리어, 타원형의 다이닝 테이블, 도서관과 같은 라이트로 손을 부드럽게 비춰주는 하이 테이블에 더해, 타일에 의한 큰 로우 테이블을 둘러싼 소파 에리어와 다양한 상황에서 각각의 즐거움을 모색할 수 있는 계획인 동시에, 어디에 있어도 공원의 녹색이 보이도록 배치했다. 또한 공원의 한 요소로 화산재로 만들어진 타일을 선택하여 1층은 카운터에, 2층은 공원에서 시인성이 있는 벽면에 붙여 공원과 카페를, 그리고 1층과 2층의 인테리어를 연결하는 역할로도 기능하고 있다.

용도지역	상업지역
컨텍스트	가타타니공원 · 시부야 중심지역
구조종별(면적)	철골조 2층 건물 (595.98㎡, 피로티 포함)
카운터 형식	L자형(26.85㎡)
카운터 용도	회계 · 제공
객석의 다양성	옥내/카운터+스툴 · 체어: 9석, 테리블+소파: 2석×3, 로테이블+소파 · 체어: 2석×4, 큰테이블+체어: 12석×1&7석×1 옥외/벤치: 24석
오퍼레이션	잇트인+테이크아웃
스텝수	–
로스팅기	있음

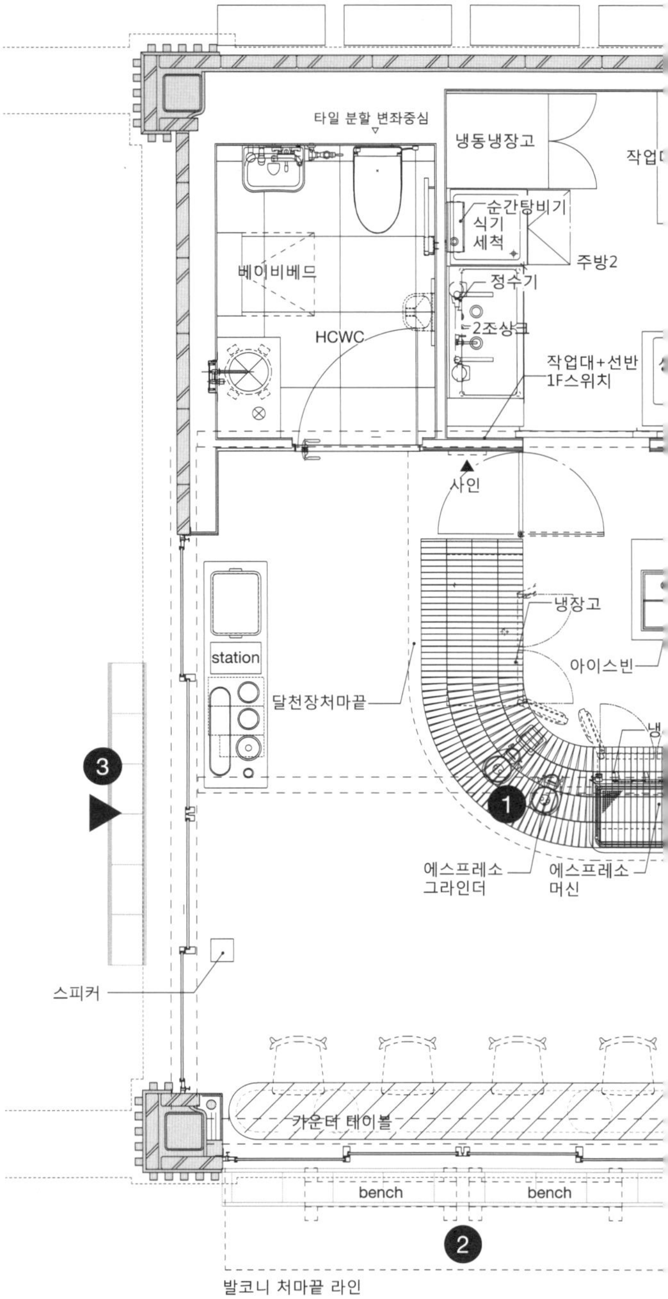

1 이탈리아 화산재로 만들어진 아이코닉한 타일을 메인 카운터로 사용. 카페의 1층과 2층, 그리고 흙의 이미지가 있는 공원을 연결하는 본 카페의 핵심 소재.

2 공원의 옥외 가구 운용 조건으로서 매일 매장에 정리할 필요가 있었기 때문에, 혼자서도 휴대가 용이한 이시노마키 공방의 ISHINOMAKI STACKING BENCH를 채용. 먹거리가 가득한 점포이기 때문에 야외(공원)에서도 식사를 즐길 수 있도록 이시노마키 공방 벤치에 딱 어울리는 트레이도 제작.

3 한정된 공간 안에서 MD 선반을 보는 것, 커피를 기다리는 사람이 방해가 되지 않는 등 동선은 상당히 검증한 후에 건물 출입구의 위치를 결정했다.

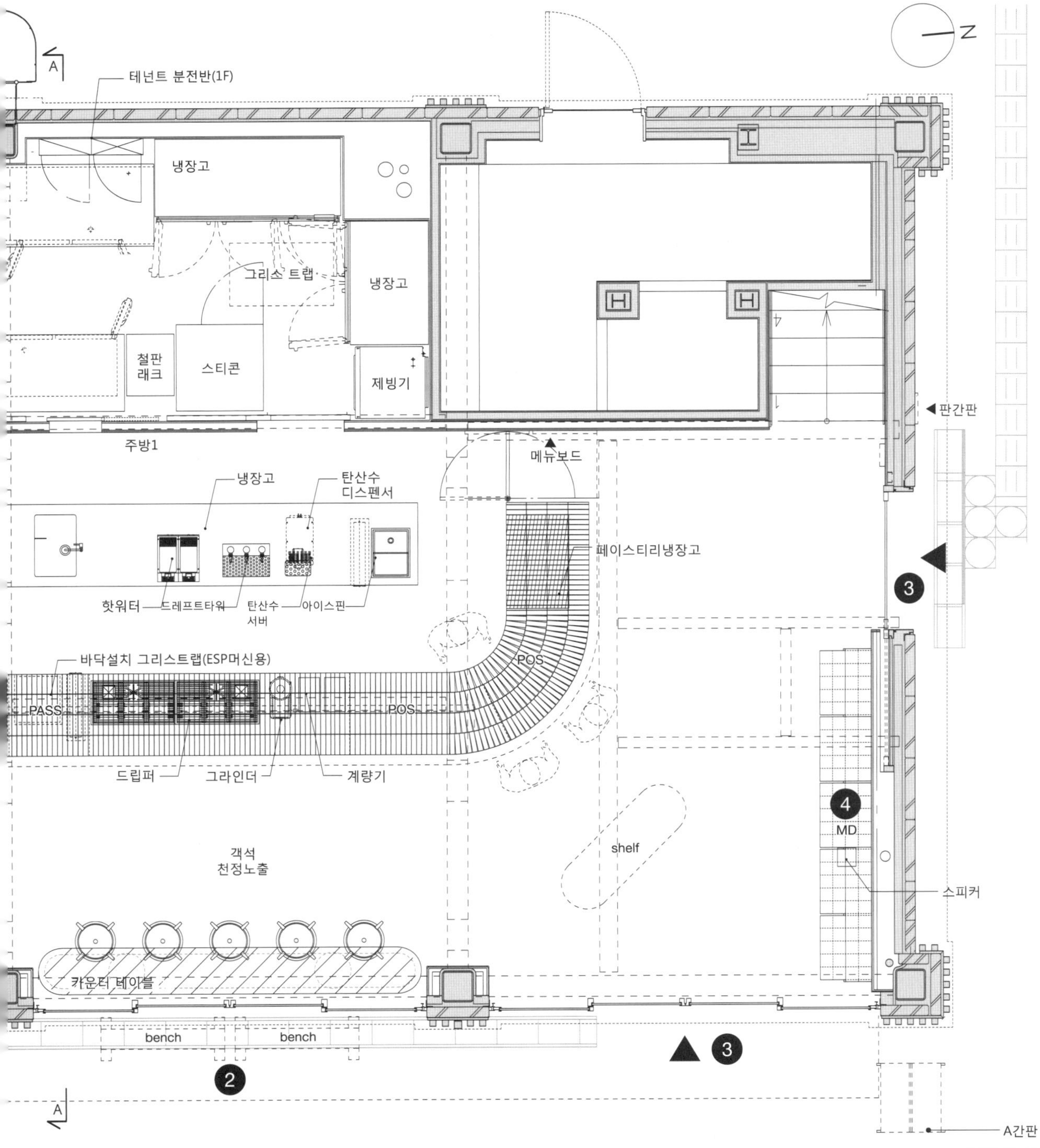

1층 평면도 S=1/60

4

BBC의 상품을 쇼업하는 MD 선반. 다양한 사이즈의 상품을 레이아웃할 수 있도록, 일부는 탈착 가능하고, 상품의 스톡용으로 하부는 서랍으로 되어 있다. 상부 제작 조명은 상품에 그림자가 끼지 않도록 방향을 검토했다.

벤치에 딱 맞는 트레이. (촬영 : Ben Richards)

가볍고 쌓을 수 있어 쉽게 정리할 수 있다. (촬영 : Masaaki Inoue)

1

카리모쿠 가구에 참나무 목재를 지급받아, 공작 가구를 제작. 거치 가구와 나무를 갖추면서 공간에 한층 통일감이 더해지고 있다. 현장에서 조립하기 위해 테이블의 쇠다리는 분할할 수 있는 디자인으로 만들었다. 또, 바닥의 연출 콘크리트와 색감을 맞추는 것으로 상판의 소재(오크)에 스폿이 닿도록 의식.

대면에 사람이 있어도 신경 쓰이지 않는 거리감을 유지할 수 있는 치수로 했다.
(촬영 : Masaaki Inoue)

6000mm라는 길이 때문에 현장에서 조립할 수 있도록 분할할 수 있는 설계로 되어 있다.
(촬영 : Masaaki Inoue)

몇 명이 와도 설 자리가 있도록 서로 다른 종류의 자리를 마련했다. 각각의 눈높이가 다르기 때문에 자리마다 인상이 달라져 질리지 않는 공간이 되었다. (촬영: Ben Richards)

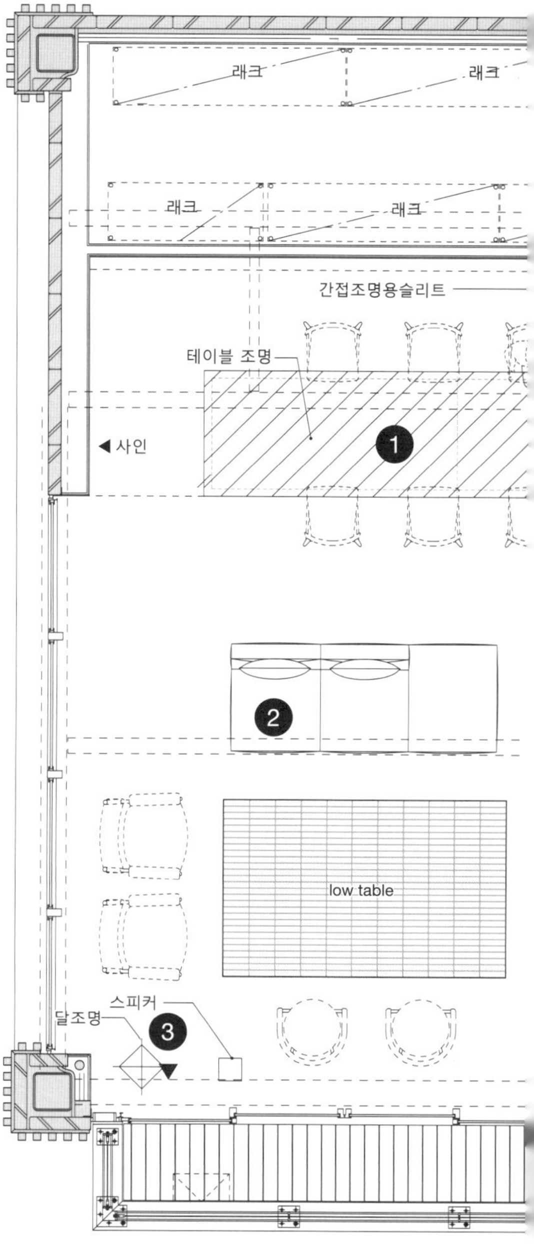

2

호텔 라운지를 형상화해 큰 로우 테이블에 종류가 다른 소파와 의자를 배치했다.

3

각각의 스포트라이트로 베이스의 밝기를 확보하면서, 의장 조명(펜던트 조명, 브래킷 조명, 간접 조명 등)으로 시트마다 정리를 낳는 조명 계획으로 하고 있다.

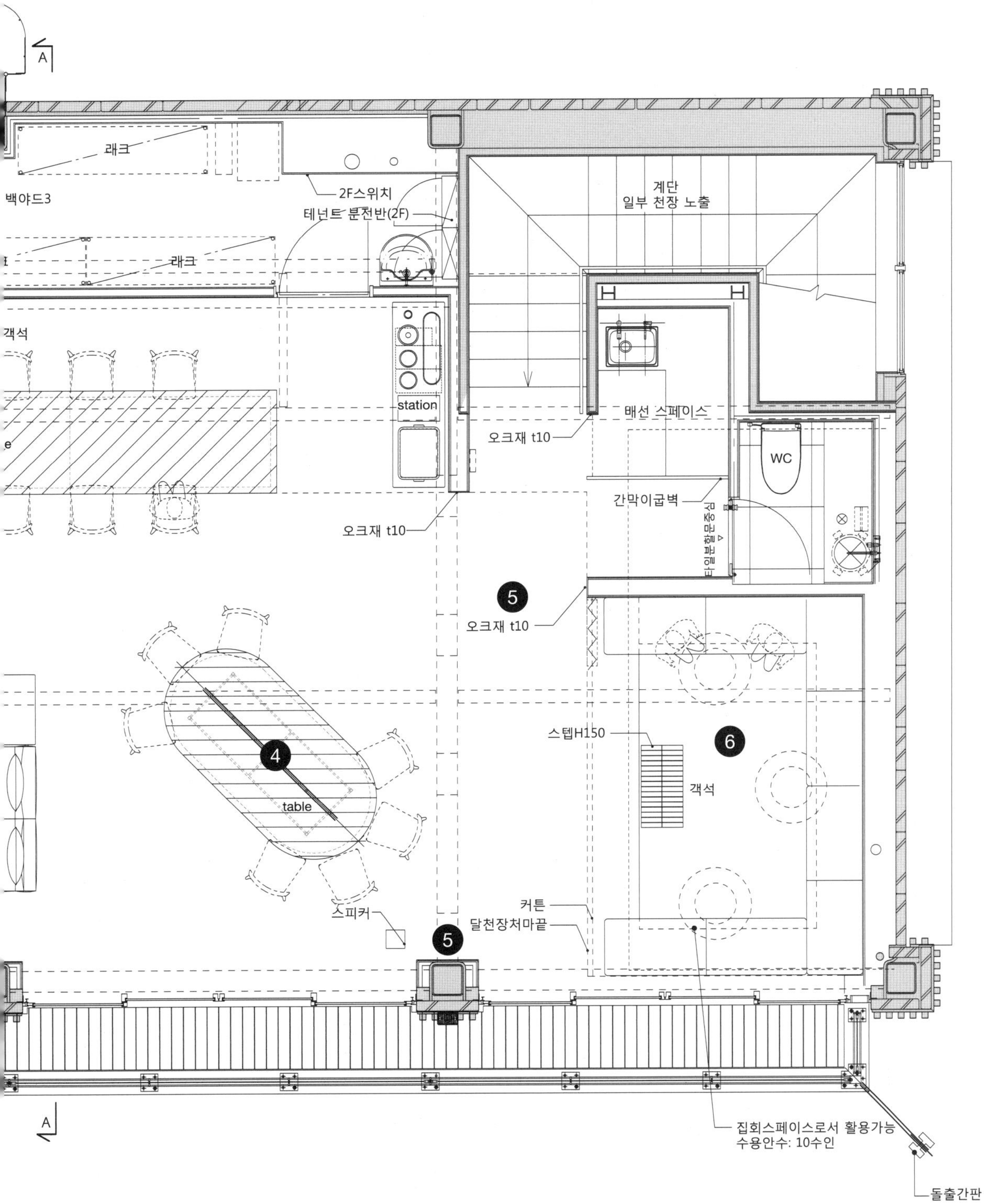

2층 평면도 S=1/60

4 타원 테이블과 의자를 모으면 원하는 인원으로 테이블을 둘러 싼다.

5 기둥 모서리나 벽마구리 부분에 대고 있는 참나무는 보호로서의 역할뿐만 아니라 디자인적으로도 건물과 가구의 거리감을 가깝게 해주는 디자인이 되기도 했다.

6 원래 주방용 다운 슬래브였던 구덩이를 이용해 움막 같은 소파석을 마련했다. 커튼으로 구분할 수도 있는 프라이빗성이 높은 공간.

남동쪽 모퉁이. 공원과 카페를 잇는 바깥 공간에는 이시노마키 공방 벤치 등을 배치했다.
(촬영: Ben Richards)

1 좌석 종류에 따라 눈높이를 조절하고 있다. 어느 자리에 있든 우리는 앞에 있는 공원을 바라볼 수 있다.

3 「BBC 시부야 카페라고 하면, 이 타일의 가게지」라고 말해지는 것 같은 아이코닉한 벽이 되도록 특징적인 타일을 선정했다. 밤중이 되면 간접 조명에 의해 타일 벽이 떠올라 공원의 얼굴이 된다.

4 주문을 마친 후 걸터앉아 커피를 볶는 모습을 볼 수 있고 공원을 바라볼 수 있는 카운터석.

AA'단면도 S=1/60

하이카운터와 함께 휠체어, 유모차도 앉을 수 있도록 일부러 낮은 높이의 로우카운터도 설치했다. (촬영: Masaaki Inoue)

벤치를 제작한 이시노마키 공방에 플랜터도 제작했다. 공원의 이벤트 시에 대응할 수 있도록 가동식으로 되어 있다. (촬영 : Masaaki Inoue)

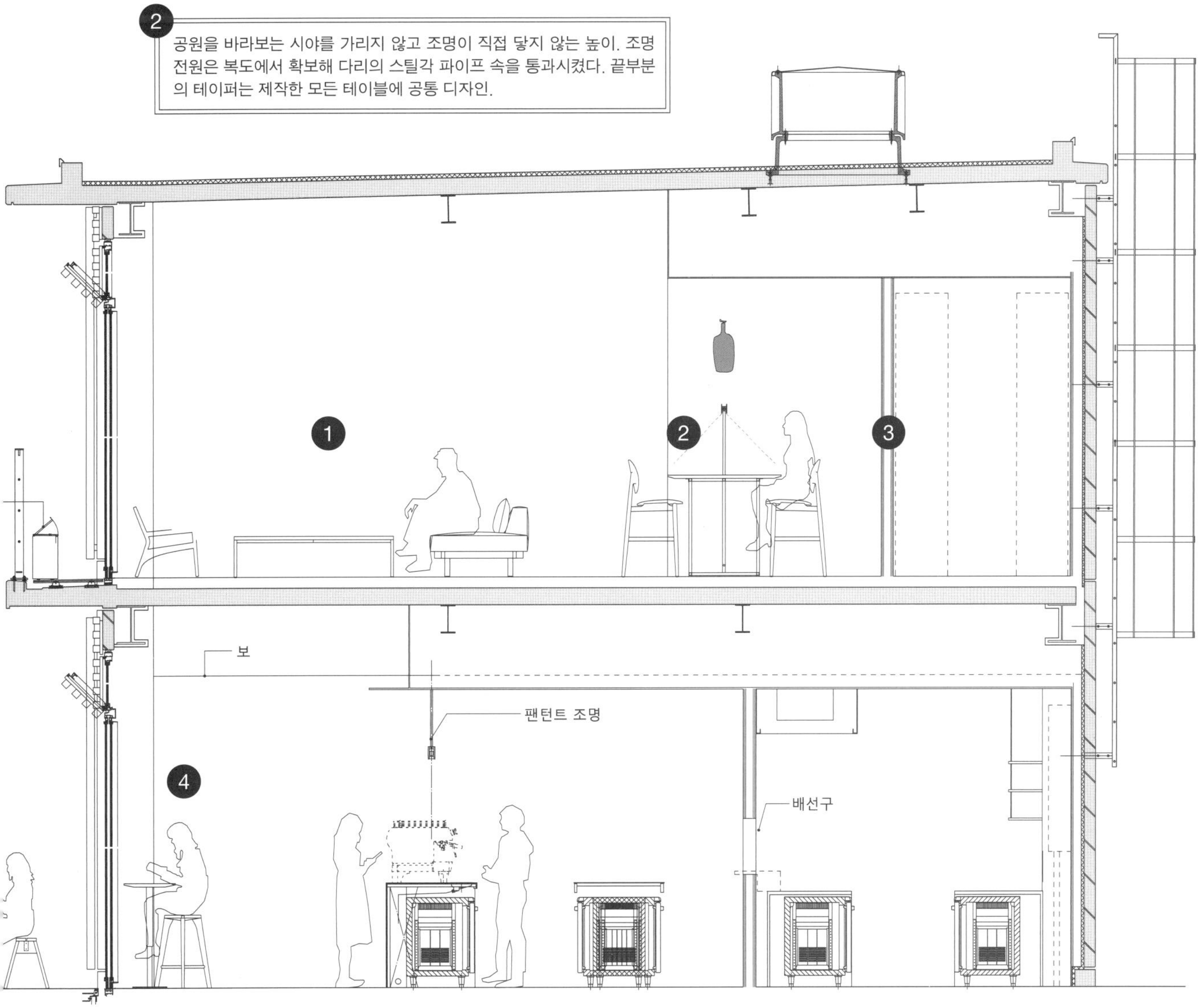

2층 안쪽 일면 타일 벽. (촬영 : Masaaki Inoue)

창가의 소파는 아시자와 케이지 건축 설계 사무소가 디자인했다. 소파의 등판도 배려한 디자인으로 창가의 라운지 시트로도 매치해 거실처럼 여유롭게 지낼 수 있다. (촬영 : Masaaki Inoue)

1 카운터에 짜넣는 주방 기기는, 타일 분할에 맞추고 있다. 드립 스테이션은 커피숍의 꽃이라 센터에 위치했다. 대기 시간에 바리스타가 커피를 끓이는 모습을 볼 수 있다.

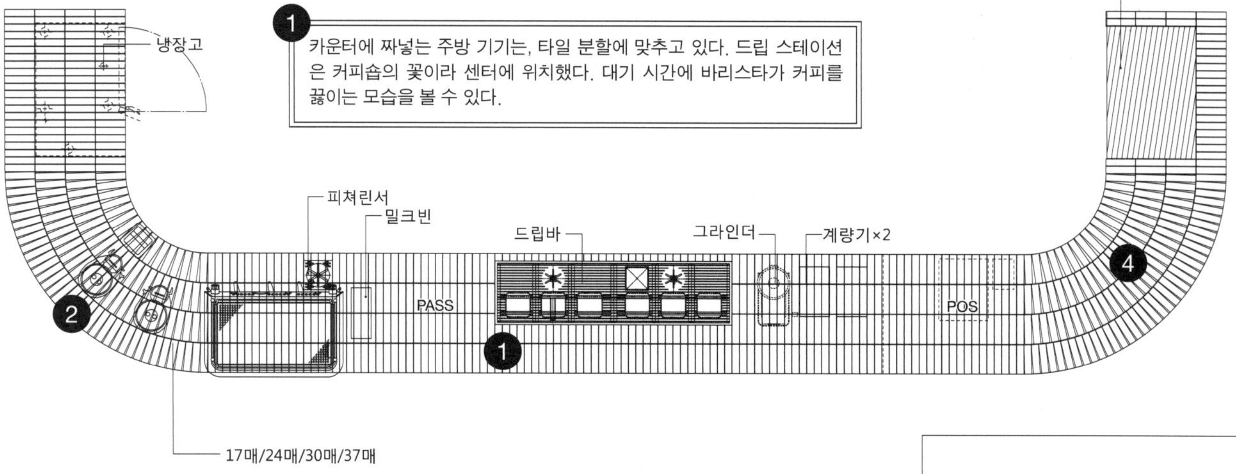

평면도

2 가장자리 부분만 45°컷팅된 고정가공 타일(특수 타일)을 사용하여 타일의 작은 부분이 보이지 않도록 하고 있다.

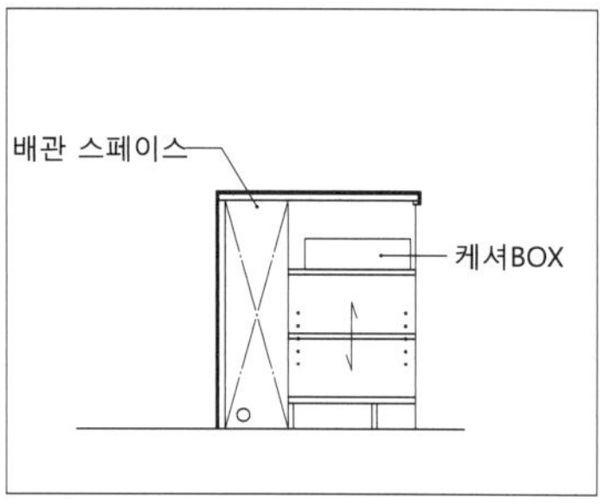

3 각 배치는 동선 계획에 따라 정했다.

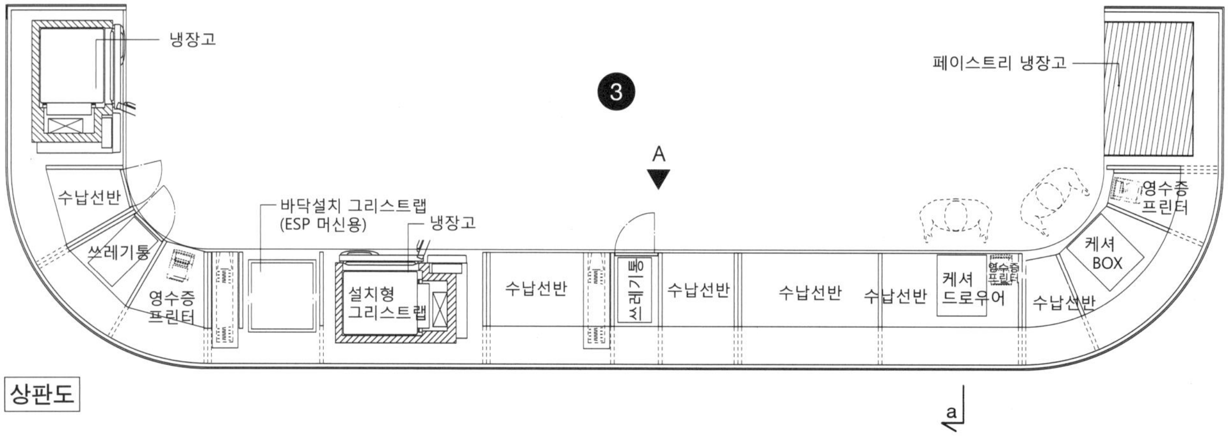

상판도

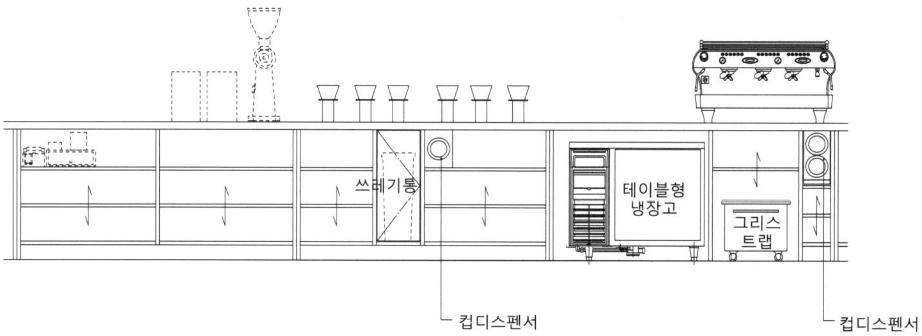

A 입면도

메인 카운터 상세도 S=1/50

타일의 색상을 방해하지 않도록 줄눈색을 선정. (촬영:Ben Richards)

4 가게의 상징적인 역할을 하는 타일은 런던의 건자재 업체 Dzek와 프로덕트 디자인 스튜디오 Forma fantasma가 개발한 표면에 화산재를 블렌딩한 유약을 사용한 것. 약 7000장의 타일 전부를 한 명의 숙련된 장인이 수작업으로 붙이고 있다.

5 어디까지나 메인 카운터가 주역이기 때문에 백 카운터는 주방 기기와 함께, 스테인리스로 심플하게 정리했다.

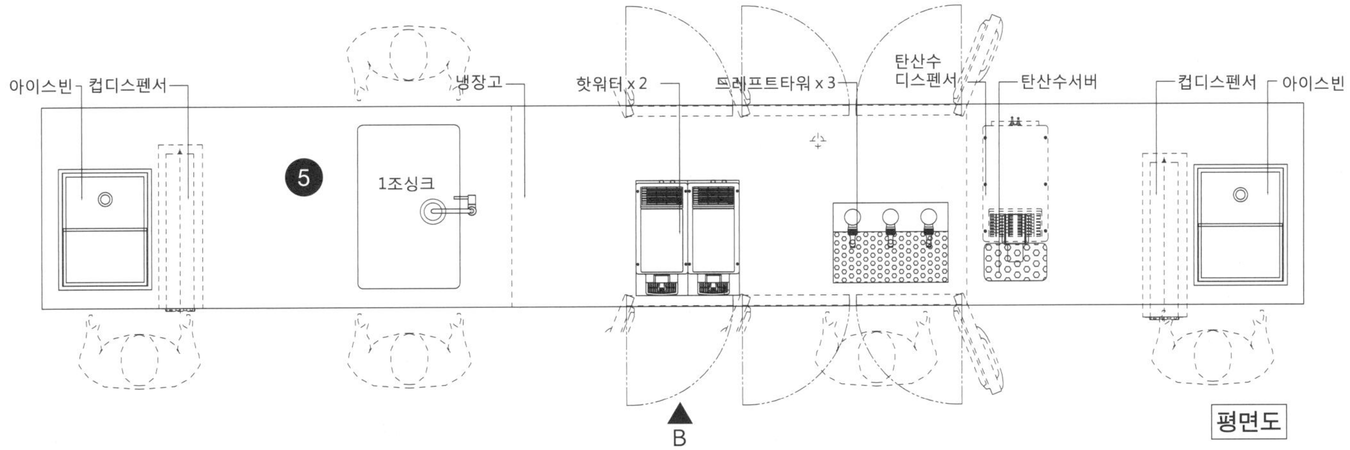

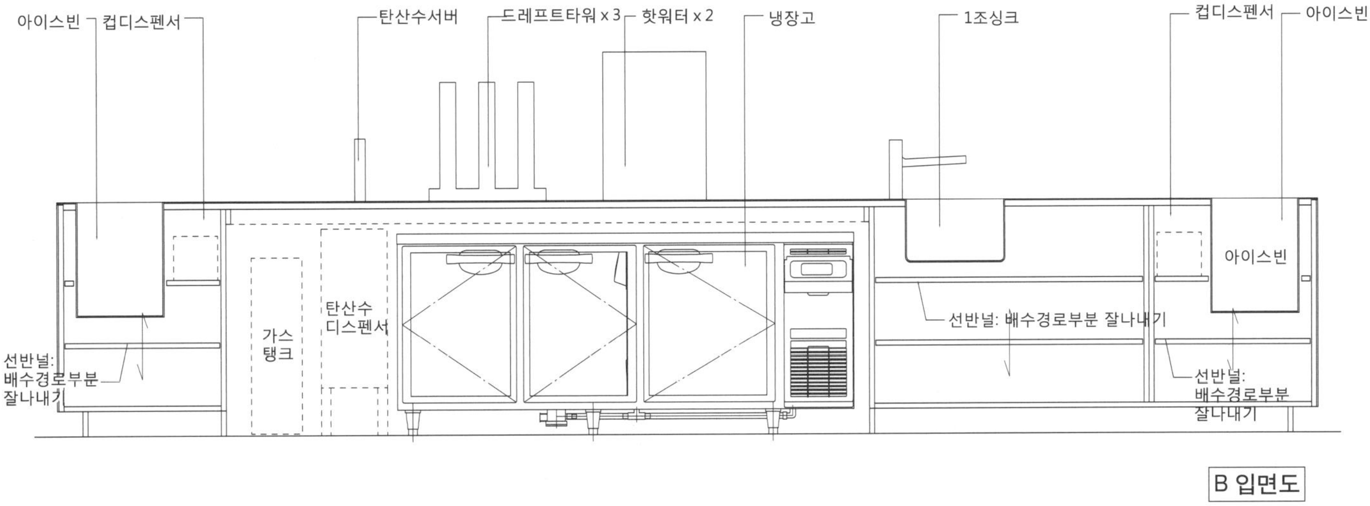

백 카운터 상세도 S=1/30

게재점포정보

01	SHIKISHIMA COFFEE FACTORY (2020년)
소재지	군마현 마애바시시 시키시마쵸 244-1
면적	41㎡(카페에어리어 23㎡)
설계	SNARK
조명계획	SNARK
시공	Roccadia design and works, gambit

02	% ARABICA Kyoto Arashiyama (2015년)
소재지	교토부 교토시 우쿄구 사가텐류지모미노 바바쵸 3-47
면적	30.0㎡
설계	Puddle
조명계획	모듈렉스
시공	엔드에스

03	MIA MIA (2020년)
소재지	도쿄도 도시마구 나가사키 4-10-1
면적	30.㎡
설계	ara
조명계획	ara
시공	분리발주(입부 자체시공) 목공사: 아오키 이사오 공무점 전기공사: 히카리DK 공조공사: 주식회사 코바덴 급배수설계: 야마자키 수도 판금공사: 하지카이 판금 가구공사: 이시카와 제작소 철부공사: 무지카
커피 관련정보	FBC
음향설비	시치하리
사인	PAIK DESIGN OFFICE

04	쿠포그라피 고마자와 공원 스튜디오 (2020년)
소재지	도쿄도 세타가야구 후카사와 5-1-8
면적	187㎡(카페에어리어 50㎡)
설계	a.d.p
시공	HandiHouse project

05	BREATH HIROSHIMA SPACE (2023년)
소재지	히로시마현 히로시마시 미나미구 단원 3-15-3
면적	84㎡(카페에어리어 55㎡)
설계	ninaite(니나이테)
조명계획	ninaite
시공	ninaite, BP

06	Echoes (2021년)
소재지	미야기현 센다이시 아오바구 오마치 2-3-12
면적	58.88㎡
설계	기본설계: 이사카와준이치, 야마시타히로시 Maquette Studio 실시설계: ASKA ARCHITECTURE & PROJECTS DESIGN
조명계획	이사카와준이치, 야마시타히로시
시공	ECOLA

07	Brooklyn Roasting Company KITAHAMA (2021년 ※이축 2022년)
소재지	오사카시 주오구 기타하마 1-1-9 기타하마 빌딩 1층
면적	84.7㎡(카페에어리어 60.3㎡)※테라스 제외
설계	DRAWERS
조명계획	모듈렉스
시공	우치다건설주식회사

08	Overview Coffee Ichinomiya (2023년)
소재지	지바현 조세이군 이치노미야마치 10147
면적	82.81㎡(카페에어리어 62.10㎡)
설계	Puddle
조명계획	다이코전기
시공	야마토란텍

09	B squared 기요스미 시라카와 본점 (2020년)
소 재 지	도쿄도 고토구 후카사와 1-9-10 1F
면 적	97.3㎡(카페에어리어 63.5㎡)
설 계	오노데라 쇼고 건축설계사무소
조명계획	오노데라 쇼고 건축설계사무소

10	Marked(2021年) (2021년)
소 재 지	도쿄도 스미다구 홍죠 1-1-10
면 적	68.04㎡
설 계	CHAB DESIGN
조명계획	ARUSE
시 공	todo

11	KOFFEE MAMEYA -Kakeru- (2021년)
소 재 지	도쿄도 고토구 히라노 2-16-14
면 적	149.71㎡(카페에어리어 120.11㎡)
설 계	14sd / Fourteen stones design
조명계획	켄트조명
시 공	쿠리하라 내장

12	uni(GYRE.FOOD) (2020년)
소 재 지	도쿄도 시부야구 진구마에 5-10-1 GYRE 4층
면 적	약 1,085㎡(플로어 전체)
설 계	ATTA - Atelier Tsuyoshi Tane Architects
조명계획	오카야스이즈미 조명설계사무소
시 공	디 브레인
기 획	HiRAO INC 하라오카요코
플로어 콘센트	eatrip 노무라유리
식재설계	DAISHIZEN
그 래 픽	villge
설 계	CUP 사토오히로키

13	블루버틀커피 교토카페 (2018년)
소 재 지	교토부 교토시 사쿄구 난젠시 구사카와초 64
면 적	324.38㎡(2동의 연바닥면적)+중정
설 계	나가사키 츠네/스키마 건축 계획 담당: 마츠시타 유이(전 직원)
조명계획	엔도오 조명
시 공	TANK, 아틀이에 로에

14	단데라이온 초콜릿 팩토리 & 카페조마에 (2016년)
소 재 지	도쿄도 다이토구 4-14-6
면 적	409.91㎡(카페테리어 216.54㎡)
설 계	Puddle′ moya design
조명계획	모듈렉스
시 공	앤드에스

15	블루버틀커피 시부야카페 (2021년)
소 재 지	도쿄도 시부야구 진난 1-7-3 시부야 구립 공원 내
면 적	295.98㎡(필로티 면적 포함)
설 계	아시자와 케이지 건축설계사무소/타케이 유이치로
조명계획	모듈렉스
시 공	THNK

후기

설계의 영역을 확장하는 카페

우리처럼 설계를 생업으로 하는 건축가나 공간 디자이너라는 직업은 크게 4가지 전문 영역으로 분류되어 활동해 온 것처럼 느껴집니다. 물론 이건 제 주관이고 실제로는 더 세밀하고 복잡하게 분류할 수 있겠지만요.
그 네 가지 영역을 사분면 매트릭스로 생각해 봅시다.

먼저 가로 세로의 축선을 쓰고,
x축은 왼쪽부터 개보수⟷신축
y축은 아래부터 프라이빗⟷퍼블릭
(z축으로 규모의 대소를 넣을 수도 있지만 이번에는 할애합니다)

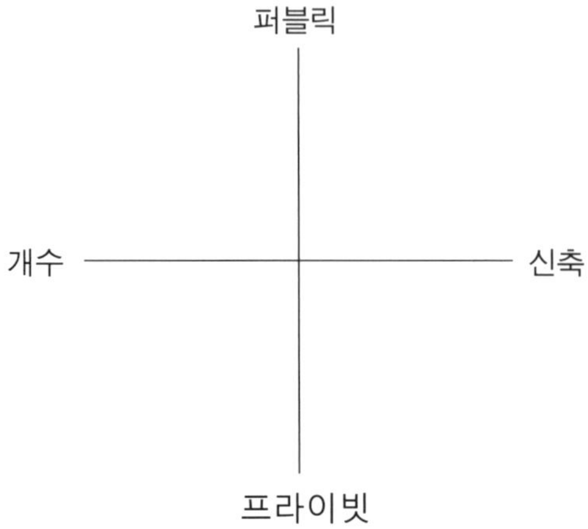

이 표를 바라보면 우측 하단의 신축-프라이빗 존은 이른바 제로부터 짓는 주택이나 별장의 설계자가 활동하는 영역. 대조적으로 좌측 상단의 개수-퍼블릭 존은 기존 건축을 이용한 상업공간의 설계 영역입니다.
이 표를 보고 있으면(어디까지나 제 개인적 감각으로는) 2000년경까지는 각각의 영역을 자유롭게 오가는 설계자나 디자이너는 소수파, 더 말하면 많은 설계자가 각각의 경계에 보이지 않는 선을 그어 자기 자신의 활동 영역을 지키고 있었던 것 같기도 합니다. 신축 주택을 설계하는 「주택 작가」라 불리는 전문 건축 영역이 있어 상업 공간을 자랑하는 「인테리어 디자이너」라는 식으로.
이는 시공주의 요건이나 공간 철학, 그에 대한 우리 설계측의 전문성(지식, 경험, 자격)의 차이에 의한 것이라고도 할 수 있습니다.

자, 2025년 현재는 어떨까요? 계속 발밑을 깊이 탐구하는 설계자도 있는 가운데, 업계의 조류로서는 이 4 사분면에 구애받지 않고 디자인을 하는 설계자, 영역을 넘은 디자인을 원하는 시공주가 증가하고 있는 것 같습니다(나라의 내외라고 하는 지리적 문화적 영역도 포함해).
사회가 그렇게 열망했는지 설계자가 원했을까요?

최근 십수 년, 설계자의 영역을 흐리고 있는 존재가 있다고 노려보고 있습니다. 매트릭스의 중심에 「카페」라는 존재가 있지 않을까.

카페는 그 크고 작음에 관계없이 맞이하는 자, 방문자 사이에 한 잔의 커피, 테이블, 그리고 공간이 있습니다. 예를 들면, 제가 카페를 디자인할 때, 중심에 두는 카페 카운터는 사람을 부르는 주택의 주방같은 존재로서, 자리는 가족이나 동료와 보내는 거실에서의 식사나 담화, 또는 서재에서 혼자 생각에 잠기는 시간을 상상하는 것에서 영감이 떠오를 수 있습니다. 주택, 별장, 호텔 등에서 지내는 사람・장소・시간을 공공연히 풀어나가면 자연스럽게 카페의 설계사무소 작업으로 연결되는 것을 알게 됩니다.

반대로, 카페의 주방이나 카운터에서의 동선・이동거리의 계획, 수납에 관한 식견은, 주택의 주방 디자인의 기초가 됩니다. 사람들이 편안하게 지내는 리빙 다이닝을 생각하는 데 있어서, 다양한 카페의 버라이어티 넘치는 객석 패턴(카운터석, 테이블석, 소파석, 벤치석, 테라스석 등)을 알고 있는 것은 매우 효과적입니다.

이 설계 영역의 흐름은 「카페~주택」에만 국한된 것이 아니라 「카페~오피스」, 「카페~호텔」, 「카페~온천」, 「카페~공원」, 「카페~도시」로 다양한 프로그램으로 폭을 넓히고 있다고 생각합니다.

이렇게 우리 생활 곳곳에 카페가 내포된 지금(설계자로서도 소비자로서도), 모든 디자이너에게 있어서, 「카페 설계」는 자신의 시야를 넓혀, 발밑을 파고들어 주는 빼놓을 수 없는 영역인 것을 전하고 싶습니다.

그 설계를 통해 사람들이 장소와 시간을 함께하고 싶어하는 것을, 카페라는 곳을 통해 끊임없이 연구해 나갈 것이다.

NO CAFE　NO DESIGN

마지막으로 전저 「카페의 공간학」에 이어 「설계학」이라고 하는 전문성이 높은 분야로 저를 이끌어 주신 편집・후루노 사츠키씨, 장기간에 걸쳐 인내심을 가지고 함께 해 주시고, 게재에 협력해 주신 각 설계 사무소와 클라이언트 여러분, Puddle의 설계자이자 저서 조수로서 전방위로 도와준 히로세 아오군, 그리고 이 책을 구입해 주신 모든 분께 감사의 말씀을 드립니다.

2025년 3월 25일 카토오 마사키(加藤匡毅)

카토 마사키(加藤 匡毅)

일급 건축사. 공학원 대학 건축학과 졸업. 쿠마 켄고 건축 도시 설계 사무소, IDEE등을 거쳐, 2012년 Puddle 설립. 요코하마시 카나자와구에서 유년기를 보냈고, 역사적 건축물과 새로 개조된 도시 계획 쌍방으로부터 영향을 받는다. 지금까지 15개가 넘는 국가와 지역에서 건축・인테리어를 설계. 각 토지에서 길러진 소재를 이용해서, 사람의 손에 의해서 만들어진 아름답게 변화하는 공간 설계를 통해서, 그 장소에서 시간을 보내는 사람의 마음을 기분 좋게 탐구하고 있다. 저서로 「카페의 공간학 세계의 디자인 수법」(學藝출판사, 시공문화사).

Puddle

2012년 설립. 도쿄를 거점으로, 호텔, 오피스, 주택, 상업 시설에서, 조명・가구・음향・식물 등 공간에 관련되는 모든 요소를 설계한다. 이미 존재하고 있던 아름다움이나 가치에 주목해, 장인기술에 경의를 표하고, 독자적인 시점에서 새로운 체험을 만들어 가는 것을 목표로 한다. 활동 범위는 국내에 머무르지 않고, 아시아, 중동, 유럽, 북아프리카, 북아메리카 각국에 퍼진다. 2024년 7월, 설계사무소의 틀을 넘을 수 있도록 키요스미 시라카와에 멀티 아틀리에 "afterrain" 을 시작으로 Puddle의 사무소도 동 시설로 이전. 주요 작품에 「%ARABICA」(초기 30 점포), 「Soil Nagatoyumoto」, 「SANU SKY loft」, 「Sequence MIYASHITA PARK」등

황 준(역자)

1966년 서울生으로 연세대학교를 졸업한 후, 공간연구소, 이로재, 타카마쓰 신 건축사무소(日本), 北京金禹盟建築設計有限公司(中國), 삼우설계 등에 근무했다. 2006년 황준도시건축사사무소를 설립하여 주거시설, 인테리어, 상업시설, 인테리어 등의 작업을 진행하고 있다. 주요작품으로는 성북동 주택, 가평주택, 대전 매그놀리아, 판교주택, 부산 S주택, 천안아산 삼성미즈병원, 평택 gn산부인과, 호매실 세인트마리여성병원, 진주J주택, 용인D주택, 산청C주택, 경주Y빌딩 등이 있다. 대한민국건축대전 대통령상, 경남 도지사 우수주택 표창, 경기도 건축상 등, 다수 수상.

카페의 설계학_ 계획과 디테일
Cafe Design Studies_Plan and Detail

2025년 12월 5일 1쇄 발행

카토 마사키 지음 | 황 준 옮김
펴낸이 김기현 | 펴낸곳 도서출판 시공문화사
등록 1993년 3월 12일
120-796 서울시 서대문구 독립문공원길 13 극동프라자 5층
TEL 02-3147-1212・2323 FAX 02-3147-2626
인쇄 예림인쇄 | 제본 보경문화사 | 용지 (주)대림지업사

ISBN 89-5592-500-5 93540

정가 18,000원